环境哲学与生态文化丛书

World Environmental Philosophy

世界环境哲学

| 周国文◎主编 |

Zhou Guowen, Editor in chief

中国林业出版社
China Forestry Publishing House

图书在版编目(CIP)数据

世界环境哲学 / 周国文主编. —北京：中国林业出版社，2020.7
(环境哲学与生态文化丛书)
ISBN 978-7-5219-0573-1

Ⅰ.①世…　Ⅱ.①周…　Ⅲ.①环境科学–哲学–研究–世界　Ⅳ.①X-02

中国版本图书馆 CIP 数据核字(2020)第 084804 号

中国林业出版社·自然保护分社(国家公园分社)

策划、责任编辑：许　玮
电话：(010)83143576

出版发行	中国林业出版社(100009　北京市西城区德内大街刘海胡同 7 号)	
	http：//www. forestry. gov. cn/lycb. html	
印　　刷	河北京平诚乾印刷有限公司	
版　　次	2020 年 7 月第 1 版	
印　　次	2020 年 7 月第 1 次印刷	
开　　本	787mm×1092mm　1/16	
印　　张	16	
字　　数	355 千字	
定　　价	60.00 元	

杨英姿教授(海南师范大学)

徐　春教授(北京大学)

曹孟勤教授(南京师范大学)

曹顺仙教授 (南京林业大学)

谢扬举教授(西北大学)

薛勇民教授(山西大学)

薛富兴教授(南开大学)

丛书主编

周国文教授(北京林业大学)

丛书副主编

解保军教授(哈尔滨工业大学)

华启和教授(东华理工大学)

陶火生教授(福州大学)

徐海红教授(南京信息工程大学)

杨志华副教授(北京林业大学)

《世界环境哲学》
编写人员

主　编　周国文

副主编　余泽娜　陈　杨　黄春桥　黄晓红

参　编　田　英　王远哲　蔡紫薇　张　婷　兰俏枝　贾桂君
　　　　　许晓楠　孙叶林　王佳静　朱媛茹　熊雅婷　徐　月
　　　　　王斌凯

摘　要

对世界的哲学解读，需要立足于对世界的哲学定义，思考世界、环境、哲学与人类的关系。一方面，立足于把世界放在环境哲学的角度做系统性的立体思考；另一方面，将世界环境作为一个越来越成熟的整全式概念加以辩证审视。当然，世界环境及其哲学蕴含也在接受新时代环境的凝视。从实践达成、内在联系、观念反思与人类解放的认知旨趣的角度切入对世界环境的诠释，追问哲学关切能否以一种深厚的解读逻辑及博大精深的文化诠释能力开辟人类与环境世界的新境界。在一般的普遍意义上，我们认为源自世界环境的哲学关切既是一种环境关怀的世界观，也是一种认识世界的方法论。以哲学关切回归观念重塑，世界环境哲学不是一种静止的理论。世界在精神层面之所以生成，也正体现出环境哲学凝练的力量。它跨越了地域之界限，在物种多样性与文化多元化中寻求世界的基因。环境与哲学在全球视域中的契合式关系，深化了世界环境哲学在本源意义上的可能性。世界环境哲学可以从三个层面加以理解，它是在世界视域中的环境哲学、是关于世界环境的哲学、是对世界哲学的环境审视。对世界环境哲学内涵特征的解读，需要稳妥地厘清并处理好环境与哲学的关系。新的世界环境哲学从未知的怀疑中走来，其所拥有的宽广视角创造了新的通路。它提醒人类从植根于对自然界模仿的经验中走出，努力凝练一种融入生态学知识的自然理性，并把握环境功能及其结构的赋予。世界环境哲学之趋势是对世界环境之哲学诠释在现实基础上的展望，它既思辨过往环境哲学中的世界，更侧重于对未来世界环境的哲学致思。世界环境哲学从对场景的哲学梳理中走来，其未来趋势不仅是应用环境哲学的眼光关注于多样的场景，拼贴世界的形象，并组合成多元世界。在新的时代视域中，世界环境哲学理应关注更加广泛而又多元复杂的全球问题。

本书共分为四个篇，第一篇为总报告，在阐述环境与环境哲学，生态学、伦理学、生态伦理学、生态哲学以及各个概念之间的联系的同时，介绍世界环境哲学发展的历史、21 世纪以来世界环境哲学的发展概况、存在的问题与发展前景、各个派别与时代创新概况，以及世界环境哲学与生态文明建设、全球化的关系。此外，还涉及 21 世纪以来世界重大环境哲学问题的研究、马克思主义环境哲学的基本观点及其在世界环境哲学中的地位与作用。最后探讨世界环境哲学发展的趋势与对策。

第二篇为分报告，包括世界环境哲学的渊源、特征和类型；世界环境哲学中的中国及洲别分类报告（中国、亚洲、欧洲、大洋洲、非洲、美洲);世界环境哲学的分支报告(世界自然环境哲学、世界社会环境哲学、世界文化环境哲学、世界政治环境哲学);世界环境哲学发展面临的问题与挑战;世界环境哲学学派派别报告(自然主义、生态中心主义、人本主义)以及世界环境哲学对于绿色发展、环境立法、公民权利和生态保护的影响。

第三篇为阐述世界环境哲学发展遵循的原则,包括:世界环境哲学必须以保护环境为原则;对自然环境怀揣敬畏;遵循新人道主义三大原则;人类中心主义与非人类中心主义两种并存立场;自然、人、观念三层有机维度;环境哲学研究应与自然科学紧密结合;世界环境哲学的研究必须具有一定的文化视野;环境哲学引导有利于绿色发展的环境保护等多元化的方法论基础。

第四篇为展望世界环境哲学的未来发展方向。直面的核心问题包括:非人存在物的主体性价值是否存在;人类中心主义与非人类中心主义的融合;关注生态学,向生态哲学转变;成为时代精神的环境哲学;重视全球实践的发展方向。

附录部分介绍了空气污染、健康和伦理的关系。

后记阐释世界的环境哲学之蕴含,包括四个方面,即世界:想象与人类;世界环境:尚未的存在;哲学之关切:凝望世界环境;世界环境哲学:一种非静止的理论。

Abstract

The philosophical interpretation of the world should be based on the philosophical definition of the world and reflect on the relationship between the world, environment, philosophy and human beings. On the one hand, based on the world in the perspective of environmental philosophy to do a systematic three-dimensional thinking; on the other hand, the world environment is viewed dialectically as an increasingly mature concept of integration. Of course, the world environment and its philosophical implication are also receiving the gaze of the new era environment. It interprets the world environment from the perspective of practical attainment, internal connection, conceptual reflection and cognitive purport of human liberation, and asks philosophy whether it is possible to open up a new realm of the world of human and environment with a profound interpretation logic and extensive and profound cultural interpretation ability. In a general sense, we think that the philosophical concern derived from the world environment is not only a world outlook concerned with the environment, but also a methodology to understand the world. Remodel the idea with philosophical concern, the world environmental philosophy is not a static theory. The reason why the world comes into being at the spiritual level also shows the concise power of environmental philosophy. It crosses geographical boundaries and seeks the world's genes in the diversity of species and cultures. The compatibility of environment and philosophy in the global perspective deepens the possibility of the world environmental philosophy in the original sense. The world environmental philosophy can be understood from three aspects: it is the environmental philosophy in the world view, it is the philosophy about the world environment, and it is the environmental review of the world philosophy. To interpret the connotation characteristics of environmental philosophy in the world, it is necessary to deal with the relationship between environment and philosophy well. The new world environmental philosophy has come from the unknown doubt, and its broad perspective has created a new path. It reminds human to step out of the experience rooted in the imitation of nature, strive to condense a kind of natural rationality integrated with ecological knowledge, and grasp the engendering of environmental function and structure. The tendency of world environmental philosophy is the prospect of the philosophical interpretation of world environment on the basis of reality. It not only speculates about the world in the past environmental philosophy, but also focuses on the philosophical thinking about the future world environment. The world environmental philosophy has come from combing the philosophy of scenes, and its future trend is not only to apply the vision of environmental philosophy to focus on diverse scenes, collage the image of the world, and combine into a multi-world. In the new era, the world environmental philosophy should pay attention to more extensive and complex global issues.

This book is divided into four chapters, the first chapter is the general report. In expounding environment and environmental philosophy; ecology, ethics, ecological ethics and ecological philosophy and the contact between the concepts, at the same time, introduces the development of the world environmental philosophy history, since the 21st century, the world's environmental philosophy development situation, existing problems and development prospects, the various factions and era of innovation, and the world environmental philosophy and ecological civilization construction, the relationship of globalization. In addition, it also involves the research of the world's major environmental philosophy since the 21st century, the basic viewpoints of Marxist environmental philosophy and its status and function in the world's environmental philosophy. Finally, the development trend and countermeasures of environmental philosophy in the world are discussed.

The second chapter is a sub-report, including the origin, characteristics and types of world environmental philosophy; report on the classification of China and continents in world environmental philosophy (China, Asia, Europe, Oceania, Africa, America); reports on subdivisions of world environmental philosophy (world natural environmental philosophy, world social environmental philosophy, world cultural environmental philosophy, world political environmental philosophy); problems and challenges in the development of world environmental philosophy; schools of world environmental philosophy report (naturalism, ecocentrism, humanism) and the impact of world environmental philosophy on green development, environmental legislation, civil rights, and ecological protection.

The third chapter expounds the principles followed by the development of the world environmental philosophy, including the world environmental philosophy must take the protection of the environment as the principle; reverence for the natural environment; following the three principles of new humanitarianism; two kinds of coexistence stand: anthropocentrism and non-anthropocentrism; three layers of organic dimension: nature, man, concept; pluralistic methodological basis; environmental philosophy should be closely combined with natural science. The study of world environmental philosophy must have a certain cultural vision. Environmental philosophy guides environmental protection in favor of green development.

The fourth chapter looks forward to the future development direction of world environmental philosophy. It includes facing the core issue directly: whether the subjective value of non-human existence exists; the fusion of anthropocentrism and non-anthropocentrism; focus on ecology and change to ecological philosophy; become the environmental philosophy of the spirit of the Times; pay attention to the development direction of global practice.

Appendix introduces the relationship between air pollution, health and ethics.

Postscript explains the implication of environmental philosophy in the world, including the world: imagination and man; World Environment: Does it not exist yet? Philosophical concerns: Gazing at the world environment; World environmental philosophy: a non-static theory.

引　言

世界环境哲学：超越国界的哲学

罗宾·艾特菲尔德

周国文 译

"世界环境哲学"的一个含义是关注全球环境问题的哲学。可悲的是世界有很多这样的问题。

其中一些是当地的问题(与城市或公路的环境有关)，但在全球范围内经常发生。一个例子是空气污染，它对人类和非人类动物的健康构成威胁。

另一个是物种的丧失，这是由于人类对世界各地不同环境的影响造成的，其结果是大量物种濒临灭绝，许多物种(如扬子江豚)已经灭绝。另一些则是系统性的，是人类对全球系统的影响，例如，我们共同星球的气候。人类活动产生的二氧化碳和甲烷等温室气体的排放增加了大气中导致全球变暖的气体水平，并导致海平面上升(产生沿海洪水)，飓风、野火、洪水和干旱等极端天气事件增多。像这样的系统性问题大大增加了诸如空气污染和生物多样性丧失等地方问题的影响。

还有更多的全球环境问题，例如，沙漠的增长、土壤和肥沃土地的流失、海洋和陆地的污染以及内海的萎缩。所有这些问题都吸引了环境哲学家，他们考虑是什么使它们成为问题，是什么使它们成为全球性问题，以及应该如何解决这些问题。我在《全球环境伦理》中考虑过这些问题和相关问题。(见罗宾·艾特菲尔德：《全球环境伦理》第 2 版，英国爱丁堡大学出版社，2015 年。)

"世界环境哲学"的另一个含义是一种全球哲学，适用于世界范围的问题，但也适用于各种文化的人。这样一种全球哲学，除了形而上学的问题外，还考虑什么使事情好或坏，以及行动和政策是对的还是错的。尽管存在文化差异，但不同文化的人可以就大量问题达成一致，并在他们能够达成一致的程度上，将此协议作为全球合作的基础。

在大约两百到三百年前，人类可能造成的主要影响是那些涉及他们自己社会的后果，通常只限于一辈子。但现在，正如汉斯·乔纳斯在《责任的必要性》一书中所揭示的那样，人类的影响无论在空间上还是在时间上都有越来越大的范围。我们的行为会影响到我们数百万物种中的大多数，影响到我们整个星球和它的卫星，以及邻近的行星和它们的卫星。我们可以为许多后代带来改变，无论是人类还是非人类，延续到未来数万年。随着我们的影响范围以这种方式扩大，我们的责任范围也扩大了，我们需要认识到这一点，而不是假装我们的影响只是局部的和短暂的，因为我们的古代先辈可以自由地告诉自己。此外，所有这些都是一个普遍同意的问题，至少是那些考虑过的人。

因此，需要一种全球哲学，能够考虑到这一扩大的责任范围。我们不仅要考虑到当代人，还要考虑到我们能影响到的所有人，不管是好是坏，即使未来的人几乎肯定超过现在的人。我们也不应该只考虑人类。虽然我们的审议必须以人类福祉和人类繁荣为中心，但我们也应考虑到其他物种的繁荣和福祉，无论是家养的还是野生的，无论是动物还是植物。

虽然非人类有机体的数量很容易超过人类，但我并不是说所有有机体都应该被认为具有相同的道德意义。相反，我遵循彼得·辛格(Peter Singer)的观点(正如他在实践伦理学中所做的那样)，认为平等的利益应该被平等地考虑，更大的利益代表更多的利益，而较小的利益代表更少的利益。对所有有机体给予同等的考虑会产生一种不可能赖以生存的伦理；但对于一种平等地考虑平等利益的伦理来说，情况远非如此，无论所讨论的生物种类是什么。然而，我不同意辛格的这个观点，认为只有有感觉的生物才值得考虑，因为还有许多其他与之相关的生物(例如，健康的生物)，这些关联也与理解有感觉生物的意愿有关，但辛格认为我们应该考虑的只有这些。

当然，我们不能考虑到我们的行动和政策的所有影响，尤其是因为我们无法预见其中的许多影响。但是，我们能够考虑到那些可以预见的影响，无论是近的还是远的，无论是直接的还是遥远的，无论是对人类还是其他生物的影响。

因此，我建议，世界环境哲学应当考虑到我们对所有受影响各方的行动和政策，无论受影响的是人类还是非人类。这些可预见的影响，同时平等地考虑到公平的利益。这种伦理是一种结果论的形式，因为它关注行动的影响，它是生物中心主义的，因为它的范围是一切活着的东西，无论是在现在还是在可预见的未来。生物中心主义和结果主义是我的伦理的中心主题，我在《环境伦理：二十一世纪概览》(罗宾·艾特菲尔德：《环境伦理：二十一世纪概览》第2版，英国剑桥：政治出版社，2014年。)中阐述了这一点。

生物中心主义要区别于生态中心主义，生态中心主义包括需要道德考虑的实体之间的生态系统。(一些生态中心主义者建议我们应该把重点放在生态系统而不是生物上，但是这样的建议与已经提出的观点相去甚远，不值得进一步考虑。)生物中心主义者可以很容易地接受为了他们有生命的成员而保护大多数生态系统的重要性。但是，在考虑促进整体福祉时，不要把生态系统添加到生物身上，因为它们本身在道德上是相当重要的。要做到这一点，他们认为就要对生态系统中的有生命成员进行两次以上的计算，而我们本应该反对重复计数。此外，在以这种方式评估生态系统之前，我们需要能够识别它们，从而知道它们的起点和终点；但生态学家越来越发现，即使这不是不可能的任务，也是一项困难的任务，因为生态系统越来越被理解为波动和流动的。

后果论所面临的问题之一现在应该得到解决。一个普遍的反对意见是，后果论涉及太多的计算。然而，这种反对意见假定，后果主义要求在可预见的未来计算所有行动或至少所有重要行动的影响，这是不切实际的。但后果论并不要求这样。因为有许多道德规则和原则(如说真话和信守承诺)的遵守比每次计算是否遵守这些规则的代理人产生更大的有益影响，而后果主义者可以始终赞成并遵守这些规则，因为它们主要的有益后果。还有一些性格特征，如慷慨和公平，如戴尔·贾米森(Dale Jamieson)所说，遵守这些特征同样会产生主要有益的后果，而随后的专家们可以始终如一地支持采纳这些特征并遵守它们。

认识到这些是优化行动影响和结果的最佳方法的后果主义者被称为"规则后果主义者"和"美德后果主义者"；在我看来，后果主义者应该坚持这两种形式的后果主义，而不是试图计算在每一种情况下的行动结果，这似乎是"行为后果主义"的含义，它拒绝了这两个修改后的后果主义。规则后果主义者和美德后果主义者仍然可以坚持潜在的后果主义原则，即使行为正确的后果或后果是好与坏之间的有效平衡，以及在不同规则冲突、不同美德冲突或规则与美德冲突的情况下，允许采用这一原则。但他们接受遵守规则和/或美德在标准上更好，这意味着后果论毕竟是一种可行的哲学，而且是一种一贯的哲学。

所有这些都适用于环境问题和其他问题。因此，生物中心后果论要求我们减少温室气体的排放，如二氧化碳、氮氧化物和甲烷，并参与旨在减少此类排放的政策，而不产生相应的危害。它还呼吁我们保护物种，这样做不会对其他物种，包括人类造成同样的伤害。在不要求我们完全停止吃肉或鱼的情况下，它鼓励我们少吃这些，特别是考虑到饲养动物作为食物来源所涉及的大量甲烷排放，过度捕捞对海洋生态系统造成的危险，皮、毛、肉的消费和贸易对陆地生态系统的危害和所造成的痛苦，还有许多对生活方式和政策的进一步影响，但刚刚给出的例子足以印证当前的目的。

生物中心主义的后果主义与民族国家的世界内涵是一致的，只要它们在其政策，包括其不太理想的环境政策情况下接受批评。但它也与联合国及其机构(如联合国教科文组织和世界卫生组织)等全球机构保持一致，并给予支持，条件是这些机构为人类和其他物种的福祉协调国家政策。在环境问题上，相关机构是联合国环境规划署。生物中心后果论也支持1992年里约环境与发展会议所产生的《缔约方协议》，包括2015年的巴黎气候峰会和《巴黎协议》，只要采取步骤执行该协定并加强其基础。因为《巴黎协议》作出的国家承诺太弱,可能使平均碳排放量和碳当量排放量比工业化前高出3%,这一结果将对一些岛国以及许多沿海定居点和城市造成灾难。因此,许多国家的承诺需要提高,以促进实现商定的巴黎平均气温上升2℃或1.5℃的上限(如有可能)。如果岛国要生存下去,如果飓风的严重程度要减少,将平均气温上升限制在1.5℃将是至关重要的。

除了已经提到的政治和官方国际机构外,还需要有自愿的国际机构。例如,绿色和平组织和无国界医生组织等运动组织,但在这里,我要提到哲学家为促进对国际发展和环境问题的思考而设立的自愿机构。国际发展伦理协会(IDEA)已经运作了大约30年,霍姆斯·罗尔斯顿三世(Holmes Rolston III)很久以前创立的国际环境伦理协会(ISEE)也已经运作了30年。ISEE在世界各大洲或地区都有代表,并继续在世界各地的大学里促进关于环境伦理问题的研究。

这些机构和其他国际机构也培养了日益增长的全球公民意识。在许多方面,我们都是全球公民,有权得到全世界代言人地位的考虑,并负有远远超出国界的义务。然而,并不是每个人都意识到这一点,政府和选民越来越倾向于采取一种将自己的国家放在第一位的做法,并使所有其他国家失望。然而,这是一个国际合作日益重要的时刻,我们每个人都应理解我们的身份不仅限于我们自己国家的公民身份,而且也包括全球公民身份。这种认同感可能相当于这里所提倡的扩大伦理的形而上学的对应。我在《全球环境伦理学》和《国际伦理学百科全书》的一篇百科全书文章中都写过关于全球公民权的文章。在完成这篇文章的同时,建议读者反思一下全球公民意识,在当今世界,我们都要有这种意识。

参考文献

[英]罗宾·艾特菲尔德.环境伦理学:二十一世纪概览[M].2版.英国剑桥:政治出版社,2014.

[英]罗宾·艾特菲尔德.全球环境伦理[M].2版.爱丁堡:爱丁堡大学出版社,2015.

[英]罗宾·艾特菲尔德.全球公民权[M].见:休·拉福莱特.国际道德百科全书.马顿.麻省:威利·布莱克威尔出版社,2015.

[美]D·詹姆森.功利主义者何时应该成为美德理论家[J].功利主义,19(2):287-308,2007.

[德]汉斯·乔纳斯.责任原则:技术创新的伦理规范[M].法兰克福:岛屿出版社,1979.

[澳]彼得·辛格.实践伦理学[M].剑桥:剑桥大学出版社,1979.

Foreword

WORLD ENVIRONMENTAL PHILOSOPHY: PHILOSOPHY BEYOND BORDERS

Robin Attfield(Cardiff University, UK)

One meaning of "World Environmental Philosophy" is philosophy concerned with issues of the global environment. There are (sadly) many such issues.

Some of them are local (relating to the environments of cities or of highways) but globally recurrent; one example is air pollution, with its dangers to the health of humans and non-human animals. Another is the loss of species, caused by human impacts on different environments worldwide, with the result that large numbers of species are endangered, and many (such as the Yangzi dolphin) have been lost.

Others are systemic, resulting from human impacts on global systems, such as the climate of our shared planet. Emissions of greenhouse gases such as carbon dioxide and methane, generated by human activities, have increased atmospheric levels of gases that produce global warming, and associated rises in sea-levels (producing coastal flooding) and increases in extreme weather events such as hurricanes, wildfires, floods and droughts. Systemic problems such as this one significantly add to the impacts of local problems like air pollution and losses of biodiversity.

There are yet further global environmental problems, such as the growth of deserts, losses of soil and of fertile land, pollution of oceans and landmasses, and shrinkage of inland seas. All these problems engage environmental philosophers, who consider what makes them problems, what makes them global ones, and how they should be addressed. I have considered these and related issues in *The Ethics of the Global Environment* (2nd edition, Edinburgh University Press, 2015)

Another meaning of "World Environmental Philosophy" is a global philosophy, applicable to worldwide problems, but also accessible to people of every culture. Such a global philosophy considers, alongside metaphysical

1

issues, what makes events good or bad, and actions and policies right of wrong. Despite cultural differences, there is a large amount that people of different cultures can agree about, and, to the extent that they can agree, use this agreement as a basis for global collaboration.

Up to some two to three hundred years ago, the main impacts that human beings could make were those affecting their own society, limited usually to the span of a single lifetime. But now, as Hans Jonas has disclosed in *The Imperative of Responsibility*, human impacts have much wider and greater scope, both in space and in time. Our actions can affect most of the millions of our fellow – species, and our whole planet and its moon, plus neighbouring planets and their moons. And we can make a difference to many future generations, both human and non-human, stretching out tens of thousands of years into the future. With the scope of our impacts being expanded in this way, the scope of our responsibilities has been widened as well, and we need to recognise this, instead of pretending to ourselves that our impacts are merely local and short-lived, as our ancient predecessors were free to tell themselves. Besides, all this is a matter of widespread agreement, at least on the part of those who think about it.

So a global philosophy is needed that can take account of this expanded sphere of responsibility. We need to take into account not only the current generation of people, but all those that we can affect for better or for worse, even though future people almost certainly outnumber present people. Nor is it just human beings that we should take into consideration. While human well-being and human flourishing must be central to our deliberations, we should also take into account the flourishing and the well – being of other species, whether domestic or wild, and whether animals or plants.

Although non-human organisms readily outnumber human beings, I am not suggesting that all organisms are to be counted as having the same moral significance as each other. Rather I follow Peter Singer in holding (as he does in *Practical Ethics*) that equal interests should be considered equally, with greater interests counting for more and lesser interests counting for less. Giving equal consideration to all organisms would give rise to an ethic that it was impossible to live by; but this is far from the case with an ethic that considers equal interests equally, whatever the species of the creature in question. Yet I do not agree with Singer that it is only creatures with feelings that are to be considered, for there are many other creatures with interests (for example in being healthy), interests which are also relevant to an understanding of the interests of sentient creatures, the only ones that Singer thinks we should take into account.

We cannot, of course, take into account all the impacts of our actions and policies, not least because we cannot foresee what many of them will be. But we are in a position to take into account those impacts that are foreseeable, whether near or far, whether immediate or distant in time, and whether affecting human beings or other creatures.

Accordingly a world philosophy should, I suggest, take into account the foreseeable impacts of our actions and policies on all the affected parties, whether human or non-human, with equal interests being considered equally. Such an ethic is a form ofconsequentialism, because it focuses on the impacts of action, and it is biocentric, because its scope is that of everything alive, either in the present or in the foreseeable future. Biocentrism and consequentialism are the central themes of my ethic, which I have set forth in *Environmental Ethics*: *An Overview for the Twenty-First Century* (2nd edition, Polity Press, 2014).

Biocentrism is to be distinguished fromecocentrism, which includes ecosystems among entities that warrant moral consideration. (Some ecocentrists suggest that we should focus on ecosystems *instead* of on living creatures, but such proposals are too far removed from what has been argued already to warrant further consideration.) Biocentrists can readily accept the importance of preserving most ecosystems, for the sake of their living members, but do not add ecosystems to living creatures as themselves morally considerable when reflecting on promoting overall well-being. To do that would be to count the living members of ecosystems twice over, and we should be opposed to double – counting. Besides, before ecosystems could be counted in this manner, we would need to be able to identify them, and thus to know where they start and stop; but ecologists are increasingly finding this a difficult if not impossible task, with ecosystems increasingly being understood as fluctuating and fluid. Nevertheless, we can understand enough about them to be in a position to preserve those needed for the continued flourishing of wild species, and to modify others so as to satisfy the needs of human beings and domestic animals. Biocentrism has sufficient resources for policies such as these to be both clear and feasible.

One of the problems that confront consequentialism should now be addressed. One widespread objection is that consequentialism involves far too much calculation. This objection, however, assumes that consequentialism requires the impacts of all actions, or at least all important actions, to be calculated across the foreseeable future, and that this is impractical. But consequentialism does not require this. For there are many moral rules and principles (such as telling the truth and keeping promises) adherence to which has far greater beneficial impacts than agents calculating on each occasion whether or not to adhere to these rules, and consequentialists can consistently favour adhering to them because of their preponderantly beneficial outcomes. Also there are traits of character, such as generosity and fairness, compliance with which similarly have predominantly beneficial outcomes, as Dale Jamieson has argued, and consequentialists can consistently favour the adoption of these traits and adherence to them.

Consequentialists who recognise that these are the best ways of optimising the impacts and outcomes of action are called "rule – consequentialists" and "virtue–consequentialists"; and in my view consequentialists should adhere to both of these forms of consequentialism, rather than seeking to calculate the outcomes of action in every situation, as appears to be the implication of "act–consequentialism", which rejects both of these modifications of consequentialism. Rule–consequentialists and virtue–consequentialists can still adhere to the underlying consequentialist principle that it is a favourable balance of good over bad outcomes or consequences that make actions right, and that in situations where either different rules clash or different virtues clash, or rules clash with virtues, it is allowable to resort to this principle. But their acceptance that it is standardly better to adhere to rules and/or virtues means that consequentialism is after all a practicable philosophy, and a consistent one at that.

All this is just as applicable to environmental issues as to others. Thus biocentric consequentialism requires us to mitigate our emissions of greenhouse gases such as carbon dioxide, oxides of nitrogen, and methane, and to participate in policies designed to curtail such emissions, without generating commensurate harm. It also calls on us to preserve species where this can be done without matching harm to other species, including human beings. Without calling on us to cease from eating meat or fish altogether, it encourages us to eat less of these, particularly in view of the large quantities of methane emissions that the rearing of animals for food involves, the dangers to marine ecosystems generated by over–fishing, and the suffering and harm to terrestrial ecosystens that the trade in and consumption of bush–meat involves. There are many further lifestyle and policy implications, but the ones just given supply sufficient examples for present purposes.

Biocentric consequentialism is consistent with a world of nation–states, as long as they are open to criticism when their policies, including their environmental policies, are less than optimal. But it is also consistent with and supportive of global institutions such as the United Nations and its agencies (such as UNESCO and the World Health Organisation), provided that they so act as to co-ordinate national policies for the sake of the well-being or humanity and of other species. In environmental matters, the relevant agency is UNEP, the United Nations Environment Programme. Biocentric consequentialism also supports the Conferences of the Parties resulting from the 1992 Rio Conference on Environment and Development, including the Paris Conference and *Agreement of 2015*, provided that steps are taken to implement this agreement, and to strengthen its basis. For the national commitments entered into at Paris were too weak, and are likely to increase average carbon and carbon-equivalent emissions by as much as 3 percent above pre-industrial levels, an outcome that would be disastrous for a number of island-states and for numerous coastal settlements and cities. Hence many of the national commitments need to be ratcheted up, so as to facilitate the attainment of the agreed Paris ceiling for average increases of 2 degrees (Celsius), or of 1.5 degrees if possible. Limiting average increases to 1.5 degrees is going to be vital if the island-states are to survive, and if the severity of hurricanes is to be curtailed.

Besides the political and official international agencies that have been mentioned, there is also a need for voluntary international bodies. Exanples are campaigning bodies like Greenpeace and Doctors Without Borders, but here I want to mention the voluntary bodies set up by philosophers to foster reflection on international developmental and environmental issues. The International Development Ethics Association (or IDEA) has been operating for some thirty years, as also has the International Society for Environmental Ethics (or ISEE), founded long ago by Holmes Rolston III. ISEE has representatives for each continent or region of the world, and continues to foster study and research in the world's universities about issues of environmental ethics.

These and other international bodies also foster a growing sense of global citizenship. In many respects we are all global citizens, being entitled to consideration by agents worldwide, and having obligations that extend far beyond national borders. Yet not everyone is conscious of this, and there is an increasing tendency for governments and voters to adopt an approach that sets their own nation first, anddeprioritises all others. This is a time, however, when international collaboration is increasingly vital, and we should each understand our identity as not confined to citizenship of our own state, but as also planetary. That kind of sense of identity may well amount to the metaphysical counterpart of the enlarged ethic advocated here. I have written about global citizenship in *The Ethics of the Global Environment*, and in an Encyclopedia article for the

International Encyclopedia of Ethics. It is appropriate to complete this essay with a recommendation to readers to reflect on the global citizenship in which, in the contemporary world, we all share.

REFERENCES

Attfield R. Environmental Ethics: An Overview for the Twenty-First Century[M]. 2nd ed. Cambridge: Polity, 2014.

Attfield R. The Ethics of the Global Environment [M]. 2nd ed. Edinburgh: Edinburgh University Press, 2015.

Attfield R. Global Citizenship. Hugh LaFollette[M]. International Encyclopedia of Ethics. Malden, MA: Wiley-Blackwell, 2015.

Jamieson D. When Utilitarians Should be Virtue Theorists[J]. Utilitas, 2007, 19 (2): 287-308.

Jonas H. Das Prinzip Verantwortung: Versuch einer Ethic für die technologische Zivilisation[M]. Insel Verlag Frankfurt: am Main, 1979.

Singer P. Practical Ethics[M]. Cambridge: Cambridge University Press, 1979.

绪 论

面向新时代的世界环境哲学：
超越一种现时图式的构想

周国文

作为基础存在论的世界环境哲学不仅是一种概念的存在，而且也是源于合理性之生成的现实投射。它把环境存在与哲学本真联系在一起，体现出环境存在源生地与哲学真理性认识的富有逻辑式的贯通及连接。它不仅是追问环境存在的终极式意义，而且是进一步挖掘环境在哲学概念层面的普遍性内涵。环境不仅仅停留在固有的认识范畴之中，而且着眼于未来世界重构的环境之变革。如果能够带来哲学意义上的价值重估，其中深刻的内涵解析和观念再阐释实际上体现出在地球物质碰撞世界精神及世界精神磨砺地球物质的双重追问。"所有的追问都是寻求。任何寻求都得接受所寻求之物事先对它的引导……因此，存在的意义必定已经以一种确定的方式可以为我们所得。"它在超越一种现时图式的构想中重构观念的体系，不简单地是从自然界吸取灵感，更本质上是从原有的环境思想中锻造有趣并有意义的灵魂。

因此，在日益展开的世界境遇中需要有一种对于环境灵魂的合理解读。环境与哲学在全球视域中的契合式关系，深化了世界环境哲学在本源意义上的可能性。它们之间的相互同行，唯当真正把握环境存在，哲思才能陈述为"真"。它不仅依赖于最原始的现象，而且是在理念认识与环境对象相符合的证明结构中寻找其被揭示的"在"。法国哲学家巴迪欧在《哲学宣言》一书中认为哲学是对诸多真理的把握。那么环境哲学则是触及环境之根本性真理的概括。因此，面向新时代的世界环境哲学的存在方式，在澄清物质环境认识过程的层次性中加强与世界的连接，摆脱固有观念在多面性的误会中陷于空洞的可能。毕竟世界环境哲学之根柢在于对人类生存质①的重视及接近。

---

① 生存质是对人类生存时空的凝聚与浓缩，它不仅体现了人类生存质量的特性要求，而且注重从自然资源与生态环境的有效平衡角度达成人类可持续生存的良性循环。

一、　世界环境哲学的概念及挑战

世界环境哲学是一个看似陌生，实则清晰的概念。它是有据可考、有实可察与有理可述的定义。它可以从三个层面加以理解：首先，是在世界视域中的环境哲学，是对不同区域、不同文化的环境哲学的全球性比较；其次，是关于世界环境的哲学，是对整体世界环境的哲学反思及辩证考察；再者，是对世界哲学的环境审视，是立足于阐释环境维度的世界哲学。

首先，关于世界视域中的环境哲学，是来自当代全球社会历史情境的环境哲学反思。它不是简单的一国一区域的环境哲学，而是整体性、流动性的世界环境哲学的总称。而对其内涵脉络的分析，一方面是从西向东、从发达国家向发展中国家输出其理念的过程；另一方面是东方民族国家自身在发展社会经济文化的过程中挺立自身环境传统价值的历程。当然，其观念源头离不开 20 世纪初诞生的西方环境哲学。可见，其源流比起哲学的历史显得更为短暂。它在西方哲学的家族谱系中也是相对年轻的存在。因此从边缘处崛起的环境哲学，虽然受到西方主流哲学的挤压，但却酝酿积累了较深的能量。中国环境哲学是在中西融通的特定时间节点出现的具有中国特色的环境哲学。它以中国境遇、中国思维、中国价值面对环境国情，积极回应环境哲学在普遍性上的一般问题。中西环境哲学正在经历多重反思与建构，它需要拥有对既定思想以面向特定情境的反思能力，也需要在固有文化脉络中寻求有效性观念的支撑。

其次，关于世界环境的哲学是对作为世界物质性环境的整体性及辩证性的思考。这里的环境不是地方环境，也不是区域环境，而是完整的世界环境。它在人类与自然界相处的原始嵌入式复归的过程中，体现出整全式环境存在的可能及价值。人类在此所营造的环境，不能以主体吞噬客体的方式，被人类自身的所谓主体式地位所遮蔽。毕竟人若是如韦伯所说的"是悬置在自己编织的意义之网上的动物"，那么环境则是这种意义之网的聚集与结晶。我们对这种意义之网的凝视，则代表了人类对自身生存环境在世界范围内流动与驻足的把握。世界环境不是潜在的乌托邦，它不可能只是点上的瞭望，而更多的应是线上及面上的观察。因此，世界环境在地理上不只一个地点的聚焦，而应该是一连串地点的凸显与不同区域之间的联系。它在哲学上的贯通，表现出足够的主体支撑与必要的客体基础。从物理、地理、心理到伦理的一系列变化，把握其内在特质，无论是物质的变异、场景的变迁，还是观念的变化，都不应是碎片式踪迹的简单还原及描述。

再者，关于世界哲学的环境审视，是立足世界模式的宏大叙事来展开一幅更宽广的哲学图景，体现出在环境层面的积极而又有效的哲学分析及展示。世界哲学不是区域哲学，也不是国别哲学。世界哲学是立足于多元哲学的世界图景，它不仅停留于东西方哲学的融合，而且反映出不同区域的不同类型的哲学形态。世界哲学所内含的宏图大志也是需要接地气的。能否以环境为依托、以生态为延展，把握出哲学世界的环境启示？这需要我们更清晰地揭示世界哲学的环境脉络，把握世界哲学作为一种体系性的哲学，需要展开宽领域、多方位与全角度的环境论述。融入了环境质素的世界哲学，不仅是地域性的连接，而且也是从多元的环境哲学之视角打开世界哲学在新维度所体现的理论诠释。

从以上三个层面的分析可见，对世界环境哲学概念的凸显，体现了对环境的哲学关切，它不仅是以世界为名义的拓展，更是以世界环境这个切实有力的定义为支撑的观念范式。环境哲学在自身审慎思辨的过程中能否转化为一种思想环境，这是对于哲学环境的有效追问。世界环境哲学隐含的内涵，潜在表达了世人对世界生态环境问题的隐忧。我们凝练怎样的一种环境，我们创造怎样的一种哲学，我们又需要怎样的一个世界？这一系列问题，让我们对环境哲学之历史过程产生具体的思辨，从本体到认识，从现象到本质，它是阐释之阐释，是否定之否定。终究，环境哲学能否为一个新时代的新哲学奠定基础？这需要放在世界环境哲学的界域中综合考量。它不仅有对形而上学之哲学的反思，更有打通环境科学及生态学知识与哲学思想互联互通的可能性。

世界环境哲学在人类明确全球气候变化之现象的新世界格局中生成，其所面对的挑战在其产生的那一天开始就伴随着生态危机和环境问题，始终存在于环境哲学家的视域之中。从当今时代所呈现的环境现象来看，目前世界是动态演变的，也是不完善的。当阿多诺在 1932 年写就《自然史的观念》这篇论文时，他已明确把自然的停滞和历史的动力联系在了一起，并且鲜明地点出二者之间对立统一的逻辑关系。环境是自然史的重要元素，它离不开对自然的凭借与依赖。但因为 21 世纪以来的人类个体力量在人工智能与信息技术的帮助下日益强大。人性中有助益于环境向美向善向好的因素，但有时也抵不过膨胀的人性中导致环境向丑向恶向坏的因素。所欲甚多，哲思甚少。环境深陷于自然被抵消的停滞之中，其深度物化、甚至是异化，使环境中的某部分因素成了自然的对立面，抵消甚至消解了历史进步的动力。

何况处于不稳定态势的世界环境也并非一成不变的，其内在不断扩张的环境圈与作为本体的更外围的生态圈构成了一种有机联系的整体化存在。它们之间的频繁互动，并没有太多稳定的规律。有时的脱序，反而让二者之间的关系经由人类脱离常规的行动而发生冲突。当人类之思发生在环境哲学之中，工业革命之行已经暴露在过度索取物质与偏激谋利欲念的心理驱动机制面前。世界环境哲学在此所面对的挑战，是问题倒逼的意识困境：观念如何完善实践、思想如何优化行动、精神如何提升存在。

进入哲学思维的环境圈是更具有辐射力的多维空间，它足以带来同情共感的生态道德共同体。世界环境哲学在整体意义上的存在，提供给了我们在新时代的背景下以生态中心主义的思想融入世界环境的思想武器。它以对环境问题的实质式关注，表现出哲学切入一个正在重组的世界环境在观念层面的审思。它需要避免环境的贫乏，并在内在价值的层面表现出人类自足式存在对自然界生命及事物本体自身的尊重。实质上，它无须渲染环境本体论以达到对自然的强制，而是应该对自然界非人动植物生命体现出因势利导的机制。

世界环境不可偏废其自身的维度，如同哲学的正本清源需要回归到环境界域其概念、命题与推理的真实性及有效性。世界环境，其范围虽是宏大，但其脉络却是精细。特别是在环境哲学的语境中更是显示出其对自然、文化、生态与资源等一系列因素的思虑，特别是需要维持人与环境有序持存及和自然界之间的共生共存的基本关系。它需要避免陷入马尔库塞所言的"单向度的社会"，也应超越阿多诺所说的"被管理的世界"。

制约世界环境完善的负面因素并没有消除，但它绝不是不能实现的整体性期望。因为当今世界变化发展的进程，本身就是依循自然并回归自然的过程，而且体现了充满自然价值的进步态势。在一种现时图式的当代世界环境中，各种对立的因素交叉矛盾地融合在一起。一方面，我们不能放弃对世界稳定的依赖；另一方面，我们必须持有对生态环境多样性的尊重。如同，我们终究归源于同一个世界，而不仅仅是我们身处于同一个世界。

二、 世界环境哲学的内涵特征

寻求平衡与长远的环境哲学，在超越一种现时观念图式的进程中，意图创造多元境遇中的诠释方式，力争把握人类及其衍生的环境之趋势，有效创建能够保持地球家园及宇宙生态和谐运行的条件。它所展示的向不同元素开放的能力，建构了一种自然界有机规律式的稳定、和谐与美丽。它所拥有的足够自足与协调的哲学反思批判能力，创造了哲学在新时代书写的新格局。当然，如同阿多诺所说"被解放的人类绝不会是总体"，那么被拯救的哲学也绝不仅与环境相关。环境哲学拥有比一般哲学更多更好更正确的想象，在记忆、反思和经验的层面把握着生态理论构造触及物质环境的实在性，以及打开哲学概念的自然对象性及时间关联性的非凡气度。

对世界环境哲学内涵特征的解读，需要稳妥地理清环境与哲学的关系。作为物质因素的环境与作为精神元素的哲学，二者在世界范围的连接并不是鲁莽与无序的，而是有机与智慧的。我们发现创建这样一种均衡的解释理论是直面全球环境问题的基本方案，尽管它可能身处不同的宗教、道德与文化传统中。而哲学正是其中贯通性的元素，并且秉持一种纯粹自然的态度以期发挥思想融汇的作用。当然这里的哲学思辨，已经跨越了哲学本来的界限，而成为社会、历史与生态的整体性思辨。从元哲学的观念出发，无论是一种多元式的发散，还是一种针对性的聚焦，在涵盖哲学本身的领域之外解释社会现象、理解生态规律与把握环境观念的过程中创造人类活动及行为的基本图谱。

哲学以环境的名义再一次被审视，激发的是哲学的内在能量呢？还是环境的自身质素呢？在传统哲学驻足不前的地方，环境哲学能否以一种新的哲学样态书写生态学理论的形而上学之样式？当理想的环境克服了现实和可能之间的紧张关系，尤其是世界环境作为整体化的存在，体现出完全共融的命运共同体的格局。哲学再一次以宏大叙事的格局表现出总体理性的态势。

在本体论与认识论的交叉处，环境哲学所致力于自然世界的哲学洞见，是否能够打开哲学对于惊异的另一种追问？如同阿多诺在《启蒙的辩证法》中强调"任何物化都是一种忘却"，新时代的环境哲学应该是对这种物化的有力解剖。因为这种物化，不是现象学意义上的本质性的物化，而是认识论上被颠覆的"物化"。物化所导致的异化，不仅造成人与物之间流动性的断裂，而且在物主宰人的状况中表现出人之工具性泛滥的事实。

在环境哲学的视域中，物化的克服，并不是人之主体性的迅猛增强。因为此种被关注的异化，是自然界物质异在所显示的宰制关系的存在。当一种人之于物的统治关系被另一种物之于人的统治关系所取代，生态环境的有机恢复，并不是还原论立场上对象化的重构。作为一种带着批判理论色彩的环境哲学，主体性的客观化一再被强调，而且也体现出异质性对同一性的解放。亲近自然的物化，在未来环境哲学的观念体系中实则是被允许的。毕竟人与物的关系是今天世界诸多关系之中最自然、最本真的一种关系。位于地球上人化与物化的平衡，希望达到的是自然化的触及。它不是自然界充斥人的统治所造成的操纵化和控制化，而是人伴生于自然所形成的主客体的和谐、共生与协调。

新时代的环境哲学，扬物化之善，弃物化之恶，审慎把握物化在当代世界的适当限度。在此，否定的辩证法对于环境之主客体的审视也正是不可或缺的。阿多诺在《否定的辩证法》中所言："没有一部从野蛮跳跃到人道主义的普遍的历史，但是有一部从子弹跳跃到百万吨级炸弹的历史。"当今世界和平问题没有彻底解决，环境问题接踵而至，生态危机是悬在世人面前的新达摩克利斯之剑。面对不确定、不稳定的世界环境，一方面，生存与发展是人类置身于世界的必然；另一方面，环境污染与气候变化则成为新的世界历史的组成部分。

以新时代的语境构想这样一种新的世界环境哲学，我们不能偏离绿色观念的生态中心主义，或者说它是融入新时代思想的救世主义。"因此，思想其实是一种否定的因素。对较好的环境的希望——如果这不是纯粹的幻想——并不是完全基于这些环境会得到持久的、永恒的保证的那种信念，而是基于对全部牢固地植根于一般苦难之中的东西缺乏尊重。"新的世界环境哲学从未知的怀疑中走来，其所拥有的宽广视角创造了新的通路。它提醒人类从植根于对自然界模仿的经验中走出，努力凝练一种融入生态学知识的自然理性，并把握环境功能及其结构的赋予。当我们在环境哲学的认知框架中积极把握环境的哲学定义，其实我们也对笛卡尔以来在旧哲学层面主客二分的认知模式做出新的反思。它不仅颠覆了固有传统认知的视角，而且体现了对不同镜像认知的认知。

站在历史的节点追求纯粹的环境哲学，有没有一种内在的客观性？这种客观性能否表达对更广义自然的一种承认？那么以内在的价值承认为有效凭借，深入观念深处的环境哲学是此在的哲学。它并不拒斥对过往的追溯，也不回避对未来的向往。世界环境哲学立足此在，面向存在。如何摆脱碎片化与混乱，也就成了一个值得思索的问题。我们固有的哲学体系，不能对此麻木不仁，更不能熟视无睹。

这个世界从总体的意义来看只存在一种环境，但立足于多样性的地理与文化，它又存在着多种环境。如同这个宇宙存在着多个行星，地球只是其中一个行星；把地球作为一个界属，它其实又不只拥有一个统一的世界，而是拥有多个不同经济水平与宗教文化归属的世界。因此，我们对环境的思考，其实不只是注入哲学的基因。只是我们更愿意从哲学文化的角度，形成对环境理论的新一轮突围。

三、 面向新时代的世界环境哲学之趋势

从 2500 年前的万物有灵论走来的环境哲学，摆脱了机械论的自然观，去除了人类中心主义的主宰，体现出面向世界的开放态势。毕竟一种所谓绝对客观的环境哲学并不存在。在此，我们需要的生态中心主义是对生物中心主义的进一步完善，当然它也并不是对深生态学的盲从。在价值观念上的继往开来，新时代世界环境哲学所需要的一种超越，早已不是对纯粹西方传统的照单全收，而是有着东西方智慧的融合并存。从生态学马克思主义到儒家环境哲学思想，追溯世界的环境哲学并不是无根之魂。特别是来自中国地域的环境哲学，是中国本土固有哲学的融入与更新。追根溯源，作为中国传统文化的更新，新儒学中所蕴含的环境哲学思想是其中重要的一脉。1958 年唐君毅、牟宗山、徐复观、张君劢等人联合发表《为中国文化敬告世界人士宣言》，这个宣言主要是针对西方人对中国文化的误解而发的。该宣言认为，"中国文化问题，有其世界的重要性"；中国文化不是"死物""国故"，乃是"活的生命之存在"。中国文化的伦理道德思想和实践，不仅是一种外在规范，而且是一种内在精神生活的根据。从孔孟到陈朱陆王的心性之学"是中

国文化之精髓所在"，是人之内在的精神生活的哲学。

返本开新的环境哲学，在融入世界的境遇中不应该禁锢在人类地球哲学的局限中，而应该阐发对所有物与人的集体关切。毕竟寻求源生于自然界的物质世界的本质活动，以及探寻环境启蒙思想的最初基点，是我们建立一个更宽广世界的鲜活的环境哲学的需要。自然界一切的生命都应该被容纳，更应该被尊重与善待。基于此，世界环境哲学之趋势才能在新时代的语境中被凸显及阐释。

世界环境哲学之趋势是对世界环境之哲学诠释在现实基础上的展望，它既思辨过往环境哲学中的世界，更侧重于对未来世界环境的哲学致思。如果说世界环境哲学从对场景的哲学梳理中走来，其未来趋势不仅是应用环境哲学的眼光关注一个又一个场景，而且注重多样的场景拼贴世界的形象，并组合成多元世界。或者说此时此刻此地此在的环境哲学，离不开场景。毕竟场景中的世界，充满了人、物、景相互融入的现场感与交互性。那么未来环境哲学中的世界，则侧重于一个又一个之事件。如同维特根斯坦所言："世界是由一系列的事件所组成。"只要人类在世界生存，事情及事件就不可能消失。

注重于对事件思考及分析的世界环境哲学之趋势，展现出向未来探析的新的可能性及宽广未来。今天的世界环境正处在变化重组的关键期，环境变革也处于时不我待的窗口期。源于全球气候变化的环境事件接二连三地出现。如何审慎地面对气候变化周期中的世界环境，何以把握大气、土壤与水污染日趋严重的生态环境，这需要我们依托于事件展开在实践基础上的理论分析。它既谨慎把握健全的主体关切，又真正形塑平衡互动的主客体关系。在此框架模式中，我们才能真正面对一个在稳定与动荡两极摇摆的当代世界环境。有效融入是必然的，也是困难的。因为人类在生态环境中的关系是微妙与复杂的。不再简单地宣告人类是世界环境的主人，而是把握环境之于人类的意义与价值。毕竟人类本身就是契入环境的，没有人类就没有环境。当然若失去人类的生存，生态还依然存在。所以人类对环境的思虑是非常现实的，而对生态的关注则是攸关长远的。

世界环境哲学在前行中需厘清其学科定位。环境哲学尚在哲学学科的边缘处徘徊，大众关注与学界认同并不是对等的。伴随着全球生态环境问题的凸显，环境哲学正在经历着新一轮的锤炼与重塑。如果它能够被命名为世界环境哲学，这不应该只是假设的泡影，而应该拥有希望的路径。抵达环境哲学的路径，它应该有好多种：无论是现象学的，还是解释学的，亦或是最强势的分析哲学，只要能够通达哲学的环境理论层面，并且全面清晰而又准确地对环境的哲学梳理作出陈述。好似一个以世界为名的哲学大会，如果只容得下七千人，那也不算多。当哲学以盛会的形式出现，似乎已达至哲学荣光的极致，但实际上已渐离哲学的本质。哲学要被唤醒，关键是人要被唤醒。有一种哲学的唤醒说，分明是保有哲学的气质及实然。它作为持续存在的精神之流灌注给环境哲学在世界界面的新质素。

在新的时代视域中，世界环境哲学理应关注更加广泛的全球问题。它不仅需要始终贯注敬畏生命的道德情怀，而且需要持续保持对自然界及整个地球的普遍仁爱。从无序的话语揭示中走出来，更加紧密地投入到对环境背后哲学问题的思辨。这种寻找更强解释力的环境哲学在其历史性循环的背后，不仅发现自己原初的根源，而且有效构筑了自我与自然连接行动的脉络。它需要返归真实的环境信念作为支撑。因此，世界环境哲学的趋势才能在凝练自身质素的过程中被不断强调。这种凝练，其实是来自环境观念的凝练。没有坚实的环境观念之支撑，世界环境哲学也只是无本之木的空中楼阁。虚幻的环境观念，也不足以持续；没有充分的哲思作为贯穿，也离开了活力的实践，只能造就作为泡沫的环境哲学。环境观念包括环境理性和环境情感。它们之间的区分，说明了环境哲学存在的另一种理据。环境需要哲学的理由在于从形而上学、本体论到认识论的角度厘清世间万物存在的机理及其与人类的关系，这既体现出大到宇宙的仰望深思，也投射出小至对一棵植物的凝视考虑。

四、 结语

致力于未来理念及路径再造的世界环境哲学，努力寻找世界存在的终极性根源。其发展趋势在人与自然界原始统一的基础上，既善于把握世界整体性的维度，又离不开把世界与人类看成是紧密关联的哲学范式。它立足于对人类反思能力的增强，避免人类行为再次的异化所造成思想观念的困顿。世界环境哲学正处于不断整合的阶段，其趋势的生成正在凸显一个思想定位与一个理论结构的有效互动。用古罗马哲学家普罗提诺的话来说："那么我们，我们到底是谁?"他继续说："也许在这个宇宙产生之前，我们已经在那里，是与现在不同的人，甚至是某种神、纯净的灵魂和心灵，与整个宇宙合而为一，是理智世界的一部分，没有被分离或隔断，而是与整体合一。"审视这个来自环境时空结构中身份认同的交叉观念，世界环境哲学一方面包容时代化、多元化与在地化理论内涵，一方面在完善其思想范式的进程中努力塑造不同类型观念之间的有效互动。其能否构成未来世界哲学的主流，关键是看其对场景、事件及人类活动的反思平衡能否达到新时代环境哲学再拓展及再深化的水准及面向世界环境的基本要求。

参考文献

[法]阿兰·巴迪欧，斯拉沃热·齐泽克. 哲学宣言[M]. 南京：南京大学出版社，2014.

[法]阿兰·巴迪欧, 斯拉沃热·齐泽克. 当下的哲学[M]. 北京：中央编译出版社, 2017.

Heidegger, Basic W. Harper & Row Publishers[M]. New York：Harper & Row publishers, 1977.

[德]马克斯·霍克海默, [德]西奥多·阿多诺. 启蒙的辩证法[M]. 上海：上海人民出版社, 2006.

普罗提诺. 九章集[M]. 上海：上海人民出版社, 2017.

[德]西奥多·阿多诺. 否定的辩证法[M]. 重庆：重庆出版社, 1983.

周国文. 公民观的复苏[M]. 上海：三联书店, 2016.

周国文. 低碳经济：生态公民的绿色尺度[J]. 人文杂志, 2011（01）：148-157.

周国文. 环境治理的绿色新形态：生态公民与全球维度[J]. 哈尔滨工业大学学报(社会科学版), 2018, 20(05)：106-113.

周国文. 生态公民论[M]. 北京：中国环境出版社, 2016.

周国文. 自然与生态公民的理念[J]. 哈尔滨工业大学学报(社会科学版), 2012, 14(02)：120-126.

习 题

一、选择题

1. 世界环境哲学它可以从三个层面加以理解。（　　）

A. 是在世界视域中的环境哲学，是对不同区域、不同文化的环境哲学的全球性比较。

B. 是关于世界环境的哲学，是对整体世界环境的哲学反思及辩证考察。

C. 是对世界哲学的环境审视，是立足于阐释环境维度的世界哲学。

D. 世界环境哲学是一个看似模糊实则清晰的概念。

2. 把握世界哲学作为一种体系性的哲学，需要展开（　　）的环境论述。

A. 宽领域　　　B. 多方位　　　C. 全角度　　　D. 独特性

3. 作为来自环境时空结构中身份认同的交叉观念，世界环境哲学一方面包容（　　）理论内涵，一方面在完善其思想范式的进程中努力塑造不同类型观念之间的有效互动。

A. 时代化　　　B. 多元化　　　C. 领域化　　　D. 在地化

二、判断题

面对不确定、不稳定的世界环境，一方面，生存与发展是人类置身于世界的必然，另一方面，环境污染与气候变化则成为新的世界历史的组成部分。（　　）

三、简答题

为什么说对世界环境哲学内涵特征的解读，需要稳妥地厘清并处理好环境与哲学的关系？

目　录

第一篇　总报告

21 世纪以来，随着科学技术的发展，人们的生活水平有了很大提高，但是随之而来的环境问题也越来越突出，由于发展经济导致的森林减少、土地沙化、河流污染、淡水缺乏等问题日益严重，各行各业开始关注环境问题。在众多行业中，哲学界学者的持续探索，使环境哲学有了新的发展，为解决环境问题提供了许多新思路。

20 世纪 90 年代以来，环境问题逐步成为我国马克思主义哲学研究中的一个热点。究其原因，一方面，环境破坏在全球范围内愈演愈烈，真实地威胁到了人类的生存与发展，促使学界重新反思人与自然的关系；另一方面，生态马克思主义（Ecological Marxism）的引入也促进了马克思的思想同环境哲学的结合。这些研究主要围绕两条主线展开：一是深度挖掘马克思思想中的生态维度，合理评价马克思生态思想的有效性和局限性，回应西方生态哲学特别是非人类中心主义的挑战；二是深刻透视全球环境问题的根源，找寻破解人类生态困境的思路和方法。

一、 环境与环境哲学

"环境"一词是我们这个时代的关键词之一，它是指人们所在的周围地方与有关事物，是人类赖以生存和发展的物质条件的综合体，一般可以分为自然环境与社会环境。自然环境，通俗地说，是指未经人的加工改造而天然存在的环境，按其要素又可分为大气环境、水环境、土壤环境、地质环境和生物环境等。社会环境是指由人与人之间的各种社会关系所形成的环境，包括政治制度、经济体制、文化传统、社会治安、邻里关系等。通俗地说，环境可以理解为我们周围的一切。

而环境哲学是人类思维对自然存在的思考，是人类对环境及环境问题的高度概括性与抽象性的思考，也是关于自然界与社会环境的最一般规律的学问。环境哲学的功能是对人类的自然知识与环境经验作形而上的思考与诠释，宗旨在于用回归自然的思维指导发现生态经验的本质，使命则在于澄清人类与自然的辩证关系，反思人类在工业文明模式下受现代性思维所操控的短期行为。当然，就环境哲学本身而言，它是源生于传统哲学的理论体系，是在中西哲学视域互见的语境中形成的。它通过对自然界最一般问题具有高度的概括性和抽象性的回答，来重建一个具有最本源性的世界观。

现代意义形态的环境哲学表达始于 20 世纪 60 年代，它是科学家、政治家、环保主义者、新闻工作者以及学者对生态环境多元审视、全面关注下的产物。

二、生态学、伦理学、生态伦理学、生态哲学

生态学（Ecology）一词是 1866 年由德国生物学家恩斯特·海克尔（H. Haeckel）定义的，源于古希腊语（Oikos），原意为家或人所处的环境："是指生物在自然条件下所表现的生存发展状态，其中包括了生物自身的生理特性和生活习惯等，也是研究动物与其有机及无机环境之间相互关系的科学"。

伦理学（Ethics）一词是出自古希腊语（ethos），起初的含义是本质、人格、惯例（custom）和风俗习俗的意思。伦理学是有关道德问题的理论学说，研究道德的产生与发展，以及社会与自然之间一切生存与发展的利益关系、善与恶的行为规范、伦理意识与行为活动的总和。

生态伦理学（Ecological Ethics）是一门新兴学科，因此，它的定义与内涵仍然在随着社会的进步而不断地发展演变。

有一种学术观点认为，生态伦理学由法国哲学家施韦泽和美国环境思想家利奥波德创立，主张在人和自然之间形成一定的伦理关系，并把"生态伦理"或者"生态道德"作为其中的研究对象，从伦理学的角度来研究和审视人与自然之间的关系，并把人类的伦理道德关怀从人类社会扩展到自然界之中，同时呼吁人类尊重自然、保护自然，倡导人类应当反思人类传统价值观中对自然界肆无忌惮的掠夺和开采，转变现有价值观念，将善良、正义和义务等观念融入人与自然生态的关系之中，把追求人与自然的同生共荣和协同进步及可持续发展作为新的价值观念。

生态伦理学（或环境伦理学）是应用伦理学的分支，是包含于伦理学之中的；而"生态"又属于环境科学领域，是自然科学的一个分支。生态伦理学属于两大学科的交叉领域，存在诸多不同的诠释与界定也是理所当然。较为权威的理解主要认为，生态伦理学旨在系统地阐释有关人类和自然环境间的道德关系，生态伦理学假设人类对自然界的行为能够而且也应该被道德规范约束。该理论必须解释这些规范，解释谁或哪些人有责任，这些责任如何被论证。

在学者的研究视野中存在着对生态伦理学与环境伦理学的理解差别。我国学者较为常用的提法是生态伦理学，而西方学者更倾向于使用环境伦理学，但无论中西方学者怎么争论，在最初的含义上，生态伦理学和环境伦理学相当于同义词。之后，随着西方生态运动的兴起，"生态"和"环境"的内涵被赋予了截然不同的含义。"生态"一词具有把人与自然作为一个整体来认识的含义，隐含着人是自然界中的一个普通物种的观点。环境一词则通常使人联想起外在于人、与人相对应的那个环境，人与自然分离，通常被理解为二元论的。在学术界存在两种普遍倾向，把"生态运动"和"生态哲学"等视为具有生态中心主义倾向，把"环境运动"和"环境哲学"等视为具有人类中心主义倾向，但是在我们的学术研究中仍然可以把生态伦理学和环境伦理学视为同一概念。

"环境伦理"和"生态伦理"这两个概念尽管目前在使用时经常被等同，但还是存在着一定的区别："环境伦理"泛指所有对环境问题进行的伦理思考；而"生态伦理"则偏重于运用生态学理论对传统伦理进行改造，主要指各种非人类中心主义的环境伦理学说，可以为"环境伦理"概念所包含。

在西方，环境伦理学与环境哲学基本同义，而国内介绍西方环境哲学的学者多用"生态伦理学"之名。用"环境伦理学"一词是由于该领域的权威性刊物于1979年创刊时被定名为《环境伦理学》。但此刊物代表的环境思潮虽然当时主要集中从伦理的角度来审视环境问题，此后却不断地拓宽视野，迄今早已不限于对伦理问题的探讨，也有美学、宗教、科学、经济学和政治学等领域的思考。20世纪80年代初苏联学术界批判西方环境伦理思想时用了"生态伦理学"（因为一些西方学者在早期的奠基性著作中使用了"生态伦理"与"生态伦理学"等词），而国内学者最早是从苏联学者的文章中接触到环境伦理思想的，此后便沿用了"生态伦理学"一词，使之成为该领域在国内较通用的名称。

关于伦理一词的诠释，学界存在很大的分歧，有的在规范意义上界定，有的在分析解释意义上指称，也有在与道德一致意义上诠释，还有其他不同的诠释维度。一般来说，伦理是指人立身处世所体现的"应该"理念。有人认为，伦理是对道德及其应该的理论分析，伦理也是人的立身、处世的"应该"的体现。罗国杰先生认为伦理一词，在宋明以后，不但有人和人之间的准则、关系之意，而且有道德理论的含义。黑格尔认为，自由意志在借助外物和内心分别实现自己后，就进入了既通过外物又通过内心来实现自己的环节，即伦理。在这一环节，伦理达到了抽象的法和道德的统一、主观和客观的统一，是客观精神的真实实现。只有伦理才具有现实性，法和道德是没有现实性的，它们必须以伦理为基础而存在。马克思曾指出："动物不对什么东西发生'关系'。而且根本没有'关系'。对于动物来说，它对他物的关系不是作为关系存在的。"按照马克思主义的观点，伦理是人类认识自身及其关系的重要标志，也是人类完善和发展自身的重要依据。本文赞同存在论明确指出的，伦理是既是指人类社会中存在的合理性的客观关系，即人及其关系的"应该的应该之应该"，又指对其进行的理性分析。

生态学一词的现代含义通常指生物之生存状态。从词源学视域看，生态（Eco）一词源于古希腊字，意思是指家（house）或者我们的环境。简言之，生态就是指一切生物的生存状态，以及它们之间和它与环境之间环环相扣的关系。它是研究动植物及其环境间、动物与植物之间及其对生态系统的影响的一门学科。正如后现代主义者托马斯·伯里顿所预言的那样，后现代文明时代应当是"生态时代"，生态学如今已经渗透到各个领域，"生态"一词涉及的范围也越来越广，与许多人文社会科学交融起来。

需要指出，"生态"在此不是一般生态学意义上的"自然生态"概念，而是一种哲学—伦理学意义上的生态概念，它是一种富有"生态哲学和生态智慧的世界观、价值观和方法论"之底蕴的概念，涉及重新审视和研究人与人之间、人与社会之间、人类与自然之间的关系这些系统性的问题。如前所述，伦理是人及其关系的"应该的应该之应该"，意味着人类社会的理性和谐样态。由此不难看出，伦理与生态有着某种内在的契合性、通约性与一致性，这是构建伦理生态概念的学理依据所在。伦理生态作为社会生态（或人之生态），不仅在现实中存在大量"实然"，而且也是人与社会发展之"应然"。因而它绝不是一个没有形而下根据或指称对象的空概念，应该说，它首先是一个科学概念，是充分依据了经验事实并完全经得起实践检验的科学抽象。所谓伦理生态，是指人自身、人与人、人与社会以及人与自然的关系达到一种理性和谐状态，也就是一种合理性的人的理性生存样态，是人类生存与发展的"应该的应该之应该"。其主要的特征有三个。其一，伦理生态的合规律性。伦理生态的建构必须建立在尊重现实、顺应历史规律和世界潮流的基础之上，否则就不是本真意义上的伦理生态概念。其二，伦理生态的合目的性。合目的性是指伦理生态虽遵从了客观的历史规律、必然性以及"顽固的现实"，但在这其中已经渗透了人类的价值观和思想意识，受到了人类理性精神的关照。其三，伦理生态的合理性。生态哲学以生态学的观点看待世界，又称生态学世界观。它认为，世界是"人–社会–自然"复合生态系统，是一个生命共同体，作为活的有机系统、以整体的形式存在和起作用。生态哲学以人、社会、自然的关系为基本问题，以实现人、社会、自然和谐为目标，是一种整体论的哲学世界观。

生态哲学产生于20世纪中叶一场伟大的环境保护运动。它同现代哲学起源于一个批判时代的情形一样。16世纪欧洲文艺复兴运动在文学和科学领域，批判宗教愚昧、禁欲主义，肯定人权、反对神权，主张"幸福在人间"。1789年法国革命发表《人权宣言》，宣告"人生来是自由的、在权利上是平等的"，形成"天赋人权、三权分立、自由平等、博爱"等思想。经过笛卡儿、培根、洛克等人的推动，康德作了最后总结，提出"人是目的"这一著名的命题，并认为"人是自然界的最高立法者"，人类中心主义最终在理论上得以完成，并在工业文明发展实践中创造了人类的现代生活。

生态哲学产生于一个新的批判时代。20世纪中叶，世界面临着环境污染、生态破坏和资源短缺等全球性生态危机。21世纪初，经济危机、信贷危机和全球性社会危机，使世界历史面临一次根本性转折——从工业文明向生态文明的转折。这也是一个文化百花齐放、百家争鸣的伟大时代。首先在西方兴起新的文化——生态文化，如生态哲学、生态政治学、生态马克思主义、生态社会主义、生态伦理学、生态经济学、生态法学、生态文艺学、生态女性主义和生态神学等等。它们有一个一致的观点，就是批判和试图超越人与自然"主客二分"哲学，超越还原论分析思维，主张"人与自然和谐"的价值观，这标志着一种新的哲学世界观的产生。

三、各个概念间的联系

科学技术的突飞猛进给我们展现了一个大有希望的未来，可是伴随科学技术而产生的一系列社会问题、生态危机，使我们人类的家园——地球面临危机。这些人类必须面对的社会问题、生态问题使很多人对与进步相关的实践表示了怀疑。人的行动借助技术对这个世界产生了翻天覆地的影响。哲学必须转向实践，也就是人的"行动"，对人类行动的理性思考迫在眉睫。这种对行动的思考，本质上就是要思索"人类应该如何生存"的基本问题，是对人与自然关系的重新探索。人与自然关系的探索涉及哲学的本体论，人类如何行动、如何生存涉及方法论、伦理观，生态哲学是哲学的转向行动。生态哲学是生态文明的哲学基础，生态哲学赋予了哲学新的使命。

生态哲学、环境哲学是20世纪70年代在西方发达国家诞生的新兴理论学科。它的产生显然与自然环境危机、生态危机有关，是出于忧患和关怀而产生的。生态哲学、环境哲学的目的不是为了描述种种环境危机现象，也不是为了对环境危机现状进行科学的解释，它是哲学的发展和继续。它意味着旧有哲学历史使命的完成，同时也是哲学新的使命的开始。这种新的使命就是哲学转向对人的行动的思索。人应该如何生存？人的行动如何影响自然环境？也就是说，生态哲学、环境哲学就是哲学，是哲学本身，它不是哲学的一个分支学科。

生态哲学、环境哲学基本在相同的意义上使用。生态哲学是哲学发展的历史过程的必然。哲学在探讨世界本体论之后回答了世界是什么的问题，哲学对人类思维的关注回答了人类怎样认识这个世界的问题。在知道了世界是什么、人怎样认识世界之后，就是人应该怎样行动从而建立人与自然关系的问题，这就是关于人的行动的哲学，人的行动与环境的关系的主题使我们今天把它称为环境哲学、生态哲学。哲学是时代的精华，每一时代都有每一时代的哲学精华。今天的时代精华就是要解决人与自然关系中人的行动问题。生态哲学、环境哲学肩负了这种使命并应运而生。生态哲学是哲学转向行动。今天的技术异化、生态危机使人与自然的关系成为这个时代的焦点，如何行动成为哲学关注的主题。生态伦理学或环境伦理学就是在人与自然的关系中关注人的行动。它的出现就是哲学的新内涵。

生态哲学和环境哲学是哲学转向生态、转向环境，是哲学范式的转变。主要是理论框架和概念体系的转换，是本体论、认识论、方法论和价值论的理论框架转变，最重要的是它的基本概念转变，要提出新概念，例如"环境问题""生态危机""自然价值""自然权利""生态文化""生态公正"等等。关于"目的"，生态哲学、环境哲学认为，不仅人类有目的，生命和自然界也有目的，追求生存、追求存在是所有个体的目的；关于"主体"，生态哲学、环境哲学认为，不仅人类是主体，生命和自然界也是主体，它自主生存、自主发展。生态哲学、环境哲学反对经典哲学关于存在与价值绝对二分的说法，认为事物的存在和价值是同时的、统一的；关于"主动性"，生态哲学、环境哲学认为，不仅人有主动性和创造性，生命和自然界也有主动性和创造性，物质和生命的自主运动和发展，从而创造全部自然价值；关于"智慧"，生态哲学、环境哲学认为，不仅人有智慧，生命和自然界也有智慧。生存主体有价值，为了生存它们也有主动性，有评价能力和适应环境的能力，有智慧、有创造性。对于现代西方哲学来讲，要认可这些新含义是不可能的。所有这些新的观念都直接关系到我们人类如何生存的问题，生态哲学、环境哲学就是要思考人类如何生存，让人学会生存。

生态哲学、环境哲学基本上是在相同的意义上使用，但它们毕竟不是相同的词语，有着不同的含义。从词源上讲，环境是环绕我们的东西。环境哲学这一概念涉及"环境"和"哲学"两个词。首先我们可以肯定环境哲学属于哲学，然后我们再来分析"环境"这一词语的含义。"环"意指东南西北、上下，四面八方皆可是"环"的范围；"境"就是场景、空间范围。这和英语里的 environment 含义相近，"vir"这一词根有着环绕的含义，也包含着主体与周围环境的意蕴。从空间上说，个体可以被一切存在物所环绕。所以，环境这一概念隐含着一个主体因素，它被所有的环绕物所包围。这一主体因素可以是植物、动物和人。环境哲学包含着主体与周围环境的意蕴。那么，主体与周围环境是什么样的本质关系呢？这种本质关系就是生态关系。生态哲学就是把生态学提升为哲学，以此来解读主体与周围环境是什么样的本质关系。或者可以说，环境哲学包含着主体与周围环境的意蕴，这个主体与周围环境的关系是生态关系。生态哲学解读主体与环境关系，就是解读其生态本质关系。正因为如此，生态哲学与环境哲学在相同的意义上使用。环境伦理学把人的道德关怀扩展到生态环境。西方环境伦理学从人与自然关系的角度研究伦理问题，主要有四大理论派别：现代人类中心主义、生物中心主义、动物解放论和生态中心主义。它们都表示对人类包括子孙后代利益的关心，承认生命和自然界的价值，一致认为人类道德对象的扩展是必要的，这是人类道德的完善。虽然不同的理论提出不同的道德目标、道德原则和规范，有非常激烈的论辩，但它们一致认为：维护生物多样性、保护环境是符合人类利益的。环境哲学也被称为生态哲学。有很多学者认为："环境哲学或生态哲学是生态伦理学的哲学理论基础。生态伦理学则是生态哲学的价值论表达"。这种观点不完全正确。这涉及对环境哲学或生态哲学概念的准确理解，涉及对环境哲学性质的把握，还涉及如何理解环境哲学的构成。

我们可以借助于英语词汇 environmental philosophy 来理解环境哲学的概念。environmental philosophy 的重心在 philosophy，即哲学，这就是肯定了环境哲学的哲学性质。同样，在相同的意义上所使用的生态哲学，即 ecological philosophy 中的强调重心也是 philosophy，即哲学，这是指"生态哲学"；而 philosophy of ecology 的含义重心偏向 ecology，即生态学，这是意指关于"生态学的哲学"。就像 philosophy of physics 是物理学的哲学，philosophy of chemistry 是化学的哲学，philosophy of biology 是生物学的哲学一样，它们都是关于一门科学学科的哲学。我们在这里所讲的环境哲学、生态哲学不应该是关于一门科学的哲学，而应该从具体科学的层面升华出来，站在更高的角度、更高的层面来进行研究的哲学。所以，我们所说的环境哲学、生态哲学是从生态学理论及方法提升起来的一种世界观和方法论。它是用生态学中关于生态系统整体性、系统性、平衡性等观点来探讨、研究和解释自然及人与自然之间相互关系的一门学问。因此，环境哲学、生态哲学实质是一种生态世界观。

环境哲学、生态哲学词汇重心含义既然在哲学，这就决定了生态哲学、环境哲学的哲学性质。environmental philosophy 的含义侧重在哲学，而 philosophy of environment 的含义是关于环境的哲学。如果把环境哲学理解成关于环境的哲学，即 philosophy of environment，那么，就会有"环境哲学是生态伦理学的哲学理论基础"这种不正确的表达。正确的理解应该是：环境哲学的构成之一是生态伦理学。既然环境哲学性质是哲学性质，属于哲学，那么哲学的本体论、认识论和伦理学的相互之间的关系也适用于环境哲学。所以，"生态伦理学是生态哲学的价值论表达"，生态伦理学是环境哲学、生态哲学的构成之一。既然生态哲学、环境哲学是哲学本身的发展和继续，那么，生态哲学、环境哲学的构成与哲学的构成就是一致的。

哲学是世界观和方法论，是关于自然界、人类社会和人类思维的概括和总结。哲学的构成有本体论、认识论和方法论。生态哲学的构成也应该包括这三个方面：生态本体论、生态认识论、生态方法论。生态本体论体现了生态世界观。对于生态认识论，我们可以从人类哲学思维的历史中来考察，考察人类思维历史中的生态哲学思想，并研究哲学发展的内在逻辑。而生态方法论就是环境伦理学、生态伦理学。由于生态哲学是哲学转向人的实践、人的行动，哲学在关注世界、关注人的思维之后，关注人的行动就是发展的必然。环境伦理、生态道德就是人的行为规范，因此，环境哲学才会在环境伦理学领域率先发展起来。

参考文献

陈海嵩．环境伦理与环境法——也论环境法的伦理基础[J]．环境资源法论丛，
　2006，6：1-26.
韩博．马克思生态伦理思想研究[D]．沈阳：辽宁大学，2016.
李振基．生态学[M]．4版．北京：科学出版社，2014.
刘耳．西方当代环境哲学概观[J]．自然辩证法研究，2000(12)：11-14.
李世雁．生态哲学之解读[J]．南京林业大学学报(人文社会科学版)，2015
　(01)：25-32.
[美]戴斯·贾丁斯．环境伦理学：环境哲学导论[M]．林官明，杨爱民，译．
　北京：北京大学出版社，2002.
余谋昌．生态哲学是生态文明建设的理论基础[J]．鄱阳湖学刊，2018(02)：
　2，5-13，129，125.
周国文，卢风．重构环境哲学的契机与趋向[J]．江西社会科学，2012(08)：
　18-23.
张志丹．论伦理生态——关于伦理生态的概念、思想渊源、内容及其价值研
　究[J]．伦理学研究，2010(02)：14-19.

习　题

一、选择题

1. "环境"一词是我们这个时代的关键词之一，它是指人们所在的周围地方与有关事物，是人类赖以生存和发展的物质条件的综合体，一般可以分为(　　)。
　　A. 自然环境　　　　B. 客观环境　　　　C. 主观环境　　　　D. 社会环境

2. (　　)一词是出自古希腊语(ethos)，起初的含义是本质、人格、惯例(custom)和风俗习俗的意思。
　　A. 伦理学　　　　B. 生态学　　　　C. 社会学　　　　D. 人类学

3. 生态伦理学(ecological ethics)源自德国哲学家施韦泽和美国环境学家

利奥波德的思想，主张在人和自然之间形成一定的伦理关系，并把（　　）和（　　）作为其中的研究对象。

A. 伦理　　　　　B. 道德　　　　　C. 生态伦理　　　　D. 生态道德

二、判断题

"环境伦理"和"生态伦理"这两个概念尽管目前在使用时经常被等同，但还是存在着一定的区别。（　　）

三、简答题

什么是伦理生态？

第一章　世界环境哲学发展的历史概述

　　环境哲学年青而又充满活力。从时空坐标来看，西方环境哲学在先，中国环境哲学跟上。西方环境哲学在初始的意义上构成中国环境哲学研究效仿的对象，但 21 世纪之后环境哲学的中国化已成理论发展的趋势。中国学者开始研究环境哲学大约是在 20 世纪 80 年代后，迄今为止已有 30 多年。这几十年里中国环境哲学研究可谓是学派众多、视角多元，研究成果颇为丰硕。西方经典环境哲学包括阿尔伯特·施韦泽(Albert Schweitzer) 的"敬畏生命"学说，奥尔多·利奥波德(Aldo Leopold) 的"大地伦理"，罗德里克·弗雷泽·纳什(Roderick Frazier Nash) 的"自然权利论"，彼得·辛格(Peter Singer) 的"动物权利论"，霍姆斯·罗尔斯顿(Holmes Rolston Ⅲ) 的"自然价值论"，阿伦·奈斯(Arne Naess) 的"深层生态学"等。

一、　西方环境哲学的兴起

　　随着 20 世纪 50 年代生态危机的出现，在 70 年代开始兴起生态保护运动，世界范围内的专家学者开始反思马克思的理论对解决生态环境问题是否有理论价值和意义。随之出现的不同学术流派和观点展开了对马克思经典著作的研究与梳理。环境哲学作为哲学的一个独立部分，是在 20 世纪下半叶才出现的。环境哲学的这些思考，从自然直觉到生态观念，使人对外部生活世界的认识和实践活动成果有了反思、总结与概括的可能。作为人们对整个自然界的根本观点的体系，环境哲学与人对自然界的理解与爱护不可或缺。如同哲学的起源在于惊异，当环境哲学的生态惊异达到普遍程度时，自然就在此中出现了。"自然"概念及对自然界的思考，引领着当代环境哲学的研究进展。人类生存繁衍的历史也就是人类同大自然相互作用、共同发展和不断进化的历史。人类破坏赖以生存的自然环境的历史同人类的文明史一样古老。

　　在采集—狩猎文明时期，人类的生产力水平很低，人只是自然物的采集者和捕食者，人对环境的影响与动物的区别并不大，如果说那时也发生了所谓"环境问题"的话，那主要是由于人口的自然增长和人们的乱采乱捕、滥用资源，从而造成了生活资料缺乏的饥荒。为了解除这种威胁，人类被迫学会吃一切可能吃的东西、被迫扩大自己的生活领域，学会适应在新的环境中生活的本领，逐步认识到发展生产力、提高劳动生产率的必要性，开始有意识地改造环境，以创造更丰富的物质财富。随后，在农业文明时期，人类学会了培植植物和驯化动物，人类改造环境的作用越来越明显。但与此同时，环境问题也有所加剧，如大量砍伐森林、破坏草原引起的水土流失、水旱灾害频繁和沙漠化，又如兴修大型水利工程的同时往往也可能导致沼泽化以及血吸虫病的大量传播。

随着生产力的发展和近代大工业的出现，18 世纪中叶，在生产发展史上出现了第一次工业革命。从这次革命开始，人类的劳动生产率得以大大提高，人们利用和改造环境的能力也得到了加强，这些都大规模地改变了环境的组成和结构，从而改变了环境中的物质循环系统，扩大了人类的活动领域，丰富了人类的物质生活条件。但同时新的环境问题又产生了。如果说农业生产和消费中所排放的"三废"是可以纳入生物循环而被迅速净化、重复利用的，那么工业生产和消费中所排放的"三废"则是生物和人类所不熟悉的，难以降解、难以同化和忍受的。因而，相对于农业来说，工业生产造成的环境问题是以环境污染为主的，是范围较广、影响深远的新问题，并在 20 世纪 50 至 60 年代，形成了环境问题的第一次高潮。

20 世纪以来，生态危机在全球范围内蔓延，环境哲学研究显得尤为急迫。人与自然的关系，一直是人类面临的基本生态问题。经济全球化带动了全球经济发展，却给全球环境带来一系列的问题，如温室效应、气候变暖、土地沙化、森林减少、物种锐减、环境污染……2015 年末，第 21 届联合国气候大会所达成的《巴黎协定》在凸显全球性环境问题严峻性的同时，也体现了各国治理全球气候问题的应有责任。人类共同体如何协同应对全球生态危机、世界各国如何进行责任共担、社会公众如何顺应自然与规范自我等一系列问题，有待环境哲学工作者进行深入的理论解答。

1990 年，威斯特拉与罗尔斯顿等人成立国际环境伦理学学会，对环境哲学研究产生较大影响。1992 年《环境价值》在英国创刊，这是环境哲学领域继《环境伦理学》之后的第二家按专家审查制度运作的学术刊物。其实关于环境哲学的研究，在西方国家已经形成了相对固定的学术团体，其中美国学术机构的研究方向代表着这一学科发展的主流。目前，环境哲学研究的基本内容主要是论证环境伦理的原理和规范、探索环境道德行为的选择和环境道德秩序的维护、讨论环境道德教育的方法和个人环境道德的培养、加强环境哲学的理论基础和建立环境价值取向的准则等。总的来看，虽然环境哲学在西方尚未发展成主流哲学，但环境哲学家们提出的很多问题越来越引起人们的关注。例如，在关于人与自然的关系，以及面对生态危机人类应如何重新审视自己的价值和规范自己的行为等问题上，环境哲学有很多理论创新。

在国内，近年来随着环境危机的加剧，人们已越来越清醒地意识到，环境污染和生态失衡问题的解决，不能仅仅依赖经济、法律和科技手段，还必须诉诸哲学观念的变革，相关研究也日益成为学界热点。因此从 20 世纪 80 年代起，我国学者也开始了环境哲学的理论研究。20 世纪 80 年代初，环境哲学的研究主要定位于人与自然关系的自然辩证观层面；20 世纪 80 年代末到 90 年代以来，则开始了对环境危机的深层反思与应对危机的实践探索。1994 年，在中国伦理学会下设环境伦理学专业委员会，而 1998 年中国自然辩证法研究会环境哲学专业委员会的成立，则表明了这一领域研究队伍的壮大，研究范围和目标的进一步拓展。另外，近年来生态伦理和环境哲学的研究涉及面很广，包括专著、译著和论文在内的成果很多。但客观地说，这一学科的发展还不成熟，水平还不高。这一方面是由于国际上相应的理论研究还未臻成熟，另一方面也由于国内学术界还处于介绍、消化的阶段，有份量的理论构建还非常缺乏。因此，国内环境哲学研究目前也只是提出问题，还不是解决问题。

从学界看，如何借鉴人类文明中一切生态智慧解决健康生存与可持续发展问题，以加强对我国公民环境权益的保障，这是当代中华民族伟大复兴进程中迫切需要研究的重要现实课题。应对全球化生态危机，需要借鉴全体人类智慧的结晶，通过理论研究共同应对生态危机，这成为环境哲学研究者的当务之急。

环境哲学的产生源于现实的生态环境危机。西方环境哲学思潮对现实的生态环境问题的回应，建立在对现代哲学观念的批判反思基础上。其对西方现代哲学的反思、超越，大体走的是"从局部到整体的认识思维路径"。所谓"从局部到整体的认识思维路径"，是说西方现代哲学首先关注的是事物的局部或事物的构成要素，而西方环境哲学则在现代哲学关注事物内在本质的基础上，进一步关注事物之间的关系，以及事物之间复杂性关联构成的整体。西方环境哲学思潮(以环境伦理学为主体)发展的大体过程，也体现了西方环境哲学"从局部到整体的认识思维路径"。西方环境伦理学的发展是在批判反思现代人本主义伦理学观念中展开的，人类中心主义环境伦理学与非人类中心主义环境伦理学的论争贯穿始终，而道德关怀对象由关注当代人，向关注未来后代、动物生命共同体、大地共同体(生态系统整体)乃至地球、太阳系的拓展，清楚地展现出西方环境哲学思潮拓展、超越现代哲学观念的思维路径。

人在自然(乃至宇宙)中的位置是什么？这是环境哲学的核心问题。这一问题又可进一步分解为三个具体的问题：自然的本质是什么，人的本性是什么，人与自然之间存在着何种关系。任何一个时代的主流哲学都会以某种方式对这些问题作出回答，任何一种有影响的哲学理论也必然会包含着对这些问题的或明显或含蓄的答案。西方近代主流哲学对这些问题所做的解答既不同于古希腊罗马的哲学和中世纪的哲学，也与东方哲学迥然有别。在许多学者看来，以原子论、机械论和二元论为特征的西方近代主流哲学从自然中把意义、价值和目的连根拔起，因而要对当代的生态危机承担主要的思想责任。所以，反思西方近现代主流哲学的环境后果，建构一种非原子论、非机械论以及非二元论的生态世界观，就成了当代西方环境哲学的重要使命。

奥尔多·利奥波德的生态伦理观念主要集中在土地伦理的表达范畴，他将生态学的范畴进行哲学意义的延展，使得生态关系的范畴扩大至包括人类在内的整个生态系统，其中较为突出的思维特征就是将哲学思维与生态学思维进行了融合。这样一来，就使得纯粹意义上的哲学范式与科学范式形成了思维及其阈的表达的交叉。1962年蕾切尔·卡逊(Rachel Carson)的《寂静的春天》(*Silent Spring*)就鲜明地表达了环境问题与化学工业之间的关系。罗尔斯顿(Holmes Rolston Ⅲ)继承了利奥波德的生物(态)共同体思想,将生态系统及其中物种的价值属性纳入他的生态伦理体系。阿恩·奈斯(Arne Naess)的深层生态学则在另一个方面有意识地突出了社会的运行对于环境政策制定的影响,但是其主要观点的范畴依然可以被认为是突出了生态共同体的逻辑归属。

当下的环境问题已经变得愈发复杂,许多社会生活、公众意识、决策倾向、技术表达、物种间的伦理实践等都被纳入生态哲学与生态伦理的哲学范式思考之中。在哲学范畴上,国外有关人类与自然界关系的研究主要体现在生态哲学、生态伦理、动物伦理(福利)、生态多样性、技术风险、生态与社会、环境问题与政策制定、环境与人居调适、食物伦理、科技政策等方面。虽然,生态哲学传统意义上的整体论与还原论的争论仍在持续,但二者范畴主导地位的筛选已不再是主要的争论议题。人类中心主义与生物中心主义的分野,除了在生态系统的价值的内在属性层面有所争论之外,二者在技术哲学与伦理表达的形态上等方面也有所融合。学术共同体与科学共同体在承认生态系统是一个整体的前提下,逐渐强调人类与生态系统中物种间的差异与共生的问题,并且回避或者不过分突出二者之间的对立性。

在研究领域层面,学术共同体都在各自的研究领域与视角中展开对于环境问题、生态伦理、科学技术哲学、科学技术社会学的相关哲学思考与认知的研究。哲学研究与科学研究正在环境与伦理领域逐渐交叉与同一。这是国外学术界在生态与人类关系研究上的一个比较显著的趋势。

对 SCI(TS)与 SSCI(TS)数据库的采样、分析,也支持了上述观点。数据检索项目包括:题目、关键词和摘要。时间跨度:1908—2016 年。在 SCI 数据库中:生态伦理 359 篇,生态哲学 309 篇,动物福利 10504 篇,农业 73172 篇,农业哲学 118 篇,生态多样性 75092 篇,农业、可持续发展 2790 篇,科学技术哲学 3736 篇。在 SSCI 数据库中:生态伦理 444 篇,生态哲学 231 篇,动物福利 1408 篇,农业 16528 篇,农业哲学 50 篇,生态多样性 8573 篇,农业、可持续发展 1518 篇,科学技术哲学 3654 篇。以下将从生态哲学、生态伦理与动物伦理(福利)三个主要范畴,对现阶段国外主要研究特点做一定的归纳、总结。

在生态哲学范畴,学者们依然重视知识体系所表称的思维体制,以及社会对人类思维体制的理解上的研究,并将这种哲学思考逐渐与科学哲学(史)、科学的实证主义表达相连接。例如,卡里格·艾伦(Craig R. Allen)等人的研究认为,人类对于自然资源的管理应该注意到人类对于环境问题是一个"wiched problem(棘手的问题)"的认知误区,因为环境问题没有一个绝对意义上的成功与否的解决方案,因此,环境问题的考虑需要结合社会的运行[艾伦·伊塔尔(Allen etal,2011)]。阿伦巴拉(Arunbala)等人对土著知识体系与西方的科学知识体系之间的对话进行了研究。该研究认为,传统的知识体系与科学知识体系之间的界定标准常常与迷信等"伪科学"标识发生关联,这是否有利于人们对于经验知识的理性认知仍有争议。从科学史与数学史的角度看，科学技术的发展历史，也需要充分认知划分思维类型的标准的一致性。另外，该项研究强调了科学知识体系的跨文化与思维多元化的属性表达与问题表达［巴拉特尔（Balaetal），2007］。美国生态学家奥德姆（E. P. Odum）主张接受"新生态学"，这似乎是在调和整体论与还原论的哲学思维，因为生态系统的存在不仅是自然界的存在表达，也是人类及其社会赖以生存的表达。虽然，生态系统的进化一直存在哲学思维范式的分歧，但是生物学家的研究也在试图另辟蹊径，羽化——就可能折中还原论的不足。这样一来，关于生态系统与物种进化关系的思维范式表达形态就出现了漏洞与逻辑回旋空间。在另一方面，人类社会的机制与机构的运行也需要在一定的哲学范式之下开展，尤其是在生态义务层面。汉斯·约纳斯（Hans Jonas）哲学思想的立论基础是社会服务于人类中心需求，在技术时代，它必然涉及经济实体所承担的环境义务问题。这仍然可以被看作是生态哲学思维范式在社会实践层面的一类具体表达。

美国北德克萨斯大学在智利合恩角等地区开展跨学科的生态伦理实验，对生态哲学的应用性进行实验评估。这项实验的意义在于揭示出了现代科学技术与传统意义上的哲学研究在范畴与领域的交叉共融的问题，以及哲学认知主导科学与社会实践的可能性与可行性。2005 年，联合国教科文组织批准了建立"好望角生物圈保护区"的实验计划，该计划面临着生态学与文化层面的多元化共生的挑战。同以往的哲学研究不同，现在的哲学研究更加需要在科学、决策与区域建构之间获得联通。因为，生态关系的哲学认知势必与科学研究、科技政策的制定产生关联。

人类的生存空间既是生态系统，又是人工的环境。在现代社会，人类的生存空间，例如城市，似乎是被生态环境所包围；但是，在另一方面，由于人工干预的主观意愿性表达的强烈，以及干预频率的提升，使得人类聚居的环境呈现出"非自然的地域"特性表达。人类对于生态关系的感知与认识，往往受到不同地域、文化、信仰以及个体心理层面知识体系与思维模式的塑造、干扰。在相对多元化的生态关系认知与思维——行为反映表达式里，多元化的存在对于生态伦理研究来说是一个重要资源，例如生态无政府主义、土著知识、生态社会学、生态女性主义、永续农业等。围绕着这些因素，人类社会就有可能逐步建立起一种适应生态——人工干预的哲学认知架构。然而，单纯的哲学立论与纯粹理论层面的建构，并不足以应对社会的生态——人工调和实践及其技术需求。为了建立起理论—实践的解读、转移通道，学术共同体意识到对于技术理念表达，例如数据，要确认与考虑到人的主观因素对认知产生的影响。对于生态问题的研究，自然科学体系是经典的范式应用。在科学研究的范式表达中，数据是它的主要表达形态之一，但是人们对于数据进行解读就是科学范式向社会范式转移的过程。它需要人类意识到，数据能否还原生态问题的本质表达。因为，解读数据本身就是人类认知过程，在这个过程中，人们的甚至是个人的主观因素有时候会干扰问题本质性的表达。例如，关于贝叶斯假设与推论的问题。可以认为，国际上有关生态伦理与人类社会实践范畴的研究，注意到了生态哲学建构的生态区域理论、生态意识多元化表达、数理逻辑推理的哲学与科学范式的整合等问题。同时，在生态诉求的哲学假设层面，一种逻辑的预设及其检验也对社会决策起到了一定的实验效果。需要注意的是，即使在哲学理论层面的研究，国外学者都很注重对科学实证主义的表达或者实证结果的采用或者引证，这成为研究人类行为与生态系统之间关系的一个特征性表达。

当代生态伦理研究体现了人们对于人类生存境遇的关注与回应，它包括了哲学抽象层面的某些延展、环境风险认知、生态关系认知的学科交叉性、对自然价值在人类行为意义上的争论，以及科学技术进化与生态价值认知的关联等领域，或者研究范畴。生态符号学的研究，试图探寻生物现象或实体的内在价值，将生态伦理范围扩大至生态学，而非仅仅局限于环境和伦理范围。通过对人类与非人类物种的道德属性的测量，去进一步反思社会和社会行为意义的道德与生态系统物种权利的平衡，以及二者之间对立态度的消解［比弗（Beever），2012；康斯托克（Comstock），2008］。人类与生态系统的二分，体现着思维范式立足点的分立与观点的对立性。现代科学在一定程度上证明了生态系统本身具有生态修复功能，它在哲学传统上符合了奥尔多·利奥波德土地伦理的生态健康范畴的某种认知。在融合社会意识与行为之后，生态-社会系统的自我修复与平衡功能是否有助于人类—生态系统关系的认知将是一个挑战。

二、 中国的环境哲学研究回顾

国内环境哲学研究经历了近40年的发展，学术团队不断成长，思想理论厚积薄发，科研队伍方兴未艾。其中环境哲学、环境伦理学和生态哲学研究的领军人物，是中国社会科学院哲学研究所的余谋昌先生，他的研究集中在人类与自然界的价值论述、生物界物种之间的道德与价值属性的研究，并提出了自己的建构思路。在哲学范式意义上，余谋昌先生将中国传统哲学、西方环境哲学与人类—自然的和谐观结合起来，试图建构一个新的范式，并试图打破人类中心主义与生物中心主义的哲学分野。清华大学卢风教授在《从现代文明到生态文明》《人、环境与自然》《科技自由与自然》等著作中提出了环境哲学和生态文明建设的系列观点。叶平教授在其《生态伦理学》《环境革命与生态伦理》《回归自然》等著作中也提出了生态伦理实际上就是对地球生存状态的伦理关注等有影响力的理论。这是一个在宏观上把握生态伦理关系的有益之举。徐朝旭、徐梦秋、席宇泽的《中国古代科技伦理思想》（2010）一书，围绕中国古代科技伦理思想展开研究，并作了史料分析。虽然该书的研究定位于中国古代科技伦理，但也是在科学技术哲学范畴中对中国古代有关技术思维范式下的人与自然关系的一次梳理。它对现代中国的技术-环境伦理认知具有一定的史料学意义和现实启发意义。唐代兴、杨兴玉的《灾疫伦理学：通向生态文明的桥梁》（2012）对灾疫进行了科学哲学、生态伦理、医学伦理、伦理原则、历史反思等分析与论述，试图找出人类社会应对灾难与疫情时候在社会伦理层面的认知规律与实践方针。尽管,该项研究以重大灾难为研究对象,但是仍然从侧面,或者说更多地涉及了技术伦理与技术形态下的人与自然的关系认知等议题。因此,它也是当代中国学者对于人类对生态灾难后果态度的一次哲学反思与实践的总结(唐代兴等,2012)。国内关于生态伦理的研究合并于环境伦理的研究之中,除了传统的"人类中心主义"与"生态中心主义"的划分之外,学者的研究领域还可以分为以下几个方面:生命(生态)原则、生态伦理与社会、生态伦理与技术、动物伦理,其内容涉及生态(生命)伦理价值的历史渊源、现代生态伦理与科学技术的调适、经济–社会的伦理思索、文化现象中的生态伦理情怀、生态哲学(哲学思维层面)、技术伦理、科学实验动物伦理、立法层面的生态伦理实践等方面。

国内有学者从文学艺术作品中解读生态伦理,或者生态关系的艺术表达。这有利于社会对公众理解层面的生态伦理认知的培育与生态伦理实践的参与。因此,也应将其纳入中国文化范畴中有关生态伦理认知的研究(董军等,2013;夏文静等,2013)。国内学者对于生态伦理原则的哲学思辨研究一直没有中断过。例如,余谋昌关于中国古代自然价值论的论述(2004),王天成关于黑格尔辩证法中个体生命原则的论述(2005),庄晓平关于康德自主理论与生命伦理学之间关系的研究(2011),包庆德、夏承伯等对利奥波德土地伦理的研究(2012)。同时,中国学者也注重对生态伦理与社会调试功能之间联系的研究。例如,黄斌关于马克思生态伦理观对于现实的启示研究(2009),刘福森关于自然中心主义立论基础的研究(1997),邱耕田关于人类中心主义相对性的研究(1997)。

在技术视域下的生态伦理研究主要有:肖健的《皮彻姆和查瑞斯的生命伦理原则主义的进路评析》(2009),余谋昌的《地学伦理学:地球科学的人文转向》(2011),王妍有关环境伦理终极诉求的研究(2009)。在具体技术方面,针对技术形态的具体存在,中国科学家与其他学者也进行了深度研究。例如,钟文燕等的关于基因治疗技术安全性的伦理学研究,钱迎倩等的遗传修饰生物体对于环境的影响,伦理矩阵的技术评价方法研究(雷毅等,2012)。动物伦理(福利)在中国学者的研究中,近年来呈现上升趋势。学者们对西方动物伦理学的渊源进行了追溯与反思,对生命科学中的伦理问题进行了一定的探讨,对农业生产领域的圈养动物福利问题也进行了一定深度的研究;但是,更多的有关动物伦理的研究来自于医学、科学实验与动物保护等领域。

小 结

综合分析,国内外的学者大多将人类与生态系统关系的研究集中在生态哲学、生态伦理、动物伦理范畴。国外学者更注重哲学与科学的结合,表现出研究的跨学科特色。国内学者的研究范畴主要也是集中在上述几个方面,但是突出了中国传统文化中的生态伦理渊源的研究及其与现实的结合,包括宗教范畴的研究。有关动物伦理的研究相对薄弱。在跨学科交叉研究上,国内研究略显不足。

西方许多环境哲学家在分析环境危机的思想和文化原因、探寻环境哲学智慧与文化传统的关系时，都不约而同地转向中国古代思想文化。例如，挪威环境哲学家奈斯，称自己讲的生态"大我"，就是中国人讲的"道"。美国学者马希尔（P·Marshall）认为，《老子》一书最早清晰地表达了生态思维。英国思想史家J·克拉克（J. Clarke），甚至把道家环境哲学的影响与西方历史上几次重大的思想革命相比，认为道家的自然理念正在对西方生态文明转型产生作用。上述评论是卓有见地的，反映出中国文化承载着一种亲自然的文化精神。

生态伦理学产生的主要动力来源并不是伦理学理论发展的内在需求，而是人类社会对现实生态环境问题的密切关注，并试图探寻出更为人性的解决办法。直到20世纪70年代早期，环境伦理学还只是环境主义者谈论的话题。如果你问哲学家，他对这话题所知多少，那么你得到的回答很可能是令人吃惊的沉默。环境伦理学与哲学家们平常谈论的话题是全然不同的。自20世纪70年代开始人们对生态环境问题的关注度逐渐提高，学术界的专家学者力求用理论智慧来解决这一时代课题，这样生态伦理学作为一门全新的学科顺应时代需求便产生了。

20世纪70年代末期，日益增长的生态环境危机让学者们意识到环境伦理学的重要性，西方学术界逐渐兴起了研究生态环境问题的著作，出现了诸如《环境伦理学》《伦理学与动物》《深层生态学家》《物种之间》及《生态哲学》等著作，并且在相关权威杂志上也刊登了关于环境伦理内容的文章。1980年，美国生态哲学家乔治·塞欣斯编制了这一领域的文献目录厚达71页，并且文献每年不断增加。随后在1981年出版的《关于动物权利及其相关问题》中已经达到了3200个条目的文献目录。"非人类自然物的权利"（1974）、"人性与生态意识"（1980）及"环境伦理学与太阳系"（1985）为题的会议把学者们聚集在一起进行思想交流；1987年，关于讨论环境计划及环境评估的杂志《环境职业》，对有关人与自然关系的伦理学给予了极大的关注。

此后，许多哲学家也开设了环境伦理学课程，在一些大学还开设了这个专业的学位，很多教科书都为环境哲学这一全新的领域提供了帮助，例如乔治凯·依弗的《生物伦理学》（1979）、克里斯汀·西沙德·弗莱切特的《环境伦理学》（1983）、唐纳德·斯切欧里和汤姆·阿提格的《关于环境的伦理学》（1983）、罗伯特·爱利奥特和阿兰·加尔的《环境哲学》（1983）、汤姆·里根的《根植地球：环境伦理学新论》（1984）、罗尔斯顿的《走向荒野的哲学》（1986），由具有开拓性的论文组成的两本题为《深层生态学》的论文集于1985年出版。从20世纪80年代开始，在西方理论界对环境伦理的研究中，学者开始反思人与自然之间的关系，重视自然在生态系统中的地位和作用，思考人类对自然应当负有的责任与义务，提升了学术界对生态伦理问题的关注程度，也深刻影响了人们的生态伦理价值观念。

罗尔斯顿在一篇题为《环境伦理学的类型》的论文中对生态（环境）伦理学作了全面的阐述，认为生态（环境）伦理学"应包括生物中心主义伦理学、深层生态学、神学环境伦理学、生态女性主义、生物区域主义，等等"。罗尔斯顿的分法又过于宽泛，几乎把生态（环境哲学）与生态（环境）伦理学等同了起来，他的这些观点在很大程度上反映了西方环境伦理学中大多数学者的看法。然而，严格地说，生态（环境）伦理学是从道德关怀的视角探讨人与自然的伦理关系，因而不能等同于生态哲学。在这个意义上，把道德关怀的范围作为区分生态（环境）伦理学各种不同流派的依据可能更为恰当。这些分别代表了道德对象从人到动物、生命最后到非生命的生态系统的扩展。

参考文献

陈红兵．西方环境哲学背景下的佛教生态哲学研究[J]．南京林业大学学报（人文社会科学版），2015，15(03)：29-35．

韩博．马克思生态伦理思想研究[D]．沈阳：辽宁大学，2016．

洪艺蓉．尤金·哈格洛夫．环境哲学思想研究[D]．苏州：苏州科技大学，2017．

李淑文．环境哲学：哲学视阈中的环境问题研究[M]．北京：中国传媒大学出版社，2010．

卢风，余怀龙．近五年国内环境哲学研究现状和趋势[J]．南京工业大学学报（社会科学版），2018，17(01)：13-22．

杨通进．探寻重新理解自然的哲学框架——当代西方环境哲学研究概况[J]．世界哲学，2010(04)：5-19．

于川．2017．实践哲学语境下的生态伦理研究[D]．合肥：中国科学技术大学．

习　题

一、选择题

1. 西方传统环境哲学包括（　　）等。

A. 史怀哲的"敬畏生命"学说　　　　B. 利奥波德的"大地伦理"

C. 达尔文"进化论"　　　　　　　　D. 辛格的"动物权利论"

2. 经济全球化带动了全球经济发展，却给全球环境带来一系列的问题，如（　　）

A. 温室效应　　B. 气候变暖　　C. 土地沙化　　D. 森林减少

3. 在许多学者看来，以（　　）为特征的西方近代主流哲学从自然中把意义、价值和目的连根拔起，因而要对当代的生态危机承担主要的思想责任。

A. 多元论　　B. 原子论　　C. 机械论　　D. 二元论

二、判断题

环境哲学作为哲学的一个独立部分，在19世纪下半叶就出现了。（　　）

三、简答题

当代西方环境哲学认为导致现代环境危机的哲学根源是什么？

第二章　21 世纪以来世界环境哲学的发展概况

当代西方环境哲学的研究范围虽然非常宽广，但主要围绕两个主题展开，即对近代西方的科学主义世界观的批评以及对生态世界观的建构。相对来说，西方学者对科学主义世界观的分析和批评较为成功，而对生态世界观的建构仍处于探索之中。

一、 对近代科学主义世界观的批评

当代西方环境哲学认为，导致现代环境危机的哲学根源是近代的科学主义世界观（scientific world view）。研究环境哲学的西方学者不仅分析了这种科学主义世界观的核心内容及其基本特征，还揭示了科学主义世界观导致当代环境危机的内在机理。在当代环境哲学看来，科学主义世界观是在 17 世纪和 18 世纪的科学革命时期形成的，尽管它的思想渊源可以在古希腊和基督教思想中找到。科学主义世界观有两个重要特征：第一，它是原子论和机械论的；第二，它是二元论的。根据科学主义的原子论和机械论世界观，自然界是由原子（相互独立存在的具体的微粒）组成的。它像机器一样由一堆物件构成，这些物件不是依据相互的亲和力或内在的动力而结合在一起，而是依据纯粹机械的、盲目而外在的运动规律而结合在一起。这样一个原子主义的世界完全是可以量化的，因而可以用数学模型来加以描述，因为，所有的事物都可以还原成在可测量的空间关系中存在的、可计算的单元。自然界不过是它的僵死的部件的机械堆积。通过这样一种描述，科学主义世界观就把所有与心灵有关的属性——能动性、自我活动的能力、主体性、灵魂、意义及目的——从自然界中抽离出去了。其结果，心灵要么是一种幻象，一种可以还原成机器的机械现象（如霍布斯所主张的那样）；要么就不是自然系统的一部分，一种在本体论上独立于物质的、独特的存在样式（如笛卡尔所主张的那样）。科学主义的二元论为人们把心灵从自然界中驱赶出来、并把它放置在人类这里提供了辩护。根据这种二元论（笛卡尔是其代表人物），由于我们存在于其中的世界是由具体的微粒构成的，因而心灵只能以某种方式被封闭在人类的大脑中。所有的意义、目的和价值都是心灵的产物，因而也只存在于具有心灵的人类这里。作为毫无活力、毫无目的、僵死和盲目的存在物，自然只拥有我们投射给它的那类意义和价值。因而，人类不仅在绝对的意义上高于自然界其余的存在物，而且是道德关怀的唯一恰当的对象，是生命的意义和价值的唯一衡量尺度。

通过把自然理解成纯粹的物质微粒，并把意义和价值逐出自然界，科学主义世界观为工业文明肆无忌惮地利用和掠夺自然扫清了道路。正如生态女性主义的著名代表人物麦茜特所说：地球作为一个活的有机体，作为养育者母亲的形象，对人类行为具有一种文化强制作用，因为"只要地球被看成是有生命的、有感觉的，对她实施毁灭性的破坏活动就应该视为对人类道德行为规范的一种违反"。随着机械论世界观的胜利，地球作为养育者母亲的隐喻让位给了地球作为机器的隐喻；征服、驾驭和统治作为机器的自然，逐渐成为现代世界的核心观念。"自然作为女性通过实验被控制、被分解的新形象，使得掠夺自然资源合法化……对深入地球母亲的限制，被转化成了对完全剥夺的赞许。"

二、　生态世界观的建构

如果说近代西方主流的科学主义世界观是建立在一种根本性的分离原则（principle of separation）的基础之上的，那么，当代的生态世界观则是建立在相互关联原则（principle of interconnectedness）的基础之上的。从生态世界观的角度看，世界不再被视为由相互独立且相互排斥的两个部分（如心灵与自然、灵魂与肉体、主体与客体、价值与事实等）所构成。所有的存在物都被视为包含着其他存在物，同时也被其他存在物所包含。这被理解为一个由共享的、相互渗透的本质所构成的关系系统。由于特定个体的属性只是它与其余无数个体之关系的一个函数，因而这些属性不再只属于该个体：在一个网状世界中，每一个个体都通过与其他个体的互动而获得其属性。因而，像心灵、主体性或灵魂这类属性，就不是人类所独享的，它必然弥漫在整个自然系统中。因此，自然界就其本身而言在道德上就是重要的，而不仅仅是人类的资源库。这样一种生态中心的世界观把人类置于自然之中而不是自然之上或自然之外，从而消解了传统世界观对人类中心主义的论证。

不过，环境哲学的研究者对相互关联之具体内容的理解还是存在着分歧。其中，最重要的分歧存在于整体主义的视角（perspective of holism）与关系主义的视角（perspective of relationalism）之间。

根据整体主义的视角，相互关联意味着个体只有在表象的层面才是独立存在的或具有重要意义，个体缺乏终极的本体论意义上的重要性。在这个意义上，个体可以被视为与更大的整体融为一体的存在者。整体主义视角又可进一步从两个方面来解读。第一，人们可以把自然看成是自我的延伸，这样，自然的利益与自我的利益就是不可分割的，捍卫生态就变成了人类的自卫。第二，人们可以把自我（以及人类）看成是自然的延伸或产物，一种纯粹的自然现象。根据这种理解，自然的利益也就是人类或自我的利益。因此，从整体主义的角度看，人们要么在观念上把自然纳入自我之中，要么把自我消融进自然之中。当代的生态哲学家更多地倾向于前一种解读。深层生态学（也称"深生态学"）是整体主义视角的重要代表。

根据关系主义的视角，个体是真实的，但是，它们的存在只是它们关系的一个函数：正是通过彼此相互联系，它们才得以确立自我并划定彼此的边界。因此，自然界不是显现为一个场域或存在之流，而是显现为一个共同体，在其中，个体之间内在就是彼此相连的，就像一个大家庭的成员那样，同时个体又保持着其独特的个性。因此，我们必须要认识到我们与他者之间的亲缘关系，必须尊重他者的他者性。生态女性主义和社会生态学都更倾向于从关系主义的视角来解读相互关联的具体内容。

许多学者都认为，整体主义的视角与关系主义的视角不是相互排斥的，而是相互补充的：相互关联可以被视为同时包含了对整体和（关系中的）个体的认同。个体可以被理解为某种通过不断地与其生存的更大系统进行能量交换而维持自身之完整性的能量构型（energy configuration）或子系统。因此，个体的关系性包含了它们的个体性，而处于关系网络中的更大的系统也拥有某种内在的统一性与完整性，这使得这个更大的系统能够作为一个不可分割的整体（一个更大的个体）而存在。

自20世纪80年代中国学者开始研究环境哲学以来，中国环境哲学的研究历程已经有三十多年了。基于对近五年以来部分文献的整理和归纳，对国内环境哲学研究现状进行概括，并对未来发展趋势做出判断。根据现有文献，我们将近五年来的环境哲学研究成果概括为六个主题：西方传统环境哲学、生态现象学、环境美德伦理学、环境哲学本土化、生态马克思主义、生态文明理论。

三、　中国学界对西方传统环境哲学的研究现状

西方传统环境哲学包括史怀哲的"敬畏生命"学说、利奥波德的"大地伦理"、纳什的"自然权利论"、辛格的"动物权利论"、罗尔斯顿的"自然价值论"、奈斯的"深层生态学"等。近年来，中国学界对西方传统环境哲学进行了反思或者重新阐释。

（一）进一步挖掘西方传统环境哲学的价值

夏承伯等认为深生态学蕴含着丰富的生态智慧，它是一种关注人的精神生活与强调人的价值的生态智慧，以生态和谐平衡为己任，并成为深生态学的核心价值体系。王继创等也肯定了深生态学的积极作用，认为"把深生态学的环境价值理念和行动纲领转变成公众的深生态意识，使理论更好地为大众所接受"，可以为培养公众的环保意识和促进环保实践产生积极影响。王野林在《生态整体主义中的整体性意蕴述评》一文中首先肯定了利奥波德、罗尔斯顿、奈斯的生态哲学中的生态整体思想的重要价值。他认为利奥波德的大地共同体是一种系统整体观，建构了生态整体主义的基本框架；其次，他把罗尔斯顿的整体主义价值论理解为"生成整体观"，"罗尔斯顿从自然系统创生万物的过程界定自然价值的形成，即有突出的生成整体观立场"。最后，他认为奈斯的生态整体主义是一种精神认同整体主义，即一种注重精神实践并在冥想与反省中达到与外部世界认同的生态整体主义。在他看来，这些生态整体主义哲学没有否定人的价值，而是蕴含着这样的理念——人自身的解放建立在自然解放的基础上。

（二）对西方传统环境哲学提出质疑

刘福森在《西方的"生态伦理观"与"形而上学困境"》一文中指出，在生态伦理学的"伦理根据"核心问题上，存在着激烈的争论，即生态中心主义与人

类中心主义的争论。他认为，生态中心主义与人类中心主义两者都是西方形而上学思维的逻辑方式，它们会陷入西方形而上学内在的绝对主义与本质主义的形而上学困境。他提倡超越西方形而上学思维造成的环境伦理困境，从而建立人与自然内在统一的伦理根据。

夏承伯在《生态中心主义的理论特质与道德旨趣》一文中指出，深层生态学的基础是"自我直觉与经验"，因而在理论认知方面有明显的局限性，即抛开人的主体性从"纯自然主义角度来阐述自然价值，易陷入认识论误区，试图用抽象的判断来回应现实问题"。孟献丽等认为深层生态学是一种主体性缺失的、具有神秘色彩的理论，最终倒向了生态伦理的乌托邦。李胜辉在论述深生态学与人类中心主义之间的关系时认为，深生态学没有逃脱人类中心主义的窠臼，并隐藏着一种内在逻辑上的人类中心主义。王诺等的《追问深层生态学》一文中指出，深层生态学中的重要术语存在着不规范、不严谨与容易混淆等问题。首先，深层生态学用"深"与"浅"这两个描述性的、相对性的、难以明晰确定的词来描述一种思想，并区分"深层生态运动"与"浅层生态运动"，存在着术语不规范、不严谨的问题。其次，深层生态学中的重要术语"生态中心主义（ecocentrism）"一词容易造成逻辑上的混乱与观念上的矛盾。他们认为，奈斯用"生态中心主义"一词来表达非人类中心主义的生态整体论思想容易导致误解，并且"生态中心主义"一词容易让人产生另外一种误解：生态比人类更重要，生态整体利益至高无上。同时，"中心主义"（centrism）隐藏着人类中心主义的思维逻辑。最后，"自我实现"概念有着明显的人类中心主义色彩，包含了弱人类中心主义的逻辑，并且与深层生态学的生态整体观相矛盾。

（三）超越西方传统环境哲学的尝试

学界也尝试着从不同理论角度走出西方传统环境哲学的困境。郁乐等在《试论自然与自然的价值问题》一文中，以马克思主义思想为根基，从自然观与自然价值问题入手对"生态中心主义"进行了批判，并把历史唯物主义自然观作为自然价值的合理根据，从而实现对"生态中心主义"的超越。

邬天启认为罗尔斯顿的自然价值论没有得到合理的确证，因为罗尔斯顿把"价值"界定为"价值评价"和"价值理想"。他认为基于环境哲学界定的"价值"概念可以超越罗尔斯顿所界定的"价值"概念的困境。薛方圆认为人类中心主义与生态中心主义都具有主客二分的思维模式，并尝试通过哈贝马斯的主体间性理论来解决这一问题。井琪在《深生态学面临的三类质疑及其与自我实现概念之关系》一文中系统而深入地研究了深生态学面临的三类质疑：激进性质疑、忽视他异性质疑和理论体系模糊性质疑，其中激进性质疑与忽视他异性质疑与内在价值问题相关。这三类质疑都根源于深生态学的最高准则——"自我实现"概念，其试图通过将自我实现概念纳入美德伦理学的研究框架来超越深层生态学的理论困境。

四、 生态现象学的研究现状

有学者开始转向现象学，试图把环境哲学与现象学结合起来。赵玲等在《生态现象学：生态哲学的新向路》一文中指出，生态中心主义虽然极力批判了人类中心主义，但在方法论上，没能克服近代哲学二元论的束缚；并指出胡塞尔、海德格尔、列维纳斯等人的思想可以为解决这一困境提供思路。王海琴也指出，人类中心主义与客观主义虽然对立，但它们在本质上都是客观思维，都根源于主客二分思维；她提倡从中国传统文化中汲取思想资源来超越客观主义与人类中心主义论中存在的客观思维。王现伟在《美国生态现象学研究现状述评》一文中，指出了传统环境哲学与生态现象学的区别：传统环境哲学是通过逻辑学的道路以证明自然界有自己的内在价值，而生态现象学是通过描述和揭示让人与自然之间的源始关系呈现出来；此外，他还提出生态现象学应该从胡塞尔、海德格尔、梅洛庞蒂等哲学家那里汲取思想资源。王海琴在《深层生态学借鉴海德格尔思想所遭遇理论困难及应对——兼论中国环境伦理学借鉴纲领的局限与超越》一文中指出了深层生态学在借鉴海德格尔思想过程中遇到的三方面困难：理论方面的困难指深层生态学与海德格尔思想不一致，深层生态学侧重于存在者，海德格尔思想侧重于存在；政治方面的困难指海德格尔与纳粹之间的政治关系；实践方面的困难指在环境运动中贯彻海德格尔思想存在的困难。

五、 环境美德伦理学的研究现状

环境美德伦理学兴起于 20 世纪 80 年代，托马斯·希尔于 1983 年发表的《人类卓越的理想和保护自然环境》标志着环境美德伦理学的创立。环境美德伦理学试图超越西方传统环境伦理学的理论困境，不再着眼于人类中心主义与非人类中心主义关于价值与权利的抽象论证，而是关注品格培养与环境保护之间的关系。它借鉴美德伦理学（virtue ethics），为环境伦理学研究提供了新思路。近年来的国内相关研究可以归纳为以下四个方面：第一，环境美德伦理学的学术价值；第二，环境美德伦理学的理论根基；第三，环境美德伦理学的德目；第四，环境美德伦理学面临的困境与质疑。姚晓娜在《环境美德伦理研究论纲》一文中指出，传统环境伦理学的学理论证有缺陷，是实践主体未到场的环境伦理学；环境美德伦理学可以弥补传统环境伦理学这一缺陷，因为它把德性与环境保护关联起来加以研究。环境美德伦理学的理论根基问题，即环境美德伦理学的合法性问题，是学界争论较多且不易解答的难题。姚晓娜提供了一个解决方案：依据亚里士多德的理论，道德是人的整体存在方式，既有社会维度，又有环境维度。如果社会美德可以在城邦共同体生活中养成，那么环境美德也可以在扩大化的人与自然的共同体中养成。美德伦理学关注人的品格与德性的培养并提出了相应的德目。与传统美德伦理相比，环境美德伦理应该具有哪些德目呢？姚晓娜指出两种路径：一种是扩展主义的路径，即将原有的人共同体内的德目拓展到人与自然的关系，如敬畏、仁爱、尊重等；另一种是建构主义的路径，即一种与传统美德德目不同的而专属于环境美德的德目，如感恩、节欲等。董玲提到的主要德目则有简单生活、尊重生命、生态系统的可持续性；反对暴食、傲慢、贪婪、冷漠。

当然，环境美德伦理学也受到了学界的质疑。姚晓娜认为，环境美德伦理学主要受到两方面的质疑：其一，环境美德伦理学无法告诉人们应该如何具体行动；其二，环境美德伦理学无法确证美德可以遏制环境破坏。陈庆超认为环境美德伦理学存在着两种理论困境：一是环境美德理论延续了传统美德理论的困境；二是环境美德理论也存在人类中心主义嫌疑。

六、 环境哲学本土化的研究现状

环境哲学本土化就是环境哲学中国化。之所以必须实现本土化，原因有三：一是西方传统环境哲学自身的理论缺陷；二是中国国情的需要；三是时代精神的呼唤。国内学者开始自觉地构建体现中国精神特质并直面中国国情的环境哲学。这样的环境哲学或者就当下中国严重的环境问题进行深刻的反思，或者从中国传统文化中汲取思想资源。从近五年的研究文献来看，环境哲学本土化研究可以分为两大主题：环境哲学本土化的意义和传统中国文化中的环境思想。

（一）环境哲学本土化的意义

卢风在《论环境哲学本土化》一文中指出，环境哲学本土化是时代的需要，中国环境哲学研究应该直面中国国情；并提出环境哲学本土化的主要研究任务是反思现代性问题、研究环境正义问题、创造性地发展市场经济和民主政治，继承古代思想精华。

刘福森的《环境哲学本土化的哲学反思》为环境哲学本土化提供了理论上的依据。他提出学界不应该局限于西方环境哲学的研究路径与方式，而应该立足于中国传统文化与哲学对环境哲学进行阐释。因为西方环境哲学不是所有民族的"一般环境哲学"，而是在西方的文化背景与思维方式下创建出来的哲学。此外，西方环境哲学存在着西方形而上学主客二分思维方式的缺陷，而中国传统文化并不存在主客二分思维方式，中国传统文化与环境哲学具有天然的亲和性。

（二）中国传统文化中的环境思想

对"天人合一"概念进行生态学阐释的代表性文章是杨英姿的《"天人合一"之于中国特色环境哲学的建构》《返本开新：从"天人合一"到生态伦理》，对儒家哲学进行生态学阐释的代表性著作和文章是佘正荣的《天人一体 民胞物与：对生命共同体的道德关怀》、乔清举的《儒家生态哲学的基本原则与理论维度》，对道家哲学进行生态学阐释的代表性著作和文章是谢阳举的《道家哲学之研究》、陈红兵的《道家生态思想要论》。

杨英姿指出，中国传统文化中的"天人合一"观念蕴含着丰富的生态思想，有助于中国特色环境哲学的建构，中国传统文化中的"天人合一"观念应该焕发出新的时代精神。乔清举认为，儒家天人合一的价值观与生态和谐价值观一致。其一，"天人合一"是儒家生态哲学的基本原则，"天"是宇宙生生不息的合目的性。其二，儒家生态哲学的宗教维度：保持对自然的宗教性的敬畏态度以及祭祀自然。其三，儒家生态哲学的道德维度：儒家的道德共同体包括整自然界，即用仁、恻隐之心对待自然，承认自然的本性，并尊重其价值、维护其权利。其四，儒家生态哲学的政治维度：设立自然管理部门和官职。

陈红兵认为，道家、道教思想文化是生态哲学的思想资源，包括"道"生万物的生态存在论、"尊道贵德"的生态价值论、清虚自守的生态德性论，以及敬天爱地、戒杀护生的生态实践观，对于建构中国本土的环境哲学都有深刻的启发。

七、 生态马克思主义的研究现状

自20世纪下半叶以来，随着全球性生态危机日益严重，马克思主义学者开始结合马克思主义思想来研究生态危机，从而形成了生态马克思主义。生态马克思主义已成为国内关注的热点。从现有文献看，国内研究可以归纳为以下四个主题：第一，介绍阐释西方生态马克思主义学者的思想；第二，马克思、恩格斯文本与生态危机之间的关系；第三，生态马克思主义对西方传统环境哲学的批判与超越；第四，生态马克思主义与有机马克思主义之间的差异。

（一）介绍与阐释西方生态马克思主义思想

郇庆治在《从批判理论到生态马克思主义：对马尔库塞、莱斯和阿格尔的分析》一文中对马尔库塞、莱斯和阿格尔的思想流变进行了梳理与阐释。刘敬东等介绍了佩珀的生态马克思主义思想，如佩珀关于生态中心主义内在问题的分析，即资本主义生态危机的根源在于资本主义制度而不在于人类中心主义，以及佩珀对生态中心主义进行红色改造从而走向红绿联盟的思想。马强强等也介绍了佩珀对马克思的生态思想所做的辩护：其一，马克思生态思想的弱人类中心主义解释；其二，马克思自然观的生态维度；其三，马克思历史唯物主义和社会一般辩证法方法对资本主义社会经济制度的批判。彭继红等在《论有机马克思主义的生态伦理观》一文中对有机马克思主义理论产生的时代背景以及理论根源、主要内容做了较为全面而深入的考察。

（二）马克思、 恩格斯文本与生态危机原因之间的关系

陈学明在《资本逻辑与生态危机》一文中，结合马克思的文本系统地阐释了资本逻辑与生态危机之间的内在关系：资本由于其"效用原则"，必然在有用性的意义上看待和理解自然，使之成为工具；资本由于其"增殖原则"，决定了它对自然界的破坏是无止境的。

（三）生态马克思主义对西方传统环境哲学的批判与超越

王晓路等在《西方环境哲学与马克思主义唯物史观比较研究》一文中指出，

西方传统环境哲学错误地认为生态危机解决方式依赖于"人类中心主义"观念的改变，而没发现社会关系和社会制度是人与自然关系的根源、资本主义社会制度是生态危机的根源。陈彩棉也提出生态文明对生态中心主义的超越：其一，价值论意义上的超越，生态危机的根源是资本主义社会制度，而不是人类中心主义道德观；其二，工具意义上的超越，生态文明观不仅强调生态伦理观的改造，还要求某种生产方式的变革；其三，社会学意义上的超越，生态中心主义缺少了社会维度。

（四）生态马克思主义与有机马克思主义之间的差异

蒋保国对有机马克思主义与生态马克思主义的差异做了系统的研究：第一，生态观的理论基础不同，生态马克思主义主要是以马克思的历史唯物主义作为其生态观的理论基础；有机马克思主义主张将怀特海的过程哲学与经典马克思主义的结合作为其生态观的理论基础。第二，生态危机观不同，生态马克思主义侧重将生态危机的根源归咎于资本主义制度及其生产方式；有机马克思主义则认为资本主义构建的现代价值体系是生态危机的根源。第三，生态马克思主义沿袭了经典马克思主义的人类中心主义价值立场，反对生态中心主义价值立场；有机马克思主义既反对人类中心主义，又反对生态中心主义，倡导一种有机整体主义的共同价值观。

八、 生态文明理论的研究现状

生态文明建设是立足于当下中国社会发展的需要而提出的战略目标。学者们注重研究生态法则与社会建设之间的关系。生态文明建设的研究可以分为以下三个主题：生态文明建设的制度维度研究，生态文明建设的价值维度研究，生态文明建设的正义维度研究。

（一）生态文明建设的制度维度研究

以郇庆治的《论我国生态文明建设中的制度创新》《环境政治学视角的生态文明体制改革与制度建设》《社会主义生态文明的政治哲学基础：方法论视角》为代表。在《论我国生态文明建设中的制度创新》一文中，他对社会主义生态文明的制度架构进行了讨论，并对实现制度建设与创新的路径进行了分析；在《环境政治学视角的生态文明体制改革与制度建设》一文中，他提出了生态文明体制和制度建设的多元目标以及生态文明建设的体制改革与制度认知的前提；在《社会主义生态文明的政治哲学基础：方法论视角》一文中，他指出了生态文明建设的政治哲学基石是社会关系以及建立在社会关系基础上的人与自然的关系。

（二）生态文明建设的价值维度研究

张云飞指出生态理性是生态文明建设的思想基础，因为生态理性是一种以自然规律为依据和准则、以人与自然的和谐发展为原则和目标的全方位理性，并且生态理性尊重自然规律的客观性、系统性、价值性、和谐性。郑慧子在《生态文明建设需要关照的两类基础性问题》一文中指出，生态文明建设需要关照两类基础性问题：第一类是关于社会的生态化发展的生态学基础问题；第二类是各种反生态的社会现象和行为问题，因为它们有助于发现现实的社会和科学规定性之间的差距。卢风则强调由工业文明走向生态文明必须经由产业结构、经济增长模式、技术、制度、文化和思想观念的联动变革。像西方环境哲学家那样只强调价值观的改变是片面的，像西方生态马克思主义者那样只批判资本主义社会制度同样是片面的。环境污染直接源自工厂和消费者的大量排放，而大量排放与激励 GDP 增长的制度（资本主义制度或过分激励经济增长的市场经济制度）直接相关，或与"资本的逻辑"直接相关。但制度是由信仰特定意识形态的人们制定的，因此，制度并非环境污染的最终根源，制定制度的人们所信仰的意识形态才是污染的最深层的根源。"资本的逻辑"不是什么不可改变的客观逻辑，而是以赚钱为基本人生旨趣的人们的行为准则。换言之，它是规范性的，而不是描述性的，其实质是得到了物理主义和独断理性主义辩护的物质主义、拜金主义和消费主义价值观。在当今社会，显然并非资本家才以赚钱为基本人生旨趣，沉溺于证券市场的人们（他们大多不是资本家）也以赚钱为基本人生旨趣。于是，变革污染环境的社会制度已不是通过无产者反对资本家的革命所可能实现的。在民主法治的框架下，多数人的世界观、科学观、价值观、人生观、幸福观没有改变，就不可能变革制度，从而不可能抑制"资本的逻辑"。所以，卢风特别指出，在哲学思想上必须超越现代性哲学，如超越物理主义或计算主义的宇宙论而走向生机论或生成论的宇宙论，超越独断理性主义而走向谦逊理性主义，超越主客二分、事实与价值二分的反自然主义价值论走向消解二元对立的自然主义价值论，超越物质主义价值观走向非物质主义价值观。

（三）生态文明建设的正义维度研究

李永华分别从种际维度、时间维度和空间维度对生态正义概念做了解释：生态正义的种际维度是指人与自然之间的正义，物种与物种之间的正义；生态正义的时间维度是指代内正义与代际正义；生态正义的空间维度是指国内正义和国际正义。郎廷建也在《生态正义的三重维度》一文中分析了生态正义的三重维度，即时间维度、空间维度和权力维度。郎廷建在《生态正义与生态文明——一个马克思主义哲学价值论的研究视角》一文中指出，生态正义与建设生态文明之间具有以人为本的共同价值取向，这种共同的价值取向使得实现生态正义与建设生态文明之间形成了一种相互依存、相互促进的关系。董辉指出确立生态正义有赖于现代社会正义理想以及相应的伦理文化和价值目的的共识性理解，也须依托于现代生态政治理念，确立起生态公民的责任和义务。虞新胜等指出，基于传统权利与义务视角解读环境正义有不足之处，因为它没有摆脱人与自然的对立，仍把自然视为人的对象。人类必须在遵循自然规律的基础上，在环境可承受的条件下，遵循环境本身的系统性、有机性和整体性，才能实现环境权利与环境义务的统一。

参考文献

陈庆超.环境美德伦理的中国式话语体系建构[J].学术研究,2018(02):31
　　-37.

蒋国保.有差异的马克思主义与不一样的生态想像——生态马克思主义与有
　　机马克思主义的生态观之比较[J].学术论坛,2016,39(10):1-6.

郎廷建.生态正义的三重维度[J].青海社会科学,2015(04):21-26.

李永华.论生态正义的理论维度[J].中央财经大学学报,2012(08):73-77.

刘福森.环境哲学本土化的哲学反思[J].南京林业大学学报(人文社会科学
　　版),2015,15(02):1-10.

卢风,余怀龙.近五年国内环境哲学研究现状和趋势[J].南京工业大学学报
　　(社会科学版),2018,17(01):13-22.

卢风.论环境哲学本土化[J].南京林业大学学报(人文社会科学版),2015,
　　15(03):1-10.

王诺,唐梅花.追问深层生态学[J].南开学报(哲学社会科学版),2015
　　(01):1-7.

王晓路,柴艳萍.西方环境哲学与马克思主义唯物史观比较研究[J].科学社
　　会主义,2017(02):58-63.

王野林.生态整体主义中的整体性意蕴述评[J].学术探索,2016(10):13
　　-19.

邬天启.罗尔斯顿自然价值论和全新价值哲学理论的建立——基于信息哲学
　　的新解读[J].重庆邮电大学学报(社会科学版),2014,26(06):54-60.

夏承伯.生态中心主义的理论特质与道德旨趣[J].南京林业大学学报(人文
　　社会科学版),2013,13(04):18-28.

杨通进.探寻重新理解自然的哲学框架——当代西方环境哲学研究概况[J].
　　世界哲学,2010(04):5-19.

杨英姿."天人合一"之于中国特色环境哲学的建构[J].南京林业大学学报(人
　　文社会科学版),2015,15(04):49-55.

姚晓娜.基于道德实践的环境伦理本土化[J].南京林业大学学报(人文社会
　　科学版),2016,16(03):45-53.

习　题

一、选择题

1. 从生态世界观的角度看,世界不再被视为由相互独立且相互排斥的两
个部分,如(　　)等所构成。

　　A. 心灵与自然　　B. 灵魂与肉体　　C. 主体与客体　　D. 价值与事实

2. 环境哲学本土化就是环境哲学中国化。之所以必须实现本土化,原因
包括(　　)。

A. 西方传统环境哲学自身有其理论缺陷

B. 中国国情的需要

C. 时代精神的呼唤

D. 哲学自身发展的需要

3. 生态女性主义的两大类别是(   )。

A. 文化生态主义   B. 马克思主义的女性主义

C. 社会生态主义   D. 政治生态主义

二、判断题

当代西方环境哲学认为，导致现代环境危机的哲学根源是古希腊自然哲学。(   )

三、简答题

社会生态学的主要代表人物布克金认为怎样才能实现人与自然的和谐？

第三章　21 世纪以来世界环境哲学发展存在的问题与前景

　　全球环境问题已成为人类必须面对的事实，人类正处于由环境危机引起的生存困境之中。历史上的人类中心主义是其深刻的思想根源，它导致了技术的滥用，加速了环境的破坏。正确认识自己在自然中的地位，超越人类中心主义，引导科技的正确价值趋向，转变人类的环境观念，是人类获得新生之途。

一、 环境危机： 人类生存的困境

　　全球环境危机已是一个不言自明的事实。它像高悬在人类头顶上的达摩克利斯之剑，时刻威胁着人类的生存。新世纪伊始，人类就不断收到环境危机的紧急信号。太平洋岛国图瓦卢风景如画，是第一个迎来 21 世纪曙光的国家，但它也将成为第一个因气候变化而从地球上消失的国家。2001 年 11 月 15 号，美国华盛顿政策研究所的一份报告指出：由于人类过量排放二氧化碳将导致海平面上升，50 年内图瓦卢将全部没入海中，1.1 万国民将面临灭顶之灾。无情的现实正向我们揭示：环境危机造成的人类困境已不再是一种理论的预设，它已成为人类进入新千年的第一个梦魇，成为人类当下的现实问题。

　　今天的环境危机已不同于过往。伴随着社会工业化的加速发展和自然资源的掠夺性开发，自然环境在很多方面受到了超负荷伤害，即这种伤害已使自然环境本身无法通过物理、化学等作用像过去那样自动恢复平衡。更重要的是，这种伤害造成的不可逆性使人类无论在理论上还是实践上都无法再获得过去曾经获得过的生产和生活资源。而人类的存在离开了自然基础的支持只能成为帕斯卡笔下一根会思想的苇草，是自然界中最脆弱的东西，他不得不面对自然环境的挑战，进行命运的决斗。而且，如果这种危机只是在世界的某个局部发生，如果生态难民只是涌入其发生国的邻近国家，那么也许还有一部分国家的民众能够在自己精心营造的"世外桃源"避一避"秦世之乱"。然而，以臭氧空洞和全球气候变暖为标志，环境危机已成为全球共同面临的问题。过去单向的外部性是国际环境问题的中心，例如，上游国家排放的污水对下游国家造成了损害。而今天随着全球化的扩张，这种单向的外部性已变成了一种相互外部性，每个国家都担任着双重的角色：既是外部性的制造者，又是外部性的受害者，所谓"一损俱损"。而从长远来看，如果一任环境问题持续下去，人类便会无处逃遁，因为甚至在南极企鹅和北极豹的体内都检测到了氯化联苯和 DDT 农药残毒。

二、　人类中心主义：　环境危机的思想根源

回顾人类的发展史，我们可以看到，早期的人类由于活动能力和认识能力低下，活动范围狭小，人类对强大的自然满怀着谦卑与敬畏，他们依附并受制于自然，甘作自然的奴仆，正如马克思所言，"自然界起初是作为一种完全异人的、有无限威力和不可制服的力量与人们对立的，人们同它的关系完全像动物同它的关系一样，人们就像牲畜一样服从它的权力"。而随着人类的成长与发展，人类在自然面前不再一味地无能为力了，利用与征服自然成为了人类确证自己存在的最有力手段，特别是近代工业革命以来，在人类技术的支持和主客二分思维模式的指导下，人类开始了与自然的对抗并在斗争中节节胜利，人类中心主义由此而急剧膨胀。培根主张通过获得知识达到对自然的统治，笛卡尔提出"借助实践使自己成为自然的主人和统治者"，康德则明确宣称"人是自然的立法者"，为人类树立起了坚定的信念：人是自然的中心，自然为人类而在。几乎没有人再怀疑人类征服自然的能力。人类似乎在一夜之间洗刷了为自然之奴的千年耻辱，俨然成为傲立于天地之间的巨人，他终于可以在自然面前昂首阔步了。

在人类中心主义指导下，人类加速了对自然界的索取，甚至是掠夺式的索取，在短短三百年的时间内迅速引发了全球的环境危机。"我们必须时刻记住：我们统治自然界，决不能像征服者统治异族人那样，不像站在自然界之外的人似的""我们不要过分陶醉于我们人类对自然界的胜利。对于每一次这样的胜利，自然界都报复了我们"。不幸的是，人类并未接受这样的警告。人类在科学技术的支撑下已经忘乎所以，以人类为自然界的中心的观念深深烙印在人们心中。正是人类中心主义的膨胀，导致了人类对技术的滥用，"科学技术至上"一度成为人类狂热的口号。科学技术在人类中心主义的视野中只具有工具理性的价值，在被人类运用于对自然的征服中所向披靡；而自然在科技的视野中只不过是人们改造和支配的对象罢了，科学技术在人类中心主义的指挥与操纵下，无疑成了造成环境危机的帮凶。人类虽然通过科技获得了自身的利益，却同时也造成了自己与自然的疏离和对抗，对自身周围环境的伤害，地球正在人类中心主义的膨胀和科技的滥用中日益萎靡。

三、　环境治理：　人类的再生

环境危机在本质的意义上来讲是人类的危机，是人类生存和发展的危机。现代人已越来越清醒地认识到这一点，人类对环境的关注就是人类对自身生命的关爱。有人曾仿照尼采的"上帝之死"提出了"自然之死"的命题，那就是"自然死了，是我们杀死了他"。自然死了，我们杀死了他，而自然之死在本质上就是人类之死。人类对环境的破坏使人类失去了自然这一生存的根基。人类之死，是因为人类自己杀死了自己。美国学者 C. S. 刘易斯则提出了"人之废"命题：在对自然的征服中，"人的最后的战利品到头来却是人类之废"。

环境危机直接关涉到人类的生存与发展，在这个意义上，拯救环境也就是拯救人类自己。人类文明不能再以牺牲环境为代价而发展，因为环境的破坏也需要等价交换，其补偿就是整个人类文明的失落。这个代价未免过于昂贵，因为它意味着人类终极意义的死亡——从地球上消失。

从这个角度讲，环境治理无异于人类的再生，它是人类环保意识的觉醒，是人类精神的健康保证，同时它也是人类在更高层次上重新体认自己与自然关系的成果，是对生存圆融之境的追求。当然，这种"再生"，这种从生存困境向圆融之境的转化是又一次高扬人的主体性的实践。而治理建设远比破坏艰难。治理环境当然需要科技的支撑，只有科技才能有效地解决具体的环境问题。虽然前文提到在人类中心主义的统治下，科技作为工具理性的滥用是环境危机的一个重要缘由，但我们决不能认为："科技制造的邪恶决不能靠科技的发展来救治"，不能由此来诅咒科技、否定科技、远离与抛弃科技，因为"解铃还需系铃人"，科学技术是把双刃剑，它已渗透现代生活的方方面面，影响着人们的价值观念和行为趋向，环境治理中科技的缺失必然导致人文精神的缺失，因为科学也有自身的价值观。从科学技术内部发展与提升出环境保护的价值观念与单纯限制技术相比，更应成为人类的理性选择。当然科技只能改变器物层面、技术层面和部分制度层面的内容（包括本文未曾论及的法律行为也是这样，只能作具体制度方面的强制规定），而环境危机的解决更需要人类对此进行形而上的追思，在更深的层次上转变人的观念。只有这样才能彻底改变人之于环境的行为方式的根基，促成一种对环境的全新理解和责任。这当是今天拯救全球环境危机的最根本点。因为人的一切实践活动都是在一定的观念驱动下进行的，观念深刻地影响了人类的生活。人的观念一经改变，整个世界就会随之变化。关于环境的观念的转变具有更深刻、更深层的意义。超越人类中心主义，在人类的观念世界中首先完成人与自然的亲和，这是人性的光辉与圆满，是人类精神的提升。

参考文献

才立琴. 全球环境问题的哲学审视[J]. 兰州学刊，2002(06)：12-13.

马克思，恩格斯. 马克思恩格斯全集：第20卷[M]. 北京：人民出版社，1971.

欧阳志远. 1994. 生态化——第三次产业革命的实质与方向[M]. 北京：中国人民大学出版社.

欧阳志远. 1999. 最后的消费[M]. 北京：人民出版社.

周国文. 2017. 西方生态伦理学[M]. 北京：中国林业出版社.

周国文. 2019. 生态和谐社会伦理范式阐释研究[M]. 北京：中央编译出版社.

周志鹏. 浅析人类中心主义与自然中心主义——生态危机的根源和出路[J]. 商，2013(16)：372+333.

习　题

一、选择题

1. 回顾人类的发展史，我们可以看到，早期的人类由于活动能力和认识能力低下，活动范围狭小，人类对强大的自然(　　)。

A. 积极利用剥削　　　　　　　　B. 满怀着谦卑与敬畏

C. 他们依附并受制于自然　　　　D. 甘作自然的奴仆

2. 康德则明确宣称"人是自然的立法者"，为人类树立起了坚定的信念(　　)。

A. 人是自然的中心　　　　　　　B. 自然为人类而在

C. 自然是人的中心　　　　　　　D. 人类为自然存在

3. 虽然在人类中心主义的统治下，科技作为工具理性的滥用是环境危机的一个重要原因，但我们决不能认为："科技制造的邪恶决不能靠科技的发展来症治"，不能由此来(　　)，因为"解铃还需系铃人"，科学技术是把双刃剑。

A. 诅咒科技　　　　　　　　　　B. 否定科技

C. 远离与抛弃科技　　　　　　　D. 应用科技

二、判断题

全球环境问题已成为人类必须面对的事实，人类正处于由环境危机引起的生存困境之中。(　　)

三、简答题

谈谈你的理解：环境危机的本质是人类的危机，是人类生存和发展的危机。

第四章 21世纪以来世界环境哲学的各派别与时代创新概况

一、 当代西方环境哲学的三个流派

虽然大多数研究环境哲学的学者都采取问题取向的研究路径，无意建构某种宏大的理论体系，但是当代西方的环境哲学领域还是出现了三个重要的流派，即深层生态学（deep ecology）、生态女性主义（ecofeminism or ecological feminism）和社会生态学（social ecology），许多学者都对这三个流派采取兼容并包的态度。这三个流派都把当代的环境危机归结为西方思想中的人类中心主义，但是，关于这种人类中心主义得以产生的前提以及消除这种人类中心主义的途径，它们提供的分析各不相同，同时它们对主流世界观的批评和对生态相互关联之观念的说明也存在一定的差异。由于本书中有专文介绍深层生态学的观点，因而本文只对生态女性主义和社会生态学的基本观点作简要介绍，并补充介绍环境实用主义。

（一）生态女性主义

生态女性主义是一个比较宽泛的概念，它包括各种各样致力于揭示对妇女（以及社会中的弱势群体）的压迫与对自然的掠夺之间的联系的观点。"生态女性主义者团结在这样一个中心信仰周围：妇女和自然之间存在着某些本质上相同的特征。也就是说，第一，女性的生物学构造使得她们与自然的生殖和养育功能之间的联系比男人更为紧密。第二，在被男人剥削、在经济和政治上被置于边缘地位、且被客体化方面，妇女与自然有着共同的命运。"因此，生态女性主义者认为，妇女运动与生态运动的目标是统一的，密不可分的。这两个运动都需要发展出一种不带男性偏见的世界观和行为方式。生态女性主义是"女性的"，因为它力图揭示并消除任何形式的男性偏见，并致力于创建不以男性偏见为基础的行为方式、社会政策和哲学理论。生态女性主义也是"生态的"，因为它理解保护生态系统的重要性，并把保护生态视为自己的使命；它还把人当作生态人（作为关系自我和生态自我）来理解，认为任何一种恰当的女性主义或女性主义哲学都必须关心环境。在生态女性主义看来，任何一种缺乏生态学视野（特别是妇女与自然的关联意识）的女性主义，以及任何一种缺乏生态女性主义视野的环境哲学，都是有缺陷的。

生态女性主义还是"多维视野的"，因为它把各种社会统治形式（如种族歧视主义、阶级歧视主义、年龄歧视主义、民族中心主义、帝国主义、殖民主义和性别歧视主义）之间复杂的内在联系都纳入了对妇女与自然之间的关系的分析之中。就其基本倾向而言，我们可以把生态女性主义区分为两个大的类别：即文化生态女性主义（包括自由主义的生态女性主义、关心动物的生态女性主义、激进的文化生态女性主义、精神的生态女性主义）和社会生态女性主义（包括妇女主义的生态女性主义、社会主义的生态女性主义、社会生态女性主义）。文化生态女性主义的精神资源主要来自自由主义的女性主义、激进女性主义和（部分的）妇女主义，其基本特征是较为强调妇女和自然所遭受之压迫的精神文化根源，把世界观和文化精神的改变视为实现妇女和自然之双重解放的根本途径。社会生态女性主义的思想武器主要来自社会主义的女性主义（包括马克思主义的女性主义）、社会生态女性主义（包括无政府主义的女性主义）和（部分的）妇女主义，其基本特征是较为强调妇女和自然所遭受的双重压迫的社会政治和经济根源，把社会的政治和经济制度的改变视为实现妇女和自然的双重解放的根本途径。

（二）社会生态学

社会生态学对人类中心主义问题的梳理与生态女性主义有些类似。社会生态学的主要代表人物布克金认为，人类统治自然的冲动是在等级制社会中形成的；只有克服了产生"统治之意识形态"或"统治之心理学"的社会条件，人类统治自然的冲动才会得到纠正。在布克金看来，除非我们消除了社会中所有形式的等级制——家庭的、年龄的、政治的、制度的，否则，对自然的统治就将继续存在。

与生态女性主义者和深层生态学家一样，布克金也认为，自然是一个关系的领域，这个领域被打上了人类行为的特征。但是，与生态女性主义者和深层生态学家不同，布克金强调生态系统的进化特征；自然不仅仅是相互关联的部分的集合，它同时也是一个过程，通过这一过程，新的更为复杂的存在物得以持续不断地产生——使自然物种不断地分化。换言之，一个生态系统不仅是由其内在的关系构成的，而且是由其历史和目的构成的。据此，布克金在人类社会与自然之间划出了一道实质性的分界线。尽管人类的主体性（第二自然）在本体论的意义上与非人类存在物的主体性（第一自然）是彼此相连的，因为前者来源于并再现了后者；但是，它超越了后者，因为这种主体性在人类那里发展到了更为高级（更为复杂、更高的自组织能力）的阶段。因此，在布克金看来，与自然的和谐不是通过简单地认同自然（如深层生态学所主张的那样）而实现的，也不是通过对二元对立的思维方式发动一场革命（如生态女性主义主张的那样）。根据他的进化论观点，只有让我们的本性得到自由的实现（以符合我们本性的方式），我们才能实现与自然的和谐并拯救我们的地球。相应地，我们只有在这样一个社会中才能繁荣昌盛：这个社会能够保护、重建并优化我们所生存的生态系统。如果我们想持续地进化出更为复杂和多样化的主体性和精神，那么，人们之间以及人类与自然之间的关系都必须是"非等级制"的。因此，我们作为个体的自我实现和人类的未来进化都呼唤某种非等级制的社会；这样一种消除了统治心理学的社会将能够确保，我们与自然的关系是互惠的、良性的。

（三）环境实用主义

在现代西方，美国是环境哲学和环境伦理学研究的大本营。同时，美国又是实用主义的故乡。实用主义对美国思想文化的影响无处不在。因此，探讨实用主义与环境主义之间的关联性，阐述某种形态的环境实用主义便成了许多美国学者近年努力的一个目标。在主张环境实用主义（environmental pragmatism）的学者看来，实用主义哲学家关于人类圈在任何时候都是置身于更大的自然圈中的思想，关于人类圈和自然圈必然会以某种不可预测的方式影响对方的观点，以及关于价值产生于人与环境之间的永不停止的互动过程之中的观点，都与当代许多环境哲学家的观点不谋而合。实用主义可以为环境哲学提供一种可供替代的理论基础。帕克认为，实用主义倾向于发展出一种以经验为基础的新形而上学。在这种形而上学看来，心灵不是世界之外的一部分，它就是世界的一部分。在一个关系复杂的不断变化着的宇宙中，主体和客体都处于关系的链条之中。主体和客体的脆弱区分只是为了言说的方便，经不起形而上学的审查。因此，实用主义反对那种把人与自然割裂开来的二元论。麦克唐纳德认为，所有的实用主义者都主张某种以生命为中心的价值论和整体主义的方法论。皮尔斯的"共同体"观念和米德对心灵形成的社会影响的分析，削弱了那种以某些特定心理能力或人的主观状态为基础的价值的主观性。皮尔斯和刘易斯不仅赞成内在价值的观念，刘易斯还为关系价值论提供了比克里考特（J. Baird Callicott）这类自然主义者的理论更好的理论基础。在形而上学、认识论、心理学和价值理论方面，杜威都是反主体主义的，他的哲学事业致力于克服笛卡尔式的二元论，克服主体与客体、理论与实践、心灵与物质之间的二分。杜威的思想目标是建立一种自然主义的、非主体主义的、非人类中心主义的伦理学和哲学。因此，在麦克唐纳德看来，与其他思想流派相比，实用主义不仅能够提供一种更可靠的关于内在价值的理论，而且可以提供一种可供选择的一般意义上的环境哲学模型。在主张环境实用主义的学者看来，环境实用主义至少可以在以下四个方面为当代环境哲学的研究提供帮助：①考察美国传统的实用主义哲学与环境问题之间的联系；②阐述某些实践战略，以便缩小存在于环境伦理学家、政策分析家、行动主义者和公众之间的分歧；③从理论上探讨环保组织与环保行动的规范基础，以便为行动者们在政策层面达成共识、使理论争论趋于共识提供基础；④为多元主义的环境规范理论提供一般的理据。

二、　生态现象学

现象学是现代西方哲学的一个重要流派，由于其突破了西方主流哲学割裂现象与本质、主体与客体、人与自然、身体与心灵等的思维方式，从而为当代西方的环境哲学提供了重要的思想灵感。较早从现象学角度探讨环境哲学问题的论文出现于 20 世纪 80 年代中期。90 年代以来，挖掘经典现象学家（如胡塞尔、海德格尔、梅洛·庞蒂、列维纳斯和尼采）之环境哲学思想的论文大量涌现，相关的专著和文集也陆续出版。现象学强调"面对事物本身"，把回到"事物"或"事情"本身（即我们所经验到的世界）作为自己的出发点。现象学家都批评并拒斥科学主义的自然主义对其经验根源的遗忘。这种遗忘的后果是，我们所经验的实在被某种抽象的实在模型所取代。在其整个发展过程中，现象学承诺的似乎都是这样一种方法论路径，这种路径展现的是一种不同的"自然"概念，这种路径既能避免思辨的形而上学的先验特征，又能避免科学主义的自然主义的还原论。因此，这一点不应使我们感到惊讶。当代的环境主义者在现象学的方法论中看到了某种希望。现象学拥有这样一种独特的能力：使我们与自然的关系、以及根植于这种关系中的价值经验得到表达。对环境哲学家来说，现象学给我们提供了一种新的选择。这种选择使得我们能够超越那些限制了我们的视野的许多根深蒂固的倾向：对客观性的沉迷，人类中心主义的价值概念，以及笛卡尔二元论的其他遗产。

　　具体而言，在研究生态现象学的西方学者看来，现象学对环境哲学的启发和贡献主要表现在以下几个方面：

　　第一，现象学关于现代科学的实证主义、客观主义和自然主义对于西方的生态危机负有责任的观点，深化了当代环境哲学关于生态危机之哲学根源的认识。德国学者梅勒指出，现代科学研究方式的科学性程度取决于其数学化的程度。数学化的物理学成了精确科学的范式。作为自然主义之极端形式的物理主义把所有存在者（包括有生命的存在者、有意识乃至自我意识的存在者）都还原为物理事实以及物质和能量层面上的运动形式。为现代科学奠基的立场是纯粹认识主体的立场——这个主体为了便于接受纯净的客观真理而清洗了自己，以便在它的认识工作中清除全部有机体的需求以及生命实践的利益，清除感情需要和道德感，以及尽可能远地脱离感性经验。因此，现代科学和技术包含着一种反对其自然基础因而也反对它们自身的精神。现代工业对自然的巨大干预正是建立在现代自然科学及其机械论自然观的基础之上的。对自然的这种理解包含着一种使自然极端对象化（即把自然还原为物理的量值和化学的结合）的倾向，这种倾向使得那种单纯的工具主义态度成为可能，而这种工具主义的态度正是工业性的自然利用的基础。根据这种自然观，自然作为整体不过是纯粹的外在性，它的秘密不过是至今尚未被解决的计算任务。自然变成了纯粹的客体、物质基础和基本原料。面对如此这般的一个自然，人们只能把它当作工具，只能根据人的目的来利用它。人们很难去热爱原子，对于分子组合或细胞核，人们也不可能产生同情心；对于神经元或基因，人们更不会产生道德上的尊重。第二，现象学对实在、自然、主体等概念的全新理解避免了主观主义的价值概念和虚无主义的自然概念，为"自然的内在价值"这一概念提供了重要的依据。例如，在梅洛·庞蒂看来，我们的实存从本质上说是充满了意义的。而实存决不限于人类的存在，一切生物都是某种形式的实存。根据对实存的这种理解，主体性呈现为"世界的基本属性"。因此，这个世界是与主体不可分离的，而主体也是与世界不可分离的。"世界全部在我们之中，而我则完全在我自身之外。"对主体与客体之相互关联的这种认可，使得我们能够走出近现代西方关于主体与客体之二元分离的毫无希望的困境。

根据对实存和主体的这种理解，庞蒂还把整个自然都看作是某种类似于身体的东西，并用"肉"（chair）这一充满感性和活力的概念来对它加以表达。在他看来，本己身体的肉，他人的肉，世界之肉是完全同质的。正是借助于"肉"这一概念，一切存在都被重新纳入到了自然的范畴之中。自然不仅与植物、出生、存活等概念联系在一起，而且与意义和价值联系在一起。梅洛·庞蒂关于世界之物质性与肉体性的论述，克服了西方哲学在人与自然、价值与事实问题上的二元论观点，为某种尊重事物之变动性的、非二元论的本体论提供了希望。富尔茨在《栖息于地球》一书中则系统地阐述了海德格尔把自然理解为自我呈现、本质、生命、规范与创造的思想，认为对自然的这种理解使得诗意的栖息成为可能，并为一种真正的环境伦理学提供了基础。

在许多西方学者看来，现象学的反思表明，价值存在于经验世界之中，自然的价值论属性既是内在固有的，又是不可消除的。这一洞见不仅取代了西方文化中关于自然的虚无主义观念，克服了传统的价值思维中存在的"是或应当"的困境，还为一种新的价值理性概念铺平了道路——这种价值理性概念承认自然的善性（godness）与价值。对价值理性的这种理解为某种最低限度的形而上学整体主义提供了支持。对这样一个本质上是充满意义且值得尊重的自然的重新发现，将有助于克服西方文化与自然之间的疏离。

不仅如此，摆脱了对待自然的虚无主义态度的这种新的自然观，还使得我们能够发展出某种恰当的自然哲学——现象学的自然主义，它能克服关于自然内在价值与人类中心主义之间不可消解的死结。因为，长期以来，人类都把自己理解为自然的某种异在。因此，世界上的许多宗教和道德都建立在对我们的自然存在的反叛的基础之上。通过把我们建构成自然的对立面，我们接受了那些威胁着地球自身的价值观和目标。生态现象学的力量和期许在于：通过重建我们与自然之间的联系，我们将能够重新理解人类在自然中的位置与角色，并进而阻止我们的文化与我们的自然本性、与我们的存在源泉之间的悲剧性的断裂。第三，现象学强调关注经验、感性和知觉的方法论为环境哲学提供了新的灵感和启迪。在现象学看来，西方哲学中关于心灵/世界的二元论把一个毫无意义的客观领域与一个自我确证的认知主体割裂开来，因而在认识论的意义上歪曲了我们的日常经验，认识不到我们的自我与世界是相互交织在一起的；而自我与世界相互交织的这种经验正是我们认识并介入世界的基础。因此，现象学的描述要求我们关注"前理论层面"的、尚未把自我与世界分离开来的经验。胡塞尔的"生活世界"、海德格尔的"世界中的存在"、梅洛·庞蒂的"原初的意向性"、列维纳斯的"深不可测的存在"等概念强调的都是心灵与世界的相互交织与统一。因此，在许多西方学者看来，生态现象学能够在自然界与我们的生活世界之间架起一座方法论的桥梁，这座桥梁能够弥合主体与客体、事实与价值、心灵与世界的鸿沟，能够使我们找到一种更好的方式来表达我们与自然之间的复杂关系——这种关系既不能还原成毫无意义色彩的、运动中的物质之间的因果性关系，也不能还原为成纯粹的意向性关系。它能够以这样一种方式来陈述体现于自然中的意义——这种方式既不指向意义与自然之间的形而上学的断裂，又能抵抗那种试图把一方还原成另一方的种种诱惑。当然，许多学者也认识到，并不存在着某种体系完整的、单一的生态现象学。事实上，人们可以从不同的角度来解读传统现象学的环境哲学含义。例如，在新墨西哥大学哲学系的托马森教授看来，至少存在着两种不同的生态现象学运动，即追随尼采和胡塞尔的自然主义的伦理实在论（naturalistic ethical realism）以及追随海德格尔和列维纳斯的超验主义的伦理实在论（transcendental ethical realism）。在自然主义的伦理实在论看来，善与恶在终极的意义上属于事实范畴，因而价值与价值观都应建立在这些"前伦理"的事实的基础之上。在超验主义的伦理实在论看来，当我们的心灵恰当地向自然敞开时，我们所发现的其实只是那些与我们真正有关的事物。换言之，我们所发现的既不是事实也不是价值，而是海德格尔意义上的"此在"（being as such），即意义的超验根源，这个根源不能还原成事实、价值或任何种类的实体。这两种完全不同的生态现象学进路导致的是两种不同的伦理向善论（ethical perfectionism）。自然主义的伦理实在论主张的是生态中心的向善论，它强调的是所有生命的繁荣与实现。超验主义的伦理实在论主张的是人文主义的向善论，它要求培育并发展属于此在（人）的那些独特的品质与能力。

　　总的来看，生态现象学仍然处于起步的阶段。它既需要借助现代环境主义的某些理念来缓解、甚至消除传统现象学运动的某些消极因素（如人类中心主义、男性中心主义和伦理虚无主义的因素），又需要借助现象学来抵制某些激进的环境主义所体现出来的某些危险倾向（如厌人类癖、把人和自然都融入某种完全同质的存在单元之中）。

参考文献

Greta Gaard. Ecological Politics：Ecofeminist and the Greens［M］. Philadelphia：Temple Uni. Press，2000.

Iain Thomson. On tology and Ethic sat the Intersection of Phenomenology and Environmental Philosophy［J］. Inquiry，2004(47)：380-412.

杨通进. 探寻重新理解自然的哲学框架——当代西方环境哲学研究概况［J］. 世界哲学，2010(04)：5-19.

杨通进. 生态女性主义［M］. 保定：河北大学出版社，2002.

习　题

一、选择题

1. 现象学为环境哲学家提供了一种新的选择，使其能够超越许多限制视野的根深蒂固的倾向，比如(　　)。

A. 对客观性的沉迷 　　　　　　B. 人类中心主义的价值概念

C. 自然的内在价值 　　　　　　D. 笛卡尔二元论的其他影响

2. 生态女性主义是"多维视野的"，因为它把各种社会统治形式，如(　　)等之间复杂的内在联系都纳入了对妇女与自然之间的关系的分析之中。

A. 种族歧视主义 　　　　　　　B. 阶级歧视主义

C. 年龄歧视主义 　　　　　　　D. 民族中心主义

3. 在布克金看来，除非我们消除了社会中所有形式的等级制——(　　)否则，对自然的统治就将继续存在。

A. 家庭的 　　　B. 年龄的 　　　C. 政治的 　　　D. 制度的

二、判断题

生态女性主义是一个比较宽泛的概念，它包括各种各样致力于揭示对妇女(以及社会中的弱势群体)的压迫与对自然的掠夺之间的联系的观点。(　　)

三、简答题

在研究生态现象学的西方学者看来，现象学对环境哲学的启发和贡献主要表现在几个方面？

第五章　世界环境哲学的发展与生态文明建设

一、生态文明

所谓生态文明是指人类遵循人、自然、社会和谐发展这一客观规律而取得的物质和精神成果的总和；是指以人与自然、人与人、人与社会和谐共生、良性循环、全面发展、持续繁荣为基本宗旨的文化伦理形态。

建设生态文明，是人类社会正确、科学、客观地对待人与自然和谐发展的客观要求，也是文明发展一定阶段的客观要求。它进一步继承和发扬源远流长的中国历史文化。早在几千年前，以孔子、孟子为代表的儒家哲学和以老子、庄子为代表的道家哲学成为中国传统文化中的主干，在几千年的不断继承中成为中华民族的宝贵知识财富，影响着每一种社会形态和思想观点，他们在朴素唯物史观和唯心史观思想体系中，提出了"天人合一""仁爱万物""道法自然""万物平等""和为贵""万物莫不有"等哲学观点，对我们今天建设生态文明具有重要借鉴意义和实践意义。

生态文明作为人类文明的一种形态，以尊重和维护自然为前提，以人与自然、人与社会、人与人以及人自身和谐平衡为宗旨，以建立可持续的生产方式和消费方式为支撑，以引导人们走上持续、和谐的发展道路为着眼点。

叶平教授认为，生态文明即人对自然讲文明，人对荒野讲文明，其实质就是人对自然的生态伦理。叶平特别提出半个多世纪以来人类观念的巨大变迁，其中人类生死观、群众运动观、科技发展观、时代哲学观、文化观五大观念的转变，反映了我们所处的时代观念革新的特点，由此映射出生态文明的意义。

人类文明已历经三个阶段：原始文明、农业文明和工业文明。在以"人类征服自然"为主要特征的工业文明之后，地球再也没有能力支撑工业文明的发展，环境污染和资源枯竭等一系列全球性危机凸显，这就需要新的文明形态来延续人类的生存，"生态文明"应运而生。

当代生态危机在相当程度上就是由于人类忽略这种内在性特征导致的，片面强调人类发展至上性，野蛮对待自己赖以存在的自然界，任意索取以致遭到自然界报复，这是生态文明必须要解决的根本问题。东南大学刘魁教授认为，长期以来人们往往片面强调人类发展可持续性，忽略人与自然文明共生内涵。按照《周易》思想，"天地之大德曰生"，自然万物生命永续，既是天地间最高道德，也是人类文明最高境界。在生态文明建设中应当按照这种天人合德思想逻辑，重建本体论、认识论、价值论与生态治理论，从人类经济野蛮发展走向文明共生，从人类至上走向天人合德，反对经济殖民主义与生态殖民主义，建设中国特色生态文明，引领全球生态文明发展。

　　20世纪中叶，伴随工业文明成就而来的，是环境污染和生态破坏第一次成为全球性问题，是第一次出现资源全面短缺的现象，是第一次出现人口老龄化问题，伴随着经济危机和社会危机全面凸现。在全球性危机威胁人类持续生存的形势下，西方发达国家爆发一场轰轰烈烈的环境保护运动，兴起生态文化。它表示世界历史中一次根本性变革的到来，即从工业文明向生态文明转变的时代的到来。但现实表明，生态文明并没有在发达国家率先兴起，发达国家由于工业文明的道路惯性而失去了率先变革的机会，是中国率先在世界上走上生态文明建设的道路。

　　改革开放以来，中国经济高速发展并迅速实现工业化，成为世界上最大的工业化国家。但是，这也带来能源和资源的高消耗以及环境高污染和生态高破坏等问题，并已成为经济进一步发展的严重制约因素；同时，社会和民生的种种问题，又与之错综复杂地交织在一起。这些问题交织在一块，形成一种巨大的压力，向社会发展发出一种非常严峻的挑战。而且，中国现状的复杂程度，是世界上任何一个国家都无法比拟的。世界上没有任何一个国家的成功经验可以帮助中国解决当前的所有问题。如何应对这种压力和挑战，怎样化解中国面临的问题？

　　按西方工业文明模式发展已经没有出路，需要另辟蹊径依靠自己的经验走自己的路。美丽中国的使命就是建设生态文明。党的十九大报告指出，过去5年，中国"生态文明建设成效显著"，中国已"成为全球生态文明建设的重要参与者、贡献者、引领者"。同时强调："要牢固树立社会主义生态文明观，推动形成人与自然和谐发展现代化建设新格局""建设生态文明是中华民族永续发展的千年大计"。中华古代文明是农业文明。中华文明历经五千年不曾中断发展，达到世界农业文明的最高成就和最完善程度，站到了历史的高度和世界的高度，这是中国道路的光荣。中国道路现在正走向新的纪元，中国人民建设生态文明的"中国道路"已经起航，这是中华民族对人类的新的伟大贡献！

　　生态文明是在对工业文明带来的严重生态安全问题进行深刻反思基础上逐步形成和推进的一种文明形态，其要义是尊重自然、顺应自然、保护自然，实现与自然和谐共生。

　　生态文明是在自然生态平衡遭到严重破坏、人类生存环境难以支持人类可持续发展的条件下人类文明进步的必然选择。在工业文明下，人类在不断膨胀的经济增长欲的驱动下，凭借科学技术这一强有力的工具，在控制自然、改造自然的过程中取得了一个又一个的胜利，获得了愈来愈多的物质财富和消费品。然而，人类对自然掠夺性的开发和索取，同时也导致了人与自然的严重对立，大自然以生态规律作用的形式对人类施行了严厉的报复和惩罚——全球性的环境危机。工业文明把人类的生产、生活从人—自然—社会有机系统中分离出来，只注重经济上的投入产出而不顾生态的可持续性，这是一种片面的、畸形发展的人类文明。生态文明是扬弃工业文明基础上的"后工业文明"，是人类文明演进中的一种崭新的文明形态。它要建立资源节约、生态稳定、自然优美、环境友好的生产、生活方式。生态文明是人类文明的一次伟大进步。它要求我们在文化价值理念上，对自然以及生态系统的价值有全面而深刻的认识，树立符合自然生态规律的价值需求、价值规范和价值目标。生态意识、生态道德、生态文化成为具有广泛民众基础的主导文化意识。在生产方式上，转变高生产、高消费、高污染为特征的传统工业化生产方式，以生态技术为基础实现社会物质生产的生态化，高度重视生态产业、生态工艺、生态产品，形成生态化的产业体系，使人类生产劳动具有净化环境、节约和综合利用自然资源、维护和促进整个生态系统动态平衡的新机制。在社会结构上，在社会整体发展上，把追求人与自然关系的和谐共荣，维护生态平衡作为根本的价值尺度和目标之一，政治、经济、文化和社会发展中制定各项重大政策和规划，必须由自然科学家、社会科学家、广大公众参与，进行不可或缺的生态效益评估，一切以促进人—自然—社会和谐发展为依归。

　　生态文明是生活方式的一次伟大变革。它要求人们生活方式生态化，在日常生活和物质消费领域中确立全新的道德标准，从社会崇尚以过度资源消费为标志的生活方式，转变为在全社会倡导一种与自然和谐相处、享受健康而绿色的生活方式。在日常生活中，一切生活、消费行为应以节约自然资源、保护生态环境为荣，以浪费自然资源、污染自然环境为耻。人们的居住、交通、旅游、娱乐、交际等方式的选择，应当有利于节约使用和再利用各种自然资源，有利于自然生态系统的平衡。人类文明发展到今天，生活质量的高低，不仅取决于人工物质环境的优化或现代化，而且取决于自然物质环境的优化和生态化。衡量现代生活质量的指标中，不仅应当包括人均国民收入、居住面积、家用电器和交通工具的类型、闲暇方式等，还应当包括个人生活消费品的资源再利用率、人与自然的亲近度、居住社区的空气清洁度、水源质量、绿地面积、生物丰富性和空间安适度等。生态文明的理念有利于人们创造一个人与自然和谐交融、充满文明、富有情趣和人性的生活新方式。

　　20 世纪六七十年代以来，现代工业文明日益暴露出严峻的生态危机。环境科学研究显示，全球各地发生的环境污染和生态破坏的速度和广度都是前所未有的。极地和高山地区的冰川在融化，温室效应在加剧，极端天气频发，物种灭绝加速，各种各样生态环境问题拷问着人类的生存环境，考验着现代人对现代工业文明的乐观态度。不能不说深刻反思现代工业文明迫在眉睫。在此状况下，国内外一些学者从哲学的高度思考生态问题，提出了不少富有创见的新思想、新理论。国内学者卢风、曹孟勤主编的《生态哲学：新时代的时代精神》一书指出，人类已身陷于生态危机中，现代工业文明是不可持续的，生态文明将是人类文明的必由之路。21 世纪是人类走向生态文明时代的开始，而新时代呼唤新的时代精神；生态哲学正是生态文明新时代的时代精神。生态文明时代的哲学精神尚处于稚嫩阶段，有待进一步发展和完善。

二、 对现代工业文明的反思与生态文明时代的到来

按照历史学和人类学的观点，文明指一个或若干民族组成的族群的整体性社会组织和生产生活方式，涵盖人类超越自然生存方式所创造的一切。文明随着时代的变迁不停地变化和发展，不同的时代造就了不同的文明，文明具有深刻的时代性，所以，作为文明之灵魂的哲学观念也就具有了时代性。黑格尔曾说："哲学与它的时代是不可分的……哲学并不站在它的时代以外，它就是它的时代的实质性的知识。"哲学观念一定是时代的产物，必将打上时代的烙印，离开一定的文明时代谈论哲学观念是没有多少意义的。哲学观念与其所处文明时代的物质生产力水平相关联，二者密切联系，相互促进。文明的物质生产力水平是哲学观念形成的根基和物质基础，物质生产力的不断发展为文化繁荣、哲学观念的创新提供了不竭的动力。与此同时，哲学观念为物质生产、经济社会的发展提供精神引导，没有哲学观念的文明如同没有灵魂的行尸走肉。物质生产力和哲学观念的交互作用正是文明演进的体现，物质生产力的革新必然伴随哲学观念的革新，一定的文明时代必定有属于它自己的哲学观念。

生态文明要求人类在开发利用自然的同时，强调自然与经济社会利益和价值的一致性，重塑人作为自然的人类的本质，在实现人的自由全面发展的同时，实现人与自然关系的和谐，达到"天人合一"的境界。生态文明是人与自然辩证运动的结果，是历史的必然，它关注人与自然矛盾的缓解，关注人、自然、社会的和谐共生，要求生态、经济、社会的统一和互动，为新哲学的发展指明了方向。

伴随工业文明的终结，作为文明之灵魂的哲学观念也将获得更新，它要被新的哲学观念——生态哲学所扬弃。因为观念是文明的灵魂，表征着文明的存在方式、价值追求。人类文明的发展突出地表现为观念的创新，因为观念的创新能够推动社会制度、技术理念、生活方式的创新。一个文明时代的观念极其丰富，包括了宗教观念、科学观念、艺术观念、哲学观念等，而哲学观念在任何一种文明观念体系中处于总括一切观念的地位。生态哲学是适应生态文明时代需求而出现的，是生态文明的哲学基础，它不是对传统哲学的小修小补，而是一次哲学革命。在生态哲学视野下，人类的自然观、知识论、政治哲学、价值论、道德观等都将产生颠覆性的变革。它将引领生态文明的建设，引领生态文明新风貌，成为新时代的时代精神，更将成为生态文明建设的指南。生态哲学从哲学的高度阐明生态文明所需的价值观念，吸取了耗散结构论、复杂性理论、现代宇宙理论、现代生态学、环境科学的知识营养，有必要对其内涵进行探寻。

正如学者卢风所言，21 世纪是一个文明革命的世纪，是由工业文明走向生态文明的世纪。21 世纪的第二个十年刚刚结束，生态文明革命的端倪早已显现，中国生态文明的建设也已发轫，美丽中国正走在路上。当今一些国家

制定了相关的法律法规，建设了规模大小不一的生态化生产示范点，环境科学、生态学的科学研究不断深入，公民的环保理念逐步提升，这一切的变化预示生态文明的到来。时代呼唤一种新的精神，如马克思所言："任何真正的哲学都是自己时代精神的精华""是文明的活的灵魂"。纵观形形色色的哲学流派，只有生态哲学才能担当新时代的时代精神这一神圣使命，它是"被把握在思想中的"生态文明，是生态文明的"活的灵魂"。

现代工业文明的反生态性注定了它是不可持续的，致力于人与自然和谐共生的生态文明注定会代替它，21世纪将是生态文明的世纪，生态哲学将成为新时代的时代精神。生态哲学的内涵还有待进一步丰富，还有待从更多的哲学思想资源中汲取营养，更好地适应和指导生态文明发展的进程。

参考文献

高炜. 生态文明时代的伦理精神研究[D]. 哈尔滨：东北林业大学，2012.

刘魁. 自然报复、天人合德与中国特色的生态文明建设[J]. 中国周刊，2016（2）：28.

王正平. 环境哲学：人与自然和谐发展的智慧之思[J]. 理论参考，2006（12）：10-15.

叶平. 五大观念变革与生态文明意义[J]. 中国周刊，2016（6）：24.

余谋昌. 生态哲学是生态文明建设的理论基础[J]. 鄱阳湖学刊，2018（02）：5-13+2+129+125.

余谋昌. 如何适应生态文明哲学范式转型？[J]. 中国生态文明，2018（01）：94.

习　题

一、选择题

1. 所谓生态文明是指人类遵循人、自然、社会和谐发展这一客观规律而取得的物质和精神成果的总和；是指（　　）和谐共生、良性循环、全面发展、持续繁荣为基本宗旨的文化伦理形态。

A. 人与自然　　　B. 人与人　　　C. 人与社会　　　D. 人与环境

2. 儒家和道家在朴素唯物史观和唯心史观思想体系中，提出了（　　）等哲学观点，对于我们今大建立生态文明具有重要借鉴意义和实践意义。

A. 天人合一　　　B. 仁爱万物　　　C. 道法自然　　　D. 和为贵

3. 在生态文明建设中应当按照天人合德思想逻辑，重建（　　）。从人类经济野蛮发展走向文明共生，从人类至上走向天人合德，反对经济殖民主义与生态殖民主义，建设中国特色生态文明，引领全球生态文明发展

A. 生态本体论　　　B. 生态认识论　　　C. 生态价值论　　　D. 生态治理论

二、判断题

生态文明作为人类文明的一种形态，以尊重和维护自然为前提，以人与自然、人与社会、人与人以及人自身和谐平衡为宗旨，以建立可持续的生产方式和消费

方式为支撑，以引导人们走上持续、和谐的发展道路为着眼点。（　　）

三、简答题

谈一谈生态哲学的当代意义？

第六章　世界环境哲学与全球化

20世纪90年代开始，随着国际经济与贸易愈加密切，"全球化"作为一种潮流和一种社会学概念，被越来越多的人重视。从经济领域开始的全球化进程迅速地推动了文化与治理等方面的全球化。本章将从以下几个问题探讨环境哲学与全球化的关系：第一，简述全球化与环境哲学的概念与相关问题；第二，探讨全球化与全球环境危机的关系；第三，探讨全球化与环境哲学的关系，并对全球化时代的环境哲学发展提出展望。

一、全球化问题

所谓全球化，就是全球人员、公司、政府之间互动和融合的过程。尽管这一进程最早可上溯至大航海时代，甚至是公元前，但毋庸置疑的，大规模的全球性互动与联系开始于20世纪，尤其是20世纪90年代之后。由于当时世界政治形势的变动和科学技术的重大进步，国际贸易日益频繁并逐渐成为许多国家的经济支柱之一，由于交通与通讯的发展，人的跨国迁移与迁徙也日益频繁，因此，在经贸和资本领域首先产生了明显的全球化现象。2000年，国际货币基金组织（IMF）的报告《全球化：威胁还是机遇》将经济全球化概括为4个方面：贸易和交易的全球化、资本和投资运动的全球化、人口迁移和流动的全球化以及知识传播的全球化。

经济全球化使各国人民的距离迅速拉近，国际间人员、财富、技术的交流日益密切，也推动了文化的全球化。文化全球化指的是传播与强化社会关系的思想、意义和价值观在世界范围内的传播。随着传播技术的不断发展和经济产业的持续演进，原本只属于某一地方或某一区域的文化与思想得以迅速地传播至全世界。电信及互联网技术的应用降低了文化跨国传播的难度，而蓬勃发展的文化产业则催生了大众文化传媒与国际传媒等文化传播载体，这使全球各个文化背景的人群被更紧密地联结起来，不同文化传统之间的交流与融合使人们一方面展望全球性文化的可能，另一方面也开始反思地区独特文化的特有价值。

与经济全球化与文化全球化同步开始的，还有国际治理的全球化进程。国际经济与文化交流的日益频繁，使地理的距离被拉近，人们可以更方便地进行国际旅行，国家间的地理障碍正逐渐变得模糊，政治哲学对全球化进程最主要的关切之一就是全球化导致的"去领土化"对国家的影响；又因为跨文化交流的日益频繁，各个民族的特有文化也在经历重新整合的过程，甚至有学者担忧，某些弱势国家的独特文化在全球化浪潮中可能会迅速被强势文化吞没；同时，随着社会发展与技术的进步，人类面临着许多与所有国家相关而又难以为某一个国家单独解决的新问题，如环境问题、国际贸易的规则制定等。这些变化一方面导致了国家在全球治理中的作用被相对弱化，另一方面也在呼唤着一种新型国际治理模式的形成。国际治理模式目前呈现分层治理的特点：主权国家依然是国际事务中的最基本治理单元，但与此同时，主权国家之间建立地区级或全球性"超国家机构"，在政治、经济等方面促进国际合作，达成国际协定，如欧盟、联合国、世界贸易组织等国际组织。除了这些与传统政治经济治理形式类似的国际组织外，全球治理愈发呈现出多元化态势，如以跨国公司为代表的全球公司自治模式。跨国公司等大型企业间会在许多领域，尤其是技术与生产领域达成某些公司协议或行业规则，这些规则反过来有助于行业的标准化与公司的扩张。最具代表性的是国际标准组织（ISO），这既非一个国际政府组织，也并非某种技术评判标准，而是各个公司间达成的行业规则。除此之外，非政府组织也更多地参与到国际治理中来，各国公民利用国际交流机会结成各种非政府性国际组织，引导或启动表达他们诉求的国际性社会运动。近年来，国际性社会运动已演变为全球治理的泉源之一，国际性非政府组织也成了全球化进程的组成部分。非政府组织在国际公共决策中也扮演着越来越重要的角色，如国际环保组织对气候变化问题的研究与倡议，在有关气候变化与环境保护的治理中愈发重要，而全球性的人道主义公益慈善组织也越来越常见。

进入本世纪以来，互联网的迅速发展极大地推动了全球化的进程。一方面，互联网使国家间的地理距离更加微不足道，尽管地理位置对于某些行业，如农业，来说仍然非常重要，但互联网的出现在其他诸多方面都加速了社会生活的"去地域化"：借助电子商务，人们足不出户就可以享受来自其他国家的商品和服务；电视与网络视频让人们能够更真切地了解到距离自己数千里外正在发生的事件；学术界使用视频设备组织研讨会，方便学者们参会讨论，促进了国际学术交流；互联网允许人们即使在相隔很远的地理距离的情况下也能够即时通信。从地理上可识别的位置的传统意义上的领土不再构成人类活动发生的整个"社会空间"，这就大大降低了国际间经济与文化交流的成本。

网络时代，全球化进程为全世界人民提供福祉与便利的同时，也始终伴随着许多争议。首当其冲的担忧是全球化会削弱国家主权。由于居民的流动越来越容易，各个国家在经济贸易等问题上对其他国家的依赖性也越来越强，传统政治哲学划分国家的主要依据——领土，正变得模糊。而全球性经济问题、环境问题的出现与国际组织的日益活跃，国家主权似乎正在被削弱。尽管政治哲学家们对国际政治与治理进行了大量深入的研究，但传统上，政治哲学家们普遍相信，"国内"与"国外"可被视为两个不同的治理环境，"国内"代表着一个规范性的主权领域，基本的规范性理想和原则，如自由或正义，更有可能在国内成功地实现，而不是在国家之间的关系中。根据国际关系理论中的一个有影响力的理论，国家之间的关系从根本上说是"无法无天"的。而全球化的过程则打破了上述基本假设，居民流动性增强、文化交流频繁，使以往以地域界限划分政治范围的方式难以像过去一样奏效；而且，主权国家似乎不再具有以往政治哲学设想的那种权威，不仅国际治理的权力被国际性组织分散，即使主权国家对自身国内的治理，也越来越受到国际组织与国际形势的制约；此外，社会学研究显示，全球化使得部分国际精英成为了"自己国家的旅游者"。全球性经济文化交流与跨国公司的日益发展壮大产生了一个阶级，他们认为自己是"世界公民"，掌握了社会中的大量财富与权力，却不乐意承担公民在本国政治中通常包含的义务。他们的工作与生活方式都趋向国际化，使他们对国家的前景漠不关心。某些国际精英们不再负担公共服务和公共财政的义务，而更希望将他们的财富用于改善自己的小社群，这些迹象表明他们已经"从日常生活中退出"。对全球化进程最主要的担忧主要聚焦在"公平正义"问题上，比如，许多学者质疑，目前通行的国际经贸规则，没有公正地对待发展中国家，并且在客观上使得发达国家与发展中国家的经济差异越来越大。在新自由主义指导下构建起来的各项世界贸易协定，旨在允许资本在全球范围内自由流动，这就使得掌握更多资本的人、企业和国家在事实上可以获得更大的利益。近几年，越来越多的学者判断，全球化正面临一个十字路口：在全球贸易与交流不断扩大的同时，逆全球化的潮流也悄然登上了世界舞台，无论是英国脱离欧盟，还是特朗普以"美国优先"的口号当选美国总统，都是这一潮流的具体体现。

二、　环境哲学与环境问题

环境哲学作为哲学的一个门类，出现于 20 世纪 70 年代。20 世纪中后期，人口爆炸与严重的环境危机促使人们开始反思人与自然环境的关系，开始研究自然环境恶化的成因并探讨人们该如何应对这场危机。环境哲学，一方面作为哲学学科的一个分类，聚焦于思考环境问题的思想成因与解决途径，试图从思想与哲学层面解决环境问题；另一方面也与环境科学紧密联系，成为环境问题这一大主题下，多种学科合作研究的一个重要组成部分。总之，环境哲学产生于环境危机中，也致力于通过思考人与自然的关系解决环境问题。

环境哲学发源于对环境伦理的研究，可以认为是应用伦理学的一部分。这就与传统哲学，尤其是形而上学的研究有所不同。首先，应用伦理学的问题意识缘起自具体的现实问题，研究过程中也始终紧扣现实的主题。环境哲学的研究，始终以现实的环境危机和环境问题为核心，而并非是以某种理论预设或理论建构为核心。其次，应用伦理学也并非是伦理学理论在现实问题上的直接应用，它一方面借助成型的哲学理论分析现实问题，使我们对现实问题的认识更加深刻；另一方面充分重视现实问题的复杂性，在解决具体问题的过程中产生新的思考，用来补充与发展既有的哲学理论。

环境哲学又与同属环境学科群的其他学科不同，其研究进路并非解决某一个具体的环境问题。环境科学与环境工程试图通过科学技术手段，解决某地出现的某个具体问题，如水污染、大气污染等。环境哲学则试图通过反思环境问题之所以出现的深层次原因，从哲学与思想层面处理环境问题。环境

哲学聚焦的几个主要问题包括:

(1)环境问题与传统伦理理论:在面对某个具体环境问题时,我们应当选择何种伦理理论寻求支持?后果主义的,还是道义论的?

(2)人类中心主义与非人类中心主义:自然资源与环境的价值是否只能由人类做出判断?是否所有价值都是由于人类的欲求产生的,人类是不是世间唯一可以赋予价值的存在物?

(3)工具性价值与内在价值:非人存在物,如矿产资源、生态环境与动植物,它们本身是否有某种不依赖人类的内在价值,或者仅仅具有满足人类欲求的工具性价值,仅作为实现人类目的的手段而存在?

(4)浅层生态与深层生态:浅层生态的观点力图说明,出于人类自身利益的考虑,促进地球更适宜人类的长期生存,或者考虑到未来世代人的生存状况,我们应当保护生态环境;深层生态学认为,环境问题的解决需要对人类意识,尤其是人类对自然的态度进行修正,人类应当把自己视为自然系统中的一部分,与整个生态系统共生,只有这样才能正确处理人与自然环境的关系。

三、 环境问题与全球化

(一)环境问题具有天然的全球化维度

我们生活的地球,是一个完整的生态系统,这个系统中的某一部分发生变化,就会引起其他部分相应地改变,从这个角度上说,环境问题具有天然的全球化维度。因为,整个地球生态系统中发生变动或出现问题,实际上都由全球所有人共同面对。20世纪以前,由于人类生产水平不高,人类活动对自然环境的影响只局限在某些较小的领域,产生的环境问题也大多是地域性问题,如中华文明曾经面临的黄土高原土地荒漠化问题,工业革命后几个新兴工业国家面临的空气污染问题等。工业革命后,尤其是20世纪新科技革命以来,人类改造自然、利用自然的技术获得了长足的进步,对自然环境的影响也迅速加剧。当前世界的环境危机不仅表现在地域性环境问题频发,同时也出现了许多全球性的环境问题。

全球性环境危机主要包括全球水循环变化、全球氮和磷循环变化、海洋酸化、大气污染等,其中最具代表性的是全球气候问题。由于焚烧化石燃料造成的全球气候变暖,以及其他人类活动导致的全球性气候异常,正在深刻地影响着各国,并且将全球所有国家与个人紧密地联结起来。例如,全球各地工厂排放的温室气体都会加剧全球气候变暖,可能造成如南北极冰川融化的后果,而这一后果可能直接威胁许多低地国家与海洋岛国,尽管这些国家的碳排放可能很低。

(二)全球化加剧了世界环境问题

毋庸置疑的历史事实是,世界环境危机的产生过程与全球化进程是基本同步的。许多学者认为，这种同步性并非偶然，环境危机的出现与加深，与全球化的发展有直接关系。

首先，经济全球化与环境问题的产生，都是技术进步与资本的全球扩张的结果。一方面，资本为了获取更大的增值，当技术条件成熟时，就会跨越国界成为全球化的最大助力。"不断扩大产品销路的需要，驱使资产阶级奔走于全球各地，它必须到处落户，到处开发，到处建立联系。资产阶级，由于开拓了世界市场，使一切国家的生产和消费都成为世界性的了。"另一方面，资本扩大生产规模，不断革新生产技术，也使人类拥有了更强的改造自然的能力。这一能力在逐利目的驱动下被无限制地应用，就造成了愈发严重的生态危机。而由于资本已将生产与消费扩展至全球，按照马克思主义的观点，资本的逻辑产生相应的生产机制，也会产生相应的文化意识形态，这种意识形态异化了人们的消费观，鼓励人们产生消费的欲望，进而产生虚假、过剩的消费方式，这就造成了现代工业社会"大量生产、大量消费、大量废弃"的恶性循环，增加了自然资源与环境的负担。这样，资本向全球的扩展也就使得全球各个地方都有了产生环境危机的土壤和条件，生态危机开始向全球蔓延。

其次，全球化加剧了环境危机。全球化进程也是在各个国家与地区间进行生产和资源分配的过程，以跨国公司为代表的经济全球化过程，在全球各国各地区间进行生产的横向分工，某些地区可能由于其适宜的自然条件或社会条件，被经济原则分配作生产过程的某一固定环节。一方面，这使得某些地区长期无节制使用自身资源，违背了生态环境系统的自我恢复规律。另一方面，对于发展中国家而言，由于历史发展原因，在全球经贸环境中长期处于弱势地位，为了追赶先进工业国家，他们在决策时更倾向于过度地开采自然资源，忽视工业生产对环境产生的负面影响。同时，由于人类工业活动相对较少，这些国家之前大多是自然生态环境保持较好的国家，其自然资源与环境在整个地球生态环境中可以起到某些重要的作用，如巴西的亚马逊雨林，被长期视为"地球之肺"，这些地区的环境一旦在全球化生产过程中遭到破坏，就会从另一个方面加剧全球生态环境的负担。

再次，全球化进程产生了新的环境哲学问题，其中最突出的就是不同国家和地区人民之间的环境正义问题。许多学者指出，全球的生产与消费的一体化使得穷人和发展中国家的自然资源被富人和发达国家系统地接管，而富人和发达国家的大量消费产生的污染则被系统地转嫁到了穷人和发展中国家的身上。相比他们在全球化进程中得到的利益，发展中国家承担了不合比例的环境负担。有学者提出了"污染避难所假说"，它假设，当全球市场充分发展，贸易壁垒与运输成本降低到一定程度时，跨国公司将会更注重降低生产成本。而在当其他成本相当的情况下，跨国公司一定更倾向于将生产过程设在资源环境标准较低的国家和地区，而这些国家也就成了"污染的天堂"。遗憾的是，从政府的角度，发展中国家拥有更丰富廉价的资源和劳动力，为吸引海外投资增加经济发展速度，他们也更倾向于设置更低的环境标准和不那么严格的环境法规。这样，由于经济发展造成的不平衡也就自然地导致了不同国家人民在资源环境权益上的不平等。

（三）全球化呼吁新的全球环境治理模式

在全球化加剧世界环境危机的同时，也为环境问题的解决提供了有利条件。全球性政治文化交流使全局性的全球统筹治理成为可能，这在环境问题上表现得尤为突出，全球环境治理也是全球治理中发展最充分、成果最丰富的部分。

全球化时代的环境治理可以依靠传统的经济政治组织，如联合国、世界贸易组织、世界银行等，制定全球资源利用与环境保护战略，通过在各国政府间达成环境与发展协定完成这一战略。在环境领域，国际协定的数量已达数百个，涵盖了从气候变化公约到森林管理委员会等各种区域和全球问题，这些构成了国际政治环境治理的主要框架。其中最受瞩目也最有成效的是关于全球气候变化的协定。自20世纪80年代以来，全球气温明显上升，许多学者研究认为，这是由于人类大量使用化石燃料，排放温室气体导致的。为阻止该趋势的继续增长，1992年，联合国于里约热内卢制定并签署了《联合国气候变化框架公约》（UNFCCC），该公约确立了各个国家对全球气候变化负有"共同但有区别的责任"原则。根据该公约，发达国家需要在2000年之前将他们释放到大气层的二氧化碳及其他"温室气体"的排放量降至1990年时的水平。另外，这些每年二氧化碳合计排放量占到全球二氧化碳总排放量60%的国家还同意将相关技术和信息转让给发展中国家，发达国家转让给发展中国家的这些技术和信息有助于后者积极应对气候变化带来的各种挑战。1997年，在联合国气候变化框架公约参加国三次会议上，多个国家签署了作为《联合国气候变化框架公约》补充条款的《京都议定书》。协定了至2050年的全球减排目标，并提出了为达到这一目标设立的3种减排机制。2015年，《联合国气候变化框架公约》近200个缔约国在巴黎气候变化大会上达成了《巴黎协定》，安排了2020年之后各国应对气候变化的策略，是全球环境治理的最新重要成果。

除政府间官方合作外，非政府性民间国际合作也迅速发展，非政府性环保组织也逐步成长起来，并发挥越来越重要的作用。最早对环境问题起到重要作用的非政府组织是20世纪60~70年代，由一批科学家、经济学家和社会学家建立的"罗马俱乐部"，其在1972年发表的报告《增长的极限》对"可持续发展"理念的提出起到了重要影响。而后，在环境领域内有了越来越多的学术合作与联合研究，环保非政府组织也如雨后春笋一般成立起来，当前世界上著名的环保非政府组织如世界自然保护联盟、大自然保护基金会等，在开展环保国际合作、研究可持续发展战略等方面起着越来越重要的作用。

然而，这些全球性环境治理却并非都如人们所预期的那样顺利。以《京都议定书》为例，作为全球最大的发达国家和全球碳排放量最高的国家，美国仅是象征性地在《京都议定书》上签字，而并未由国会审议通过该项协定，其他主要国家如日本、俄罗斯等国家对议定书内容与执行情况态度暧昧。主要排放大国对该协议的否定态度或执行态度的不坚决，极大地影响了全球性的减排目标和国际合作的进一步深化。因此，越来越多的人质疑，以传统政治经济模式进行的全球治理并不适宜全球化时代的环境治理。2009 年召开的哥本哈根全球气候大会上，由于各国在减排问题上分歧较大，会议只能在未达成任何书面一致的情况下遗憾落幕。这次会议被外界认为是全球环境治理失灵的集中体现。类似的，世界银行也将环境政策置于其议程的重要位置，但越来越多学者指出，世界银行预设的可持续发展框架假设了世界经济的无限增长，而且对资源获取与环境公平问题未给予足够的重视。而非政府组织由于其本身性质与职能的关系，只能在研究阶段发挥重要作用，当进入实际环境治理阶段时，作用也被边缘化。

实际上，这些问题的核心并不在于环境治理本身，而在于经济发展和环境治理之间的关系。一方面，由于全球经济发展的不平衡，不同国家对环境治理和经济发展的需求程度是不同的。发达国家居民的生活水平已经达到相当高度，可以接受较缓的经济发展速度换取较好的环境质量；而发展中国家由于经济基础薄弱、生活水平还不高，相对良好的环境质量，更倾向于选择快速的经济发展。而由于历史原因，不同国家进入工业化时间有早有晚，它们对生态环境恶化产生的作用也不尽相同，因此在治理环境问题时，不同国家承担的责任也理应有所区别。在制定全球性环境治理策略时，有必要将这一问题考虑进来，这是环境正义哲学亟待解决的问题。另一方面，由于我们目前仍处于工业化文明时代，人们大多适应了大量生产、大量消费、大量废弃的经济模式与消费习惯，因此势必将环境治理算作经济发展的"成本"，将环境治理看作经济发展的阻碍因素，从而将两者对立起来。这就必然导致各国政府与企业对环境保护态度不坚决、相关法律法规执行力度不高。要解决这一问题，就更需要环境哲学的深入发展，改变人们的生活与消费理念，重塑人们的价值观，只有这样才能为生态文明时代构建牢固的基础。

（四）展望全球化时代的环境哲学

通过上述分析我们可以看到，全球化时代呼唤着新的环境哲学，期待环境哲学在政治与社会领域发挥更大的作用，我们有理由对全球化时代的环境哲学做出以下展望：第一，全球化期待环境哲学发展，随着全球化进程愈加深入，就越来越需要更全面、更深刻的环境哲学与之适应，指引或反思全球化时代环境问题的解决方向与发展潮流。第二，全球化时代是环境哲学发展的重要机遇，这不仅在于环境哲学在全球化问题解决中可能起到的重要作用，也在于文化全球化可以给环境哲学学科本身提供许多发展的便利条件。而且，历史的经验告诉我们，在科学技术迅猛发展之后，是相关的哲学反思展现其价值的最佳时刻。

当前，全球化已进入新时期，逆全球化浪潮愈演愈烈的同时，全球性国际合作也在寻找新的方向，国际社会期待各国各地区的政府人民可以进一步加深联系，在许多领域展开深层次的国际合作，这就需要全球各领域各国家人民的智慧。环境领域的合作更是如此，近几次联合国环境主题相关会议的经验告诉我们，全球性环境治理的关键点并不在于治理难度或相关技术问题，而是与环境问题相关的经济政治问题和与之相关的环境哲学、政治哲学问题。

全球性环境治理期待环境哲学对环境正义问题进行深刻反思，提出合理而有说服力的平衡各国环境责任的理论。这些问题主要包括：发达国家与发展中国家在环境问题上承担"有区别"责任的理由是什么，是有深刻的伦理道德理由，还是仅是由于可行性做出的权宜之计？发达国家在工业化前期产生的大量排放应当如何认识？人权中是否包含环境权利，其具体表现是哪些？环境的分配正义与经济发展的正义关系如何？只有一种可以合理解释发达国家与发展中国家的环境责任的理论，才可以使得国际会谈中发展中国家不再觉得发达国家傲慢，而发达国家认为发展中国家不承担责任。也只有一种既涵盖环境正义，也保证经济发展机会正义的理论，才能使发展中国家不会认为发达国家利用环境问题剥夺自身发展权利，发达国家也可以正视发展中国家对本国发展权的合理要求。更进一步地，环境哲学也可以就合适的环保策略与机制提出反思，如京都议定书中提出的"碳市场"机制，有学者指出，这种以金钱换取排放权的机制是否错误地理解了人类对地球的义务，将本来全人类共同对地球的义务，变成了一种可讨价还价的经济策略，从而消解了排放义务中的道德性质。此外，环境正义问题也包括当代人对后代人的道德义务：我们对后代人负有道德义务吗？如果有，那是因为什么？我们应当为后代人留存一个美好的世界，是出于功利主义的最大多数人最大幸福原则，还是由于未来世代人拥有某种环境人权？如何论证一种尚不存在的人的福利或权利？当前许多学者倾向于使用经济学方法解决上述问题，但是这种方法是否合理，是否能经得起哲学思辨的检验？这些都是环境正义问题未来的发展方向。

比环境正义问题更加深刻的，是环境哲学应当对当前工业文明"大量生产、大量消费、大量废弃"的生活方式与价值观进行反思。毋庸置疑，现在有越来越多的机构与个人倡导绿色消费方式与生活方式，但这些仍只能看作是个人的呼吁和倡导；许多国家的政府也提高了环境标准与环境执法力度，但对许多公民和资本来说，这些环境法规被当作经济发展的阻碍与成本。这就需要环境哲学发展一种适应生态文明时代的价值体系，使人们认识到，自然并非只是一种可供人们攫取的资源，而是我们不可脱离的生存环境，人类作为自然界的一部分存在，必须探索一种可以与整体和整体中的其他部分和谐相处的智慧。只有更新人们的消费意识与价值观念，才能使环境治理真正有效地实施，环境问题也才可以达到切实的解决。

　　环境哲学作为一门学科，也属于文化全球化的一部分。全球化时代为各种学科的交流提供了巨大的便利。全球性与地区性的环境哲学会议和交流日益增多，环境哲学作为广义环境学科的一部分，也常与其他环境学科展开国际交流。这就为新思想的产生提供了有利条件。各国的环境哲学家可以立足于本地，在解决本地性环境问题的同时，思考全球性环境治理。之前的半个世纪，是全球科学技术获得巨大飞跃的时期，也是全球性环境危机日益加深的时期，但同时，我们也有理由相信，当今这个由新冠肺炎疫情所引起的全球公共卫生危机的时代也正是环境哲学这只"密涅瓦的猫头鹰"在反思中起飞的时刻。

参考文献

Dimitris S, Valerie J A. The International Political Economy Yearbook［M］. Boulder：Lynne Rienner Publishers，2001.

Frank，Andre G. Re Orient：Global economy in the Asian age［M］. New Delhi：Vistaar Publications，1998.

Scholte J A，Wallace I. Globalization：a critical introduction［M］. New York：Palgrave Mac. Globalization，2000.

John B. Climate Matters：ethics in a warming world［M］. New York：W. W. Norton & Company，2012.

Nicholas L. Global Ethics and Environment［J］. Routledge Science，10（2）：266-268，2001.

Suzanne S. Social movements［M］. New York：Oxford University Press，2011.

联合国气候发展变化公约，https：//unfccc. int/sites/default/files/convchin［EB/OL］. 1992-05-09.

迈克尔·桑德尔. 金钱不能买什么［M］. 北京：中信出版社，2012.

周国文. 公民观的复苏［M］. 上海：上海三联书店，2016.

周国文. 生态公民论［M］. 北京：中国环境出版社，2016.

周国文. 自然权与人权的融合［M］. 北京：中央编译出版社，2011.

习　题

一、选择题

1. 所谓全球化，就是（　　　）之间互动和融合的过程。

A. 个人　　　　　　B. 公司　　　　　　C. 政府　　　　　　D. 国家

2. 环境哲学作为哲学的一个门类，出现于20世纪（　　　）年代。

A. 50　　　　　　　B. 60　　　　　　　C. 70　　　　　　　D. 80

3. 全球性环境危机最具代表性的是全球气候问题，其他还包括（　　　）。

A. 全球水循环变化　　　　　　　B. 全球氮和磷循环变化

C. 海洋酸化　　　　　　　　　　D. 酸雨污染

二、判断题

环境问题具有天然的全球化维度。( )

三、简答题

环境哲学聚焦的几个主要问题包括哪些?

第七章　21 世纪以来世界重大环境哲学
　　问题的研究

一、 国外环境哲学发展历史概述

西方环境哲学的发展源于工业社会后期发展的现实要求，是西方学者对工业社会持续发展的深刻反思。西方学者试图从思想层面呼应现实层面的环境反思，从而现实层面保护环境、促进可持续发展的运动开始兴起。西方学者对于生态环境破坏进行了深刻的反思，这在一定程度上反映在了政治、经济、社会及文化层面。

（一）21 世纪之前的国外环境哲学发展历史概述

当代西方环境哲学（亦称环境伦理学）自 20 世纪 70 年代中期兴起以来发展迅速，现已发展出多种流派。在关于人与自然的关系，以及面对生态危机人类应如何重新审视自己的价值和定向自己的行为等问题上，环境伦理学有较多的理论创新。对此学科的发展作一历史的回顾，有助于国内学者对其进行较为系统和全面的研究。

西方自 18 世纪末以来，特别是伴随着 19 世纪中后期的第一次环境保护运动与 20 世纪上半叶的第二次环境保护运动，产生了各种环境思想，并逐渐积累成了丰厚的传统。这些环境思想往往以现代生态学的一些发现作为其理论基础的一个重要部分。当代环境伦理学的产生，则是以始于 20 世纪 60 年代后期的第三次环境保护运动为契机。

第三次环境保护运动初期，世界著名的《科学》杂志先后发表了怀特的《当前生态危机的历史根源》与哈丁的《公有地的悲剧》两篇文章。前者列举大量事实，论证这样一个观点：源于基督教思想传统、为现代社会普遍认同的征服与宰治自然的观念是引发全球生态危机的社会历史根源。后者则将现代社会人们竞相开发地球的自然资源以发展经济的心理机制比喻为众多的放牧者在有限的公有地上放牧：如果没有法律、伦理规范等对人们的行为加以制约，每个放牧者出于自我利益的考虑，都会不断增加牛的头数，最终导致公有地受到灾难性的破坏。这两篇文章引起了热烈的讨论。稍后，首印于 1949 年的环境伦理思想先驱利奥波德的《沙乡年鉴》于 1969 年由塞拉俱乐部再版而得以广泛流传，也成为影响环境思潮的一部重要著作，其中《大地伦理》一文后来成了环境伦理学的一篇经典文献。

第三次环境保护运动在美国取得的成果之一，是确定了每年的 4 月 22 日为地球日。在 1970 年第一个地球日的纪念活动中，一些环境保护运动者因意识到这场运动需要坚实的理论作为基础，便敦促参与到环境运动中来的学者进行一些相关问题的研究。于是，学术界开始了关于生态环境问题的理论探讨。

20世纪70年代学术界在环境理论上的争论在很大程度上集中于怀特与哈丁的观点，多从历史和神学的角度进行。有的学者沿着怀特的思路，深入探究基督教思想传统中将人与自然分离并以人宰治自然的观念及其与现代生态危机的关联，指出其他民族的宗教观念强调人与自然的和谐，更符合生态学给人的定位。也有的学者认为宰治自然的观念并非基督教的必然结果，而是曲解了审定下的人与自然的关系。这些学者试图建立一种神学环境理学来矫正传统的"征服自然"的观念，把自然视作神的创造物，认为人应是管理此创造物的理事。

20世纪70年代，哲学界总体上一时还难以确定环境伦理学的研究应如何开展。这一时期，哲学理论研究较少，但也有些成果。1972年，佐治亚大学教授布莱克斯通组织了一次关于环境的哲学问题的学术研讨会，并于会后将会议论文结集为《哲学与环境危机》出版。1972年还出版了科布的《是否已为时太晚？生态神学》。此书虽主要是从神学角度写成，但却是由一位哲学家在此领域写成的第一部专著。1973年，澳大利亚哲学家鲁特莱在第十五届世界哲学大会上发表论文《是否需要建立一种新的伦理，或一种环境伦理？》，提出应当建立一种新的伦理学，以突破传统伦理学将伦理思考限制在人类范围的局限，这堪称西方当代环境伦理学的第一篇哲学论文。次年，另一位澳大利亚哲学家帕斯摩尔针对此文发表专著《人对自然的责任》，认为解决环境问题的关键在于将传统伦理学正确地运用于环境问题，而根本无需建立什么新的伦理学。这揭示了环境伦理学中旷日持久的人类中心论与非人类中心论（或人本主义与自然主义伦理学）之争，直到80年代中期一直都是该领域争论的焦点。环境伦理学界的学者多趋于认同非人类中心论，或至少是弱化的人类中心论，但环境伦理学的理论有不少是在对帕斯摩尔观点的批评中构建起来的。

在欧洲，学术刊物《探索》的创立者、挪威哲学家奈斯于1973年在该刊发表论文《浅生态运动与深的、长远的生态运动》，发轫了环境伦理学的第一场运动——深生态运动。后来，经瑟辛斯（George Sessions）、迪瓦尔（Bill Devall）等美国学者的积极倡导，深生态学的影响迅速扩大，在环境伦理学界一直都很活跃。深生态学提出，基于西方以人与自然成二元对立的传统的环境思想只是在浅层次上理解了生态学；生态学在深层次上展示了一种生态智慧，告诉我们，人类像其他物种一样，其同一性（identity）是由其与自然环境的联系决定的，这种同一性才是人类真正的自我实现。一个全面的伦理学应将人类以外的生命也作为道德关注的对象；人应该按照生态学的模式，通过各种联系的网络将自我向外延伸。人类生活最丰富之处，是对生命共同体的认同。有了这样的认同，人类将会正确地保护自然环境。

1975年，美国科罗拉多州立大学的罗尔斯顿在著名的国际性学术期刊《伦理学》上发表论文《是否存在一种生态伦理？》，是环境伦理学引起美国主流哲学的关注之始。罗尔斯顿并非由于环境保护运动才关注环境伦理问题的，而是在其青年时代的求学过程中就通过对生物、地质等课程的学习及自己经常深入荒野的体验，成为一个具有丰富的自然知识和热爱大自然的自然主义者，并对人与自然的关系及自然的价值等问题进行了深入的思考。《生态伦理是否能够存在？》颇有理论深度，后来在环境伦理学界被广为征引，成为该领域一篇重要的文献。罗尔斯顿在此后的自然主义与人本主义伦理学的论战中还成为自然主义阵营的一员主将，对自然主义生态价值论的建立贡献尤为巨大。

1979 年，哈格洛夫、罗尔斯顿等人创立《环境伦理学》(*Environmental Ethics*) 学刊，这是该学科发展史上的一个里程碑。此前虽已有各种有关环境问题的刊物，但一般学术性不强，或层次不高；而主流的哲学刊物又极少发表环境伦理学的论文。《探索》虽发文较多，却也很有限，因为毕竟是一种综合性哲学刊物，需照顾到哲学的各分支学科。《环境伦理学》为在此领域进行深层次的理论探讨提供了一个学术阵地，对该学科以后的发展影响重大。"环境伦理学"成为这一学科最为流行的名称，是由于此刊的影响。但正如后来阿姆斯特朗等在其编著的《环境伦理学：趋异与趋同》中所说，"这个研究领域不仅限于伦理学的探讨，也体现在美学、宗教、科学、经济和政治等更大范围的思考中。""环境哲学"(environmental philosophy) 是该学科另一较为通用、且较为正式的名称。(注：由于现代生态学是环境哲学思想的理论基础很重要的一部分，在环境哲学发展的早期，一些学者 (如罗尔斯顿) 采用"生态伦理学"(ecological ethics) 一词，而奈斯等人用的是"生态哲学"(ecophilosophy)。罗尔斯顿等人在筹创《环境伦理学》时曾考虑以"生态伦理学"命名该刊，最后将刊名定为"环境伦理学"，是为了使其涵盖内容更广。80 年代初，苏联学术界在批判西方环境伦理思想时用的是"生态伦理学"一词。国内学者首先是从前苏联学者的文章中接触到环境伦理思想的，此后便将"生态伦理学"沿用下来，使之成为该学科在国内较通行的名称。

这样，环境哲学于 20 世纪 70 年代中期勃然兴起，至 20 世纪 70 年代末以《环境伦理学》的创刊为标志，可以说作为一个学科建立起来了。

《环境伦理学》创刊后的 5 年中，环境哲学界争论的主要问题是环境哲学与动物权利论及动物解放运动的关系。动物权利论主张将人道的道德关怀推演到高等动物，认为无故造成有感觉动物的痛苦是不道德的。其理论依据不是生态学，而是至少可溯源到 18 至 19 世纪功利主义哲学家边沁的一种人道的道德论。边沁在其所著的《道德与立法原理》中曾说：对动物是否应加以伦理的考虑，"问题不在于它们是否有理性，也不在于它们是否能说话，而在于它们是否能感受痛苦"。当代的动物权利论以辛格的《动物解放论》和雷根的《为动物权利而辩》为代表，反对娱乐性狩猎、食用家禽家畜、用动物做实验等。环境哲学界争论的是动物权利问题是否属于环境哲学的范围，争论的结果是动物权利论被判定为一个独立的学科，而主张动物权利与动物解放的学者创立了自己的学刊《伦理与动物》(*Ethicsand Animals*) [后来被《物种之间》(*Between the Species*) 取代]。但这并非意味着动物权利论完全与环境哲学脱离，因为很多学者还是将动物权利论视为环境哲学的一个派别。

1981年，伯奇与科布发表了《生命的解放》。此书以过程哲学（process philosophy）思想为基础，颇有理论深度。过程哲学由20世纪初英国哲学家怀特海（Alfred North Whitehead）首先提出，它从怀特海的有机体哲学出发，反对传统的以世界为物体之总和与堆积的机械论观点，而着眼于自然中事物的流变，主张将世界视为活泼的、有生命的创造与进化过程。这与生态学有很多相合之处，因而在此后环境伦理学的理论建构中，不少学者使用了过程哲学的方法。此外，1983年英国学者阿特菲尔德发表的《环境问题的伦理学》，首次以专著的形式回击帕斯摩尔人类中心论。同年还出版了一部较为重要的论文集，即谢勒与阿提格主编的《伦理与环境》。

20世纪80年代后期可以说是环境哲学发展史上的一个转折点，因为这一时期有很多重要的著作相继问世，表明该领域的理论建构已渐趋体系化。这当中，重要的专著有泰勒的《尊重自然》（1986）、诺顿的《为何要保存自然的多样性？》（1988）、萨果夫的《地球的经济》（1988）、哈格洛夫的《环境伦理学的基础》（1989）等；重要的个人文集则有罗尔斯顿的《哲学走向荒野》（1986）、考利科特的《捍卫大地伦理》（1989）等。

20世纪80年代环境哲学界还兴起了两场运动，即社会生态学运动与生态女性主义运动。前者基于布克金的思想。布克金在其1980年出版的《走向生态的社会》中提出，人类之所以对自然采取主宰、征服的态度，与人类社会的组织方式，尤其是等级制度密切相关。要从根本上解决环境问题，必须对社会制度进行改造，具体说来应该实行地方分权式的政治模式，保证基层民众有效的民主参与，并据此改造政党组织。社会生态学与环境保护运动有较为密切的关系，也称作政治生态学或绿色政治。

女性主义环境哲学由女性主义学者沃伦首倡，但很快就有很多其他领域的学者加入进来。其基本观点为：环境危机在一个很重要的意义上是由于现代西方文化对人类理性的过度推崇，及其以理性寻求控制和支配自然的一种与男性偏见有关的倾向。社会对自然的控制与支配与对女性的控制与支配有深层的联系，都出于上述的男性偏见。女性对自然的态度有如她们对他人一样，更多地表现出一种关爱。因此必须赋予女性更多的权力，让她们来矫正男性的偏见，这是环境问题得以解决的前提。

深生态学有将生态学上升到形而上学的高度的倾向，有时甚至有将其作为一种宗教的味道，显得很激进。20世纪80年代，随着深生态学刊物《号兵》（Trumpeter）在加拿大创刊，深生态学运动与激进的环境保护运动结合起来了。环境哲学与环境保护运动结合的另一个例子，是1989年创刊的《地球伦理季刊》（Earth Ethics Quarterly）。该刊原是作为大众化刊物创立的，目的在于重刊一些已发表过的文章，后来却成了环保组织"尊重生命与环境中心"的机关刊物，主要在国际上倡导可持续发展。

对环境哲学研究影响较大的，是由威斯特拉（Laura Westra）与罗尔斯顿等人于1990年成立的国际环境伦理学学会(International Society for Environmental Ethics)。该学会发展迅速,现已在很多国家(包括中国)发展了会员。此外,《环境价值》(Environmental Values)于1992年在英国创刊;这是环境哲学领域继《环境伦理学》之后第二家按专家审查制度运作的学术刊物。

在理论层次上,当前环境哲学中最重要且最具创造性之处是自然价值理论。确立自然界除对人有工具价值之外还有其内在价值是建立非人类中心论的重要环节。在这个问题上集中了不少环境伦理学界最重要的理论家,他们各自以不同的途径进行理论建构。罗尔斯顿与泰勒虽在一些具体问题上存在分歧,但总体上都是客观非人类中心内在价值论者;考利科特较为严格地遵循利奥波德的思想,是主观非人类中心内在价值论者;哈格洛夫一般被认为是弱化的人类中心内在价值论者;萨果夫虽很少谈论自然价值的问题,但在观点上与哈格洛夫相近;诺顿是弱化的人类中心论的创立者,但他也进行了价值理论的构建,试图用一种较实用的价值概念取代"内在价值"。

人类面临的环境危机在不断发展变化,人们对此危机的认识远未达成一致,世纪之交的环境哲学也还处于发展之中。虽说环境哲学即使在西方也尚未取得完全被主流哲学认可的地位,但环境哲学家们提出的很多问题正越来越引起人们的关注。环境哲学面向全球气候变化及2020年的世界公共卫生危机的许多理论问题也是发人深思的。

(二)21世纪以来的国外环境哲学发展历史概述

继承了20世纪70年代以来环境哲学发展概况,本世纪以来环境哲学的发展在既往的基础上又产生了新的发展契机。特别是针对于一些颇具研究意义与价值的环境哲学理论产生了新的发展与分支。

聚焦海德格尔思想的西方环境哲学研究。

21世纪的研究除集中在对海德格尔环境哲学尚有争论的问题进行进一步讨论并形成共识外,也对海德格尔的环境哲学思想进行了新的发展。斯旺斯顿(Swanton)在海德格尔的栖居与真理问题上发展了环境伦理,并认为这一思想避免了人类中心主义的物种歧视和生态中心主义的平均主义,并宣称在分析传统伦理哲学中避免了形而上学的两难境地。

另一个新的发展趋势是生态女性主义吸收和借鉴了海德格尔的环境哲学思想。早在2001年,南茜·J·霍伦(Nancy J. Holland)等人便对海德格尔进行了女性主义的解读。其研究成果为论文集《海德格尔的女性主义解读》。之后,随着生态女性主义的发展,一些学者开始从海德格尔的思想中吸取营养,并将之运用到生态女性主义之中。海德格尔认为现代技术的本质是"座架","座架"驱逐了揭示其他的可能性,而仅仅把物还原为可供享用的物质资料。现代技术的这种本质消解了物的世界,使人始终处于无家可归的状态。生态女性主义的沃伦同样也描述了环境危机是"渴望回家……一种不安的,抱怨的,不舒服的感觉。"史翠珊教授认为:"沃尔伦与海德格尔两者都构想了一个可代替的自然概念，这是一个有家可归的人类栖居的概念。"

从海德格尔环境哲学中发展出来的最大贡献当属生态现象学。2003年出版的论文集《生态现象学——回到地球本身》，第一次提出生态现象学应提出用一种"可能的"理性概念、价值概念及自然概念去代替原来的形而上学概念体系。生态现象学的创始人戴维·伍德提出："生态现象学，这门学科重叠了生态学的现象学和现象学的生态学，它提供给我们一条道路，可以在现象学和自然主义之间，在意向性和因果关系之间发展一条中间地带。"这表明，生态现象学是生态学的现象学和现象学的生态学两者交叉的产物。生态学的现象学即是后期海德格尔意义上的现象学。因为在海德格尔后期，他以现象学的方式对人类生存危机产生的根源进行了剖析，并从认识论根源上去寻找生态问题的症结所在，为建立一种负责任的道德主体和内在的含有价值的自然观念铺平了道路。

二、 中国环境哲学发展历史概述

中国的环境哲学批判地继承了西方环境哲学的发展，在进入21世纪以来与中国的现实国情相结合，而有了具体的阐释。中国在21世纪起特别重视经济发展与环境保护同步，因而中国的环境哲学结合了本国经济发展与环境保护的现实要求。

但是在中国古代也有不少表达人要与自然和谐相处的思想，如道家的顺应而为的思想，就传递了一种顺应自然规律、顺势而为、顺时而为的思想，"无为"其实也是要对自然有所为、有所不为。又如，《吕氏春秋》有言，"竭泽而渔，岂不获得？而明年无鱼。"这其中便传递了一种要对自然的开发和索取适可而止的哲学观。再如，《王制》有言，"草木荣华滋硕之时，则斧斤不入山林，不夭其生，不绝其长也；鼋鼍鱼鳖鳅鳣孕别之时，罔罟毒药不入泽，不夭其生，不绝其长也；春耕、夏耕、秋收、冬藏，四者不失时，故五谷不绝，而百姓有余食也；污池渊沼川泽，谨其时禁，故鱼鳖尤多，而百姓有余用也；斩伐养长不失其时，帮山林不童，而百姓有余材也。"这其中也无不传递了一种要适时休耕的观念，其中也蕴含了中国古代早期朴素的环境哲学思想。但是中国古代的环境哲学并不系统，论述也比较分散。而全面系统的环境哲学，则也是吸收了西方环境哲学的思想的基础，保留中国古代"天人合一"的传统和谐思想，根据中国现阶段的经济发展过快导致环境压力过大的实际情况的基础上逐步发展起来的。

总体而言，中国现代的环境哲学发展可以从以下几个方面来呈现，中国现阶段的环境哲学研究也是在这几个方面的基础上深化的。

（一）环境哲学与科学发展观

科学发展观是环境哲学在中国发展的一大具体表现。在党的十七大上，胡锦涛同志在《高举中国特色社会主义伟大旗帜为夺取全面建设小康社会新胜利而奋斗》的报告中提出，科学发展观第一要义是发展，核心是以人为本，基本要求是全面协调可持续性，根本方法是统筹兼顾，指明了我们进一步推动中国经济改革与发展的思路和战略，明确了科学发展观是指导经济社会发展的根本指导思想，标志着中国共产党对社会主义建设规律、社会发展规律、共产党执政规律的认识达到了新的高度，标志着马克思主义的中国化，标志着马克思主义和新的中国国情相结合达到了新的高度和阶段。

科学发展观的具体内容包括：第一，以人为本的发展观；第二，全面发展观；第三，协调发展观；第四，可持续发展观。国家发展战略的整体构想，既从经济增长、社会进步和环境安全的功利性目标出发，也从哲学观念更新和人类文明进步的理性化目标出发，几乎是全方位地涵盖了"自然、经济、社会"复杂系统的运行规则和"人口、资源、环境、发展"四位一体的辩证关系，并将此类规则与关系在不同时段或不同区域的差异表达，包含在整个时代演化的共性趋势之中。在科学发展观指导下的国家的战略，必然具有十分坚实的理论基础和丰富的哲学内涵。面对实现其战略目标（或战略目标组）所规定的内容，各个国家和地区，都要根据自己的国情和具体条件，去规定实施战略目标的方案和规划，从而组成一个完善的战略体系，在理论上和实证上去寻求国家战略实施过程中的"满意解"。

从科学发展观的本质出发，其体系具有三个最为明显的特征：

其一，它必须能衡量一个国家或区域的"发展度"，发展度强调了生产力提高和社会进步的动力特征，即判别一个国家或区域是否在真正地发展，是否在健康地发展，是否是理性地发展，以及是否是保证生活质量和生存空间的前提下不断地发展。

其二，是衡量一个国家或区域的"协调度"，协调度强调了内在的效率和质量的概念，即强调合理地优化调控财富的来源、财富的积聚、财富的分配以及财富在满足全人类需求中的行为规范。即能否维持环境与发展之间的平衡？能否维持效率与公正之间的平衡？能否维持市场发育与政府调控之间的平衡？能否维持当代与后代之间在利益分配上的平衡？

其三，是衡量一个国家或区域的"持续度"，即判断一个国家或区域在发展进程中的长期合理性。持续度更加注重从"时间维"上去把握发展度和协调度。建立科学发展观的理论体系所表明的三大特征，即数量维（发展）、质量维（协调）、时间维（持续），从根本上表征了对于发展的完满追求。

（二）环境哲学与绿色发展及生态文明建设

我国环境哲学发展的另一重要方面便是将环境哲学与绿色发展、生态文明建设结合起来。党的十八大以来，以习近平同志为总书记的党中央站在战略和全局的高度，对生态文明建设和生态环境保护提出一系列新思想、新论断、新要求，为努力建设美丽中国，实现中华民族永续发展，走向社会主义生态文明新时代，指明了前进方向和实现路径。

习近平同志指出，建设生态文明，关系人民福祉，关乎民族未来。他强调，生态环境保护是功在当代、利在千秋的事业。要清醒认识保护生态环境、治理环境污染的紧迫性和艰巨性，清醒认识加强生态文明建设的重要性和必要性，以对人民群众、对子孙后代高度负责的态度和责任，真正下决心把环境污染治理好、把生态环境建设好。这些重要论断，深刻阐释了推进生态文明建设的重大意义，表明了我们党加强生态文明建设的坚定意志和坚强决心。生态文明建设是经济持续健康发展的关键保障。生态文明建设是民意所在民心所向。生态文明建设是党提高执政能力的重要体现。关于生态文明建设的本质特征，十八大报告强调："把生态文明建设放在突出地位，融入经济建设、政治建设、文化建设、社会建设各方面和全过程"，由此，生态文明建设不但要做好其本身的生态建设、环境保护、资源节约等，更重要的是将其放在突出地位，融入经济建设、政治建设、文化建设、社会建设各方面和全过程，这就意味着生态文明建设既与经济建设、政治建设、文化建设、社会建设相并列从而形成五大建设，又要在经济建设、政治建设、文化建设、社会建设过程中融入生态文明理念、观点、方法。这一融合就是将环境哲学的思想与我国未来的环境建设相结合，就是将环境哲学融入绿色发展的哲学中。

总体而言，环境哲学在中国发展的新阶段主要集中于本世纪以来科学发展观对于可持续发展的阐释，以及生态文明建设思想中对于绿色发展之于中国现实经济发展的意义，具有鲜明的时代特征和现实特色，遵循了我国经济发展的客观规律。在融合西方环境哲学积极思想的基础上，结合我国经济发展的实际，必然会为中国的环境哲学发展注入新的内涵。

三、小　结

纵观中外环境哲学的发展历程，呈现出由实践要求到逐步形成理论创新的基本趋势。20世纪中期之后，第二次世界大战基本告一段落，各国致力于恢复经济与促进发展。在这一过程中，高速的经济发展带来的也是高强度的环境破坏。环境质量的恶化引发了一系列次生社会问题，这也引发了环境运动和环境政治的逐步兴起，在现实环境意识和环境行动日益增加的基础上，西方学者开始思考环境实践基础上的思想理论，环境哲学便应运而生。中国的环境哲学是站在西方环境哲学几十年发展基础上，以及我国古代历史发展至今的"天人合一"的"和谐"思想等，再结合我国的现实国情提出的符合我国社会发展道路的环境思想理论体系。在当下，中国的环境哲学的新发展主要是围绕绿色发展与生态文明建设这个主题来展开，生态文明建设与经济建设、政治建设、文化建设、社会建设一同被纳入中国的社会发展方略，这也是环境哲学在中国的创新性变化与发展的思想凭鉴。在未来，中西环境哲学在对话融通中也必将有新的发展，在人类社会现实发展的规律上，不断完善概念与理论体系，并用以指导人类的生态环境治理实践。

参考文献

曹孟勤. 人向自然的生成[M]. 上海：上海三联书店，2012.

曹孟勤. 人性与自然：生态伦理哲学基础反思[M]. 南京：南京师大出版
　　社，2006.

李霞玲，李敏伦. 国外海德格尔环境哲学研究综述[J]. 自然辩证法研究，
　　2015，31(04)：27-30.

刘耳. 当代西方环境哲学述评[J]. 国外社会科学，1999(06)：32-36.

杨通进. 探寻重新理解自然的哲学框架——当代西方环境哲学研究概况[J].
　　世界哲学，2010(04)：5-19.

习　题

一、选择题

1. 现象学是现代西方哲学的一个重要流派，由于其突破了西方主流哲学割裂(　　　)等的思维方式，从而为当代西方的环境哲学提供了重要的思想灵感。

　　A. 现象与本质　　B. 主体与客体　　C. 人与自然　　D. 身体与心灵

2. 在主张环境实用主义的学者看来，环境实用主义至少可以在以下几个方面为当代环境哲学的研究提供帮助。(　　　)

　　A. 考察美国传统的实用主义哲学与环境问题之间的联系。

　　B. 阐述某些实践战略，以便缩小存在于环境伦理学家、政策分析家、行动主义者和公众之间的分歧。

　　C. 为环境保护实践奠定融贯的一元论理论基础。

　　D. 从理论上探讨环保组织与环保行动的规范基础，以便为行动者们在政策层面达成共识、使理论争论趋于共识提供基础。

3. 科学发展观的具体内容包括(　　　)。

　　A. 以人为本的发展观　　　　　　　　B. 进步发展观

　　C. 全面协调发展观　　　　　　　　　D. 可持续发展观

二、判断题

西方环境哲学的发展源于工业社会后期发展的现实要求，是西方学者对工业社会持续发展的深刻反思。(　　　)

三、简答题

科学发展观的本质具有哪三种最为明显的特征?

第八章 马克思主义环境哲学在世界
环境哲学中的地位和作用

一、马克思主义环境哲学的基本观点

马克思、恩格斯的环境哲学思想是马克思主义理论的重要组成部分。虽然马克思、恩格斯他们本人并没有形成关于环境哲学的专门著作，其环境哲学思想也没有形成系统的理论体系，但是马克思、恩格斯的环境哲学思想散见于他们的理论著述中，在马克思、恩格斯的各个时期的主要著作里都有所体现，其环境哲学思想贯穿于整个马克思主义理论体系之中。马克思、恩格斯的环境哲学思想被后世哲学家和研究学者不断地挖掘和总结，并逐渐形成了一套独具特色的马克思主义环境哲学理论。

（一）马克思、恩格斯的环境哲学思想

马克思、恩格斯的环境哲学思想归结起来，主要涉及以下几个方面的内容：

1. 关于人与自然的关系

人与自然界的关系带有两重性，一方面人依赖于自然界，适应于自然界先定的条件，否则人就无法生存，更谈不上发展；另一方面，人在依赖于自然界的基础上，逐渐发展出与自然界的相对独立，否则也谈不上人所特有的存在，更谈不上人对自然的超越和上升到新境的发展阶段。然而，这种独立性不应当理解为，似乎从某个时候起自然界就不再是人所需要的东西了。因为不论这种独立性如何发展，人总是要依赖于自然界，其根源就在于人是生物，是活的有机体。人首先必须保证自己的生物学存在，解决衣食住等问题，才谈得上从事社会活动，作为社会学的存在而生存。在人类历史发展中，曾有过自然力统治人类的漫长的野蛮时期和蒙昧时期，随着文明时期的到来，人类开始确立对自然界的"统治"地位，这一过程在今后还会继续强化。但是，人与社会对自然界的"统治"绝不意味着他们具有脱离自然界的独立性，恰恰相反，人类统治自然的任何一种强化都意味着人与自然之间联系的进一步加强。人与自然是相互依存，相互联系的。马克思认为，自然是人的载体，而人本身是人的有机身体，人是自然界的一部分，因此，一切把人与自然对立起来的观点都是错误的，只有把人放到自然中去，作为自然的一部分来理解和思考问题，才能够把眼光放得更远，才能够正视人与环境的关系以及环境可能会给我们带来的影响。

人与自然环境的关系是马克思主义环境哲学的重要组成部分。马克思、恩格斯在阐明人类发展与自然关系的辩证关系时，既承认自然环境对人类及

人类社会发展的影响，又指出在自然环境面前人的主动性和积极性作用。在马克思主义看来，人是自然界的产物，是自然界发展到一定阶段的产物。恩格斯说："人本身是自然界的产物，是在他们的环境中并和这个环境一起发展起来的。"马克思认为，"自然界，就它自身不是人的身体而言，是人的无机身体。人靠自然界生活。就是说自然界是人为了不至于死亡而必须与之处于持续不断的交互作用过程的人的身体。所谓人的肉体生活和精神生活同自然界相联系，不外是说自然界同自身相联系，因为人是自然界的一部分。"因此，人是自然界的一部分，人离不开自然界。作为人的外部环境的自然环境，首先主要地表现为人类活动的自然环境和自然条件，然后自然是生产活动的要素和科学活动的对象。恩格斯指出，人与自然的关系正是通过劳动即人类特有的实践活动形成的，通过劳动人类从动物之中提升出来，并使自然界的面貌和人类社会的面貌都发生根本的改变。人作为能动的、社会的人，能够认识自然界的本质，掌握和运用自然规律来为人类自身服务。他反对自然主义的历史观，认为"自然主义的历史观是片面的，它认为只是自然界作用于人，只是自然条件到处决定人的历史发展，它忘记了人也反作用于自然界，改变自然界，为自己创造新的生存条件。"这里恩格斯强调人在自然环境面前的主动性，说明了人对自然环境的积极能动作用。马克思把科学看作是人类的一种活动，看作是"生产的一些特殊方式"，是"科学劳动"。它也会"受生产的普遍规律的支配"。也就是说人类进行的科学活动首先要认识自然并掌握其内在的规律性，然后运用事物的规律来为人类的需要服务。因此，科学活动也是人对自然界发挥的积极的主观能动性的一种具体表现。

近代以来，随着科学技术的突飞猛进和生产力的高速发展，人和自然的关系进入一个新的历史时期。蒸汽机的发明、新大陆的发现和基因工程的应用等都成为了人类征服自然的重大成果。人类不断地积聚和施展着自己的主体能力，强化自己的主体功能，不断地取得征服自然的胜利。但是，马克思主义环境哲学承认自然的先在性、客观性和制约性为前提，正如恩格斯所指出："我们不要过分陶醉于我们对自然界的胜利。对于每一次这样的胜利，自然界都要报复我们。每一次胜利在第一步都确定取得了预期的结果，但是在第二步第三步却有了完全不同的、出乎意料的影响，常常把第一个结果又取消了"。这就表明，人不仅是能动的存在，而且也是受动的存在。人能动地利用和支配自然界为人类服务时，并不意味着人可以脱离自然界的制约而肆意妄为，要求自然界一味地服从人类。因此人类的能动性要以尊重客观的自然规律为前提，只有把尊重自然规律和发挥人的主观能动性结合起来，才能实现人与自然关系的真正和解。

2. 资本主义社会制度是产生环境问题的根本原因

马克思、恩格斯指出，人类进入文明时代以后，随着铁制工具的广泛应用、生产力水平的不断提高、人口的快速增长，出现了大规模毁林造田的活动，从而导致了大范围的土地荒漠化。对此，马克思曾总结道："耕作如果自发地进行，而不是有意识地加以控制，接踵而来的就是土地的荒芜，像波斯、美索不达米亚等地以及希腊那样。"到了资本主义社会，人类开始了在更大程度上对自然的征服活动。马克思、恩格斯一方面看到了资产阶级在创造新生产力方面的空前成就，他们在《共产党宣言》中指出："资产阶级在它的不到一百年的阶级统治中所创造的生产力，比过去一切时代创造的全部生产力还要多，还要大。"另一方面，他们也清醒地看到资本主义在其发展中对自然的严重破坏。"生产力在其发展的过程中达到这样的阶段，在这个阶段上产生出来的生产力和交往手段在现存关系下只能造成灾难，这种生产力已经不是生产的力量，而是破坏的力量。"这种破坏的力量造成了森林的毁灭、矿产的枯竭，适合于人类和其他物种繁衍生长的自然环境遭到严重的破坏和污染。因此，在私有制社会，正是人和人关系的异化导致了人与自然关系的异化，蕴含了人与自然的矛盾。只是在农业时代，由于人们征服自然的能力的孱弱，人们对自然的利用，并未超出自然生态系统的自我修复能力的限度。因此，这个矛盾并未明显地暴露出来。但随着社会的发展，进入以工业革命为先导的资本主义阶段，随着科学技术的飞速发展和社会生产力的大大提高，人们对自然的征服及其后果，则完全突破了农业时代那种平衡的限度。商品经济的发展把人们之间的一切社会关系实际地物化为商品交换关系。马克思在分析异化劳动时曾指出："人同自己的劳动产品、自己的生命活动、自己的类本质相异化这一事实所造成的直接结果就是人同人相异化。当人同自身相对立的时候，他同他人相对立。"在市场经济体制下，个人对物质利益的追求成为驱动社会生活的普遍原则，它使人与人之间在经济利益上产生激烈的竞争和对抗，而竞争和对抗的惟一目的就是最大限度地获取物质财富，从而摆脱他人的统治或者是获得更大的统治他人的社会权力。正如恩格斯所说："在各个资本家都是为了直接的利润而从事生产和交换的地方，他们首先考虑的只能是最近的直接的结果。一个厂主或商人在卖出他所制造的或买进的商品时，只要获得普通的利润，他就满意了，而不再关心商品和买主以后将是怎样的。人们看待这些行为的自然影响也是这样。西班牙的种植场主曾在古巴焚烧山坡上的森林，以为木炭作为肥料足够最能盈利的咖啡树施用一个世纪之久，至于后来热带的倾盆大雨竟冲毁毫无掩护的沃土而只留下赤裸裸的岩石，这同他们又有什么相干呢？"

马克思、恩格斯认为，资本主义是产生环境问题的根本原因，因此，只有消灭资本主义的生产关系，实现共产主义，才是解决环境问题的根本途径。在资本主义生产方式下，资本家为了实现自己的经济利益，一味地剥削工人，一味地从大自然中索取生产活动所需的原材料，因而忽略了自然发展的规律以及社会的长期发展。尤其是近代工业化以来，西方资本主义工业的发展更是毫不留情地吞噬着环境，从大自然中攫取了大量的自然资源。以最大限度地获取剩余价值是资本家的根本利益，以最大限度地追求最直接的经济效益是近代资本主义工业发展模式的根本目的，而大肆消耗自然资源是其重要手段，这种以破坏自然环境为代价的经济发展模式所造成的后果是不堪设想的。共产主义从根本上改变了资本主义所存在的剥削制度，从根本上改变了资本主义制度中生产力与生产关系之间的矛盾，正确地处理了人与人、人与自然以及人与社会之间的关系，为环境问题的解决提供了根本性的帮助。

马克思、恩格斯环境哲学思想及其关于人与自然关系的理论正是萌芽于工业文明的土壤。他们都亲眼目睹了工业污染对自然与环境的影响，同样也见证了大自然对人类的报复，也正是由于他们的亲身经历，才对人与自然的关系作出了深刻的结论。马克思、恩格斯不仅在理论上呼吁人类珍爱自然，而且在现实中身体力行，表达了对自然环境的关心与关切。例如，在 1876 年 8 月 19 日致恩格斯的信中，马克思阐述了他对卡尔斯巴德地域气候的关心："我们在卡尔斯巴德(这里最近六个星期没有下雨)从各方面听到的和亲身感受的是：热死人！此外还缺水，帖普尔河好像是被谁吸干了。由于两岸树木伐尽，因而造成了一种奇特的情况：这条小河在多雨时期(如 1872 年)就泛滥，在干旱年头就干涸。"另外，马克思、恩格斯还考察了当时的环境污染，揭示了环境污染产生的根源。恩格斯在英国的曼彻斯顿市对工人群众的工作环境和生活环境进行了实地考察，真实记录了当时恶劣的生产和生活环境，在《英国工人阶级状况》一书中，恩格斯初步阐述了造成当时自然环境和城市环境污染的三大根源：一是认识根源，即科技水平和认识能力的局限造成了人们对于可能破坏生态平衡以及导致环境污染的远期行为后果缺乏认识；二是阶级根源，即资产阶级的贪欲和唯利是图；三是社会根源，即资本主义生产过程中对于生产行为的破坏性后果的漠视和浅见。

3. 关于科学技术与环境的关系

工业革命以来，科学技术得到了迅猛的发展，人们的思想极大地解放，人们广泛地把科学技术应用于工业化生产中，而科学技术与环境的关系也越来越密切。科学技术的广泛应用不仅造成了生态环境的破坏，反过来，科学技术的发展又为环境保护提供了技术支持。早在 19 世纪中期，即资本主义迅猛发展时期，马克思、恩格斯就已经意识到科学技术与生态恶化、环境破坏之间存在着某种因果性的关联。他们为此做过大量的实地调查，并对此做过深刻的剖析。马克思、恩格斯认为，近代自然科学技术的蓬勃发展，使得机械化、大规模、集约化的生产变成了现实，同时也为资产阶级榨取自然资源提供了技术支撑。伴随着农业的不断缩小，工业的不断壮大，人口不断地向大城市聚集，自然环境不断恶化，导致了自然资源和生态环境的日渐贫困。不过，马克思、恩格斯一方面看到了科学技术对生态自然环境的破坏作用，另一方面又看到了科学技术对生态环境改善的促进作用。他们主张积极发展并且利用科学技术，促进生产和生活废弃物的再利用，提高环境质量状况。马克思、恩格斯认为科学技术可以降低工业对自然资源的消耗，从而降低生产成本；其次，科学技术的发展，使得机器得以改良，使得那些在原有的形式下本不能得到利用的物质重新获得循环再利用，同时直接为环境状况的改善提供了科学技术支撑。

4. 关于环境意识和实践中介

环境意识属于社会意识的范畴，是上层建筑的重要组成部分，它是对客观存在的人与环境关系的客观反映，它作为社会意识的范畴，对社会存在有能动的反作用，对人类的环境行为具有极大的影响。同时，环境意识是人们对于自身与自然环境的关系的主观反映，是人们关于人类与自然关系的认识、理论、情感等各种观念的总和，具有一定的相对独立性。环境意识主要包含两个方面的内容，即环境认识意识和环境参与意识。环境认识意识是指人们对于人类与自然的关系，以及环境问题的认识程度和认识水平；环境参与意识是指人们对于参与环境保护的自觉性与积极性。马克思、恩格斯提出，人们应当树立起尊重自然规律、保持生态平衡、维护人与自然和谐相处的环境意识。而树立这一环境意识的必然性在于：人是自然的存在物，而自然也是属人的自然；人创造环境，同样环境也创造人。自然界有其自身的存在属性和运动规律，这些属性和规律通过对象性活动（即人作用于自然的生产活动、劳动）直接或者间接地影响人的生产效率和生活质量，甚至直接关系到人类作为一个自然物种的可持续生存。自然与人的双向对象化、自然与社会的相互渗透、人的对象性本质决定了人类必须树立人与自然和谐相处的环境意识的必然性。

实践是联系人与环境的中介，人之所以能够作用于自然环境、改变环境，而环境也能够反过来作用于人类，影响人类的生产和生活，正是通过人的实践活动来实现的。在《关于费尔巴哈的提纲》中，马克思已经提到"环境的改变与人的活动是一致的，只能被看作并合理理解为变革的实践"，因而，实践是联系人与环境的中介，通过实践活动，人类从自然界获得物质和能量，而与此同时，人类也给环境打下了深刻的人类活动的烙印。在人类生产活动的过程中，人类不断地向自然环境中排放大量的生活垃圾和生产废弃物，而当人类作用于环境的实践活动超出了自然环境自身的消化能力和承受能力的时候，大自然就会反过来作用于人类，对人类进行打击、报复，洪涝、干旱、泥石流等天灾便时有发生。当人类深刻反省自己的所作所为的时候，就会发现所谓的天灾，其实只不过是人祸。

（二）解决环境问题的根本途径

马克思、恩格斯根据当时自身的亲身经历以及考察的结果，从当时环境问题的实际状况出发，针对其产生的根源，进行了深刻的分析和总结，进而提出了解决环境问题的根本途径。

1. 正确审视和评价人与自然的关系

马克思、恩格斯在长期的探索和实践中发现，只有正确地认识和把握自然的基本发展规律，我们才能够准确地认识和预测人类的活动和行为所产生的结果。恩格斯认为，美索不达米亚、希腊、小亚细亚的悲剧之所以会发生，就是因为人类没有正确认识到自然的发展规律，没有有效地预料到我们违背自然发展规律、干涉自然发展的结果。在人类的各项实践活动中，自然环境的改变是不可避免的，但如果我们只顾着眼前的利益，而忽略了环境对人类活动的反作用，人类只能是自食恶果。人类如果能够正确认识自然的发展规律，就不至于会遭受灭顶之灾，因为从本质上讲，保护自然环境就是保护我们人类自己。另外，马克思、恩格斯认为仅仅正确认识自然的发展规律还是不够的，我们必须在认识自然发展规律的基础上，适当地调节人与自然之间的关系，他们认为人离不开自然。在《德意志意识形态》中，马克思、恩格斯把人能够依靠自然界生活看成是一切人类生存的第一个前提和一切历史的第一个前提。

马克思、恩格斯认为人与自然之间是不可分割的关系，人是自然界长期发展的产物，人作为一种自然存在物是大自然的组成部分之一。所以，人是存在于自然"之中"，而不是存在于自然"之上"或"之外"。那种"极端人类中心主义"的错误就在于颠倒了人与自然的位置关系，使二者对立起来，把人类视为凌驾于自然之上的主人去统治自然、主宰自然，从而导致人类对地球自然资源的贪婪索取和无情掠夺，这样的结果既破坏了自然，也破坏了人类自身的生存环境。恩格斯曾经告诫过人类，在与大自然打交道的时候，我们每一步都要记住：我们统治自然界，绝对不像征服者统治异族人那样，决不像站在自然之外的人似的。恰恰相反，我们连同我们的肉、血和头脑都是属于自然的。因此，必须在发展生产力，满足人们文明、健康、合理的物质消费的同时，教育人们牢固树立生态保护意识和科学的消费观念，不断提高人的思想觉悟、道德修养、心理素质和审美情趣，大力开发人的感知能力、思维能力、学习能力和创新能力，塑造健全的人格，促进人的全面发展。只有这样才有利于节约资源、减少污染、维持生态平衡、缓解人与自然的矛盾。

2. 依靠科技进步，减少环境污染

如何才能解决日益严重的生态破坏和环境污染？马克思、恩格斯认为消极无为于事无补，还是要通过人类积极的实践活动来解决环境问题。马克思、恩格斯充分肯定科学技术的作用，把它称作是"在历史上起推动作用的、革命的力量"，是历史前进的"有力的杠杆"。确实如此，自工业革命以来，在科学进步的推动下，技术有了突飞猛进的发展，人类利用科学技术发明干预自然的力量空前强大，并"把物质生产变成在科学的帮助下对自然力的统治"。然而，科学技术是一把双刃剑，在给人类带来改造自然的积极成果的同时，往往又会造成对自然生态环境的破坏。如何才能消除科学技术的负面效应？根本的出路不在于像一些西方人文主义者主张的那样放弃科学技术的使用，回到原始的自然状态中去。根本的出路还在于进一步发展科学技术，因为只有科学地认识自然，才能减少对自然改造的盲目性；只有进一步发展科学技术，才能用新技术来防止和消除旧技术的负面效应，避免对环境的破坏。所以马克思、恩格斯指出："要探索整个自然界，以便发现物的新的有用属性……采用新的方式（人工的）加工自然物，以便赋予它们以新的使用价值……要从一切方面去探索地球，以便发现新的有用物和原有物体的新的使用属性……因此，要把自然科学发展到它的顶点。""化学的每一个进步不仅增加有用物质的数量和已知物质的用途，从而随着资本的增长扩大投资领域。同时，它还教人们把生产过程和消费过程中的废料投回到再生产过程的循环中去，从而无需预先支出资本，就能创造新的资本材料。"这种使资源利用达到最大化和使废物排放达到最小化的做法，其实就是要通过科学技术的生态化来促进产业的生态化。可见，无论是生态环境的保护，还是生态环境的生产和再生产都需要依靠科学技术进步的力量，充分利用科学技术是减少工业废物，改善环境质量的有效途径。

3. 变革社会制度，从根本上探索人与自然和谐共生之路

在马克思、恩格斯看来，目前人类所面对的工业文明所带来的生态危机、环境破坏等全球性问题，是对人与自然本质的和谐统一关系的破坏，是人与自然关系的异化。社会意识来源于社会实践，确立正确的自然观仅仅是解决生态危机问题的一个方面，我们决不能忽视一种价值观念产生并发挥作用的社会机制。自然不是孤立于社会历史视野之外的异在，那么自然观的产生也必然有其社会历史根源。在人类的童年，人和其他动物一样只能跪倒在自然面前，听命于自然的摆布，人们用神话的方式来表达对自然的看法，形成了人类早期的"自然宗教"。当人们考察世界不同国家的自然神话时，都会感到它们所表达的看法有异曲同工之妙，这是由当时人类社会状况决定的。正如马克思指出的那样："在阶级社会，人与自然对立的深刻原因要从社会关系、社会制度原因中去寻找。这种自然宗教或对自然界的特定关系，是受社会形态制约的，反过来也是一样。这里和其他地方一样，自然界和人的同一性也表现在：人们对自然界的狭隘关系制约着他们之间的狭隘关系，而他们之间的狭隘的关系又制约着他们对自然界的狭隘关系，这正是因为自然界几乎还没有被历史的进程所改变；但是，另一方面，意识到必须和周围的人们来往，也就是开始意识到人一般生活在社会中。"这里马克思告诉我们，人们在不同的社会历史阶段上所形成的社会关系决定了人们自然观的差异，人们之间狭隘的社会关系也决定了他们对自然的狭隘关系。所以按照马克思的理解，人与自然的统一只有在社会中才能得以实现，因此，只有在社会历史领域才能找到破坏这种关系的真正根源，也只有从社会历史领域才能找到解决生态问题的途径。

因此，马克思、恩格斯指出，要防止生态破坏和减少资源浪费，对人的活动的自然影响和社会影响做到合理调节，"单是依靠认识是不够的，这还需要对我们现有的生产方式，以及和这种生产方式连在一起的我们今天的整个社会制度实行完全的变革。"马克思主义认为，物质资料是一切社会活动赖以存在的基础，因而在社会历史领域，对物质资料的控制权是一切社会权力中最根本的权力。正是物质资料的控制权掌握在谁的手里——是全体社会成员，还是个人，才有了人类历史上的生产资料的公有制和私有制之分。在私有制社会中，由于个人占有生产资料，因而最根本的社会权力掌握在个人手中，

从而使这种社会权力也就转化为个人权力，而私有制正是这种转换的社会机制。所以在私有制社会中，个人对物质财富的占有具有强烈的利己主义，它不仅仅是为了满足个人的物质享受和消费需求，更重要的是，通过占有越多的物质财富而获取更大的社会权力。在这种情况下，人们对自然资源的开发和利用与其说是为了征服自然，不如说是为了征服他人。

二、 马克思主义环境哲学在世界环境哲学中的地位和作用

（一）对人类中心主义和非人类中心主义自然观的批判与修正

正如英国伟大的科学家牛顿所说：如果说我所看的比笛卡尔更远一点，那是因为站在巨人肩上的缘故。马克思、恩格斯的环境哲学思想也是在前人的思想理论和自身实践的基础上逐步形成和发展起来的，有着深刻的理论基础和实践基础。马克思、恩格斯环境哲学思想正是在其自然观的基础上形成和发展起来的，即马克思异化史观下的异化自然观和恩格斯的辩证自然观。要深刻地认识和理解马克思、恩格斯的自然观必须首先了解他们对人类中心主义自然观和非人类中心主义自然观的批判与修正。

非人类中心主义的自然观是一种有机论的自然观，又称荒野自然观。非人类中心主义的哲学起点是原始的、质朴的、受人类干扰最小或未经开发的地域和生态系统。马克思、恩格斯批判它只看到了自然的异在性，即先在性、系统性、自组织性等，而忽视了属人的自然的对象性、实践性与社会性。马克思、恩格斯固然承认自然的先在性、系统性、自组织性等特征，承认自然的这些特征的科学性和客观性，但马克思、恩格斯对自然的异在性的承认是为了人类对自然的改造而服务的，是为了更好地指导人与自然的对象性活动。在马克思、恩格斯看来，自然绝不只是自在的、原生态的荒野，而是人的自然、对象化的自然。

与非人类中心主义相反，在对自然的理解上，人类中心主义坚持的是机械论自然观，它最大的特征就是形而上学性。人类中心主义在近代自然科学发展的基础上，把自然看成是孤立的、僵死的单元，看成是数学、物理、化学的精确表达。人类中心主义大力鼓吹人类至上，在方法论上主张人类以科学的皮鞭拷问自然，建立人对万物统治的帝国。马克思、恩格斯的自然观是对人类中心主义机械论自然观的辩证扬弃，在他们看来，自然界是系统的、自组织的、复杂的。自然界的自组织性告诉我们：自然界的一切归根到底都是辩证地发生的。自然的系统性和复杂性、自然界的永恒运动与无限发展，决定了机械论自然观的片面性和形而上学性，决定了机械论自然观与唯物辩证法相结合的必要性和紧迫性。

马克思、恩格斯在批判人类中心主义自然观和非人类中心主义自然观的过程中，逐渐形成了他们对于人与自然关系的独特认识，分别形成了马克思异化自然观和恩格斯辩证自然观。马克思的异化自然观认为，人作为有意识

的自由的生命体，必须和自然界实现和谐统一。人的身体是其生命存在的有机身体，而人所生存和凭借的自然乃是无机身体，它是人类生存中有机身体必须不断与之交换能量的全部来源。而事实上，人与自然(有机身体与无机身体)的统一或多或少伴随着两者的对立，而矛盾甚至对抗的根源在于私有财产及其产生的异化劳动。马克思初步揭示了其产生的根源：一方面，资本家为了自身的发展，而对自然环境进行了无度的挥霍，这就使得自然产品和自然资源遭受了极大的破坏和浪费；另一方面，当自然环境陷入极度贫困的境地时，人类也就失去了赖以生存的物质基础，资本所造成的两种现象是密切相关的。由于资本对自然的无节制的贪欲和索取，完全扭曲了人与自然之间的物质交换过程，劳动者和自然界的关系因之异化了，而人的无机身体(自然)无论是对劳动者而言，还是对资本所有者而言，都遭受了残酷的践踏。

恩格斯的辩证自然观集中地论述了人与自然的分化过程、人与动物的本质区别、人与自然的矛盾及其协调途径等三个方面的问题。恩格斯首先具体地考察了人类的起源亦即人与自然的分化过程，指出劳动就是人类借以从自然界分化独立出来的根本力量；其次，恩格斯深刻地分析和说明了人与动物的本质区别，认为人同其他动物的最终的本质的差别在于人对自然界的有目的的改造活动，即劳动；最后，恩格斯精辟地论述了人与自然之间的矛盾及其协调途径。他指出，人类对自然界的利用和改造都必须建立在正确地认识和运用自然规律的基础之上；而要解决人与自然之间的矛盾、协调人与自然的关系，人类既要克服那种对于自己支配和统治自然的行为后果的短视，也要从根本上变革那种妨碍人们正确运用自然规律的社会机制，即资本主义生产方式。

马克思主义自然观指出人与自然有着双重的关系，只有把尊重自然规律和发挥人的主观能动性结合起来，才能实现人与自然关系的真正和解。这是人类中心主义和非人类中心主义与马克思主义自然观的本质区别：人类中心主义关照了人的价值，却忽视了自然界万物的存在价值和意义；非人类中心主义关照了动物、植物、整个自然生态的价值，却没有能够找到实现人的价值的很好的途径，只是强调人类的退缩，或者强调人类与万物的均等价值。

(二)对人类中心主义和非人类中心主义环境哲学的整合与超越

马克思、恩格斯的环境哲学思想正是在其自然观的基础上形成和发展起来的。马克思从当时的社会条件和环境状况看到，资本主义生产使它汇集在各大中心的城市人口越来越占优势，这样一来，它一方面聚集着社会的历史动力，另一方面又破坏着人和土地之间的物质变换，也就是使人以衣食消费掉的土地的组成部分不能回到土地，从而破坏土地持久肥力的永恒的自然条件。这样，它同时就破坏了城市工人的身体健康和农村工人的精神生活。马克思深刻地揭露了人口与土地在资本主义生产关系下的恶性循环及其后果，并指出其自然破坏的实质是人和自然之间的物质变换的扰乱。恩格斯在《英国工人阶级状况》中揭示了城市的恶劣环境卫生、工人劳动的恶劣环境及产业公害所造成的河流、大气污染等问题。后来，他在《国民经济学批判大纲》中以美索布达米亚、希腊、小亚细亚等地方毁林垦地之后变成不毛之地为例，向"征服自然"的行为提出警告，并因而提出了"人类同自然的和解以及人类本身的和解"的著名论断。实质上，这已是后来的西方生态伦理思想所讨论的"人与自然和谐"的命题了。

　　环境哲学的中心问题是人与自然的关系问题。马克思主义环境哲学和当代西方环境哲学的本质区别就体现在对这一中心问题的回应和解决上。人与自然和谐共处并做到可持续发展，这种生态理性是马克思主义环境哲学的终极诉求。虽然现在的生态环境与马克思、恩格斯所处的时代不同，但他们对环境问题的理解、方法和观点，在今天仍然非常现实而有效。不仅如此，马克思主义环境哲学思想提出的人类实践活动的状况具有人类历史尺度和价值尺度的双重意义的观点，较之西方环境哲学思想具有更深邃、更科学的内涵。实践蕴藏着自然与人、自然与社会关系的全部奥秘，是统摄环境哲学全部内容的理论"座架"。马克思、恩格斯以实践为基础，分析了近代环境问题产生的认识根源、阶级根源、社会根源；以实践为准则，提出了解决生态危机的人道主义原则、科技进步原则和社会关系原则的有机统一的观点。马克思主义环境哲学彰显人的感性对象性活动即实践，并以之为中介和桥梁处理人与自然及其相关问题，人与自然的统一过程正是基于实践之上的能动、客观的辩证的历史展开过程。基于实践之上的辩证历史之统一，也就构成了马克思主义环境哲学的实践性、辩证性和历史性的三重维度。这些分析和观点克服了人类中心论和非人类中心论的片面性，使得马克思、恩格斯的环境哲学思想站立在一种坚不可摧的基石上，远远超越了西方环境哲学思想的一般主张，也为我们科学地理解和处理自然与人、自然与社会的关系问题，整合和超越人类中心主义与非人类中心主义，提供了全新的立场和视野。源于实践的辩证性和历史性的马克思主义环境哲学，不仅对实践具有解释的功能，更重要的是以富有历史洞察力的目光审视并回应时代的问题，立足于现实的生态实践语境，整合和超越人类中心主义和非人类中心主义，在对实践的反驳、引导中实现超越。

　　弗罗洛夫在《人的前景》一书中指出："无论现在的生态环境与马克思当时所处的情况多么不同，马克思对这个问题的理解、他的方法、他的解决社会和自然相互作用问题的观点，在今天仍然是非常现实而有效的。"重新审视和研究马克思、恩格斯的环境哲学思想，对于丰富马克思主义哲学的内涵，推进环境哲学研究都是极有意义的。马克思、恩格斯所生活的具体历史条件，决定了他们不可能对生态环境问题进行系统专门的研究，但是，马克思、恩格斯的环境哲学思想超越时代局限，具有深远的前瞻性，他们从哲学的高度深刻地透视了当代环境哲学的理论基点，为当代环境哲学的进一步发展提供了必要的理论基础和正确的价值导向，为我们解决当前的环境问题提供了理论支持，对深刻认识当代社会生态危机、探寻解决人类生存困境和生态环境问题的途径、建设生态文明社会都具有重要的理论价值和实践意义。

参考文献

弗洛洛夫，王思斌. 人的前景[M]. 潘信之，译. 北京：中国社会科学出版社，1989.

马克思，恩格斯. 马克思恩格斯全集（第 3 卷）[M]. 北京：人民出版社，1960.

马克思，恩格斯. 马克思恩格斯全集（第 42 卷）[M]. 北京：人民出版社，1979.

马克思，恩格斯. 马克思恩格斯选集（第 4 卷）[M]. 北京：人民出版社，1995.

马克思，恩格斯. 马克思恩格斯全集（第 32 卷）[M]. 北京：人民出版社，1974.

马克思，恩格斯. 德意志意识形态（第 1 卷）[M]. 北京：人民出版社，1988.

马克思，恩格斯. 马克思恩格斯全集（第 42 卷）[M]. 北京：人民出版社，1972.

马克思，恩格斯. 马克思恩格斯选集（第 4 卷）[M]. 北京：人民出版社，1995.

马克思，恩格斯. 马克思恩格斯全集（第 34 卷）[M]. 北京：人民出版社，1972.

马克思，恩格斯. 马克思恩格斯选集（第 1 卷）[M]. 北京：人民出版社，1995.

马克思，恩格斯. 马克思恩格斯全集（第 4 卷上）[M]. 北京：人民出版社，1979.

马克思. 资本论（第 1 卷）[M]. 北京：人民出版社，2004.

马克思，恩格斯. 马克思恩格斯文集（第 1 卷）[M]. 北京：人民出版社，2009.

马克思，恩格斯. 马克思恩格斯全集（第 20 卷）[M]. 北京：人民出版社，1971.

习　题

一、选择题

1. 共产主义从根本上改变了资本主义所存在的剥削制度，从根本上改变了资本主义制度中生产力与生产关系之间的矛盾，正确地处理了（　　）之间的关系，为环境问题的解决提供了根本性的帮助。

　　A. 人与环境　　　　B. 人与人　　　　C. 人与自然　　　　D. 人与社会

2. 马克思、恩格斯认为，近代自然科学技术的蓬勃发展，使得（　　）的生产变成了现实，同时也为资产阶级搾取自然资源提供了技术支撑。

　　A. 机械化　　　　B. 大规模　　　　C. 集约化　　　　D. 去中心化

3. 环境意识是人们对自身与自然环境的关系的主观反映，是人们关于人类与自然关系的（　　）等各种观念的总和，具有一定的相对独立性。

　　A. 认识　　　　B. 理论　　　　C. 情感　　　　D. 规范

二、判断题

马克思、恩格斯在阐明人类发展与自然关系的辩证关系时，既承认自然环境对人类及人类社会发展的影响，又指出在自然环境面前人的主动性和积极性作用。（　　）

三、简答题

谈一谈人与自然界的关系何以带有两重性？

第九章 世界环境哲学的发展趋势与对策

一、 世界环境哲学发展的趋势

（一）环境哲学的基本问题

1. 环境哲学的产生和含义

从现实角度看，环境哲学的产生根源于人们对日益严重的生态问题的反思。由于现代工业文明的发展直接导致了我们的生存环境的严重破坏和环境质量的急剧衰退，大批的生物种灭绝，还有许多的生物种处在濒危的状态。人类已处在由自己造成的生态危机之中。在 1962 年出版的《寂静的春天》中，卡逊通过对污染物的迁移、变化的描写，阐述了天空、海洋、植物、动物等自然范畴和人类之间的密切联系，指出正是人类的自大和傲慢，造成和加重了当代地球污染。作者唤起了人们对自然环境、对人类之外的各种生物种，应持有何种态度，以及人类自身和社会发展对自然影响的深刻反思。

人以外的一切都是环境，分为自然环境和社会环境。自然环境是指环绕于人类周围的自然界。社会环境是指人类在自然环境的基础上，为不断提高物质和精神生活水平，通过长期有计划、有目的的发展，逐步创造和建立起来的人工环境，如城市、农村、工矿区等。中国环境出版社 1991 年版的《环境科学大辞典》中将环境定义为"相对于中心事物而言的背景。在环境科学中，指以人类为主体的外部世界，主要是地球表面与人类发生相互作用的自然要素及其总体。"

环境哲学研究人与环境之间的关系，但把人与环境之间的关系放在人与自然的关系的大背景中进行研究，即把环境放在整个大自然中进行研究。随着环境变化，自然而然会产生一些与哲学有关系的问题，也就是环境哲学的研究对象。自然环境与对象始终是人类现实生存的基本条件，是对人类命运永恒的根本规定。人与人之间的道德义务中常涉及环境中的自然事物，因此有必要对自然事物加以道德的关注。从根本上看，环境哲学与哲学有相同之处。在哲学史上，有关人类生存发展的观念，理应从人与环境的关系出发，在持续发展的理念基础上，经过辩证否定、改造、吸收和发扬光大，形成了环境哲学的基本内容。环境哲学，即环境伦理学，是研究面对自然的伦理观和判断人类行为的道德性，进而规范人类行为的一门学问。

2. 环境哲学的中心问题

人与自然以及自然事物之间有什么样的价值关系问题，是环境哲学的中心问题。人类中心主义和非人类中心主义的区别在于，是否承认自然事物有内在价值。人类中心主义者认为，只有人才有内在价值，非人自然物只有工具价值，没有内在价值。人是这个世界上唯一的理性存在者，除了人没有什么东西能对自然事物进行评价。人类中心论的产生与工业革命有密切关系，西方工业革命促进了科学技术和机器大工业迅速发展，使人类改造自然的能力得到了极大的增强，从而改变了人对自然的隶属关系，使人在对自然的关系上成为主体。而非人类中心主义者则认为，自然事物有其内在价值，即它们有不依赖于人类的价值，非人类中心主义强调人是自然界的一部分，强调人与其他自然物的价值平等。非人类中心主义把人放在环境中，而人类中心主义则认为人类站在环境的对立面。

在奥尔多·利奥波德提出的大地伦理学之前，人类关于伦理的哲学思考仅仅局限于自身。人作为大地生物共同体中的一员，其道德伦理涵盖范畴也应包括大地，延伸到生物、自然。即"在自然之中生存"（being in nature）人类究竟应与自然建立一种什么样的关系？人在自然界中的地位是什么？人类应以怎样的态度面对自然？人类社会的发展与自然的发展有什么关系……这些都是环境哲学探索的问题。

3. 环境哲学的方法

环境哲学的方法——整体主义。整体主义的基本观点是：世界上的万事万物都处于普遍联系之中，事物以系统的方式存在着，也以系统的方式相互联系着。不同系统之间有不同的联系形式，有些是直接地相互作用、相互联系、相互依赖，有些是间接地相互联系。任何一个系统都具有整体性。

马克思环境伦理思想必然要求人与自然相统一，马克思认为"人是自然界的一部分""没有自然界，没有感性的外部世界，人就什么也不能创造"。马克思的环境思想在伦理层面包含着人与自然共同体的理念。马克思的环境伦理观蕴含着人与自然和谐发展的取向。在钦佩、安树青等生态工程学家编著的《生态工程学》中，强调生态系统是"统一的不可分割的有机整体"。地球是一个整体，自然是一个整体，生态系统是一个整体。人类只能生活在自然环境中，既不能凌驾于生态系统之上，也不能超然于生态系统之外。

环境哲学应向生态学等高度综合性的学科寻求支持。现代生态学揭示了生态系统的复杂性和各部分之间的内在联系，复杂性研究也揭示了事物构成和演变的复杂性。人类实践应更多地接受生态学等高度综合性的学科的指导。

4. 环境哲学的现实意义

史怀哲曾经呼吁世人：当代文明的衰败，主要因为缺乏伦理学的基础。他强调：今后应有一种"以伦理为中心的世界观"，然后世界文明方能藉此"整合性的哲学"得到拯救。此一观点与中国哲学的自然观"尊重生命"与悲悯万物相通。特别是在21世纪人类面临环境问题的冲击下，站在"地球人"立场，对于当代环境危机，人们若以伦理观点来看待宏观世界与万物，并依据史怀哲与中国哲学的自然观，从教育着手，应可避免人类未来受到大自然的惩罚。环境哲学不仅是正在兴起的一种广义的生态文化的重要组成部分，而且本身就是一种致力于和有助于当代社会政治进行绿色变革的生态文化力量。环境哲学可以通过对人与自然关系的探索研究，做出人类行为对自然影响的价值判断，为现代人类社会确立一种价值与伦理规范。使得人类注重自身行为对自然的或大或小、或好或坏的影响，使得人类将自己看作是自然的一份子，使得人类拥有发自内心的归属感，研究环境哲学，可以进一步加深对马克思主义哲学的研究。"挖掘马克思主义哲学中的环境思想来建构现代环境哲学是实现马克思主义在现代再生的一条途径。"在新时代生态文明建设的背景下，宽领域、多角度、长周期、高站位地研究环境哲学，对我们今天的环境保护和环境教育工作仍具有十分深刻的意义。

（二）环境哲学的发展趋势

任何真正的哲学都是人类文明的活的灵魂，都是时代精神的精华。环境哲学能否走在哲学的前沿，取决于其思想风范是否有新格局，理论视野是否有新景观，观点内容是否有新思路，方法结构是否有新展现。展望未来的环境哲学，它将不仅表现为哲学的一个重要分支，而且是在复苏自然世界的道德地位的进程中所建立的一个新的理论架构。当下世界隐患丛生，气候变化、环境灾难与生态危机，既是对环境哲学所提出的巨大挑战，又是推动环境哲学向前发展的历史性契机。它促进我们进一步认识环境哲学的现实与理想，即环境哲学不仅应关心整个生态系统以及生态系统内各事物之间的关系，而且在一个更为广泛的生命共同体中承担对原生自然与人化自然的健全思考。但是西方环境哲学存在实践的缺失。在对什么是人、什么是自然的理解上，西方环境哲学明显带有青年黑格尔派的影子，即抽象性与空洞性。西方环境哲学的"人"是抽象的人而不是现实的人，环境哲学的"自然"是抽象的自然，而不是"人类学的自然"。

二、 世界环境哲学发展的对策

（一）环境哲学的实践指向

哲学源于生活，环境哲学作为哲学的重要分支学科，更是来源于现实生活。它在实践中起源，也在实践中成型；同时，环境哲学本身也需要在实践中继续发展完善。环境哲学的认识来自人们环境生活与劳动的实践，而具体时空状况下环境生活与劳动的实践又进一步深化了环境哲学的研究对象与理论体系。实践是联系人与环境的中介。人之所以能够作用于自然环境、改变环境，而环境也能够反过来作用于人类，影响人类的生产和生活，正是通过人的实践活动来实现的。在《关于费尔巴哈的提纲》中，马克思已经提到环境的改变与人的活动是一致的，只能被看作并合理理解为革命的实践，因而，实践是联系人与环境的中介。通过实践活动，人类从自然界获得物质和能量，而与此同时，人类也给环境打下了深刻的人类活动的烙印。

"社会生活在本质上是实践的。凡是把理论引向神秘主义的神秘东西，都能在人的实践中以及对这个实践的理解中得到合理的解决。"人与自然的关系是通过人的对象性活动，即劳动或实践而发生的，撇开实践去理解人、自然以及人与自然的关系，是不可能构建科学的人学观和自然观的。实践，内在地包含着人与自然全部关系的奥秘，人的变化、自然的变化以及人与自然的关系的变化，归根到底都是随着实践及其方式的变化而变化的。

（二）环境哲学的进一步发展

1. 环境哲学的发展完善需要在实践中进行

随着人类社会追求物质经济的单向度增长，生态失衡的环境问题不断涌现，使我们单纯拘泥于环境哲学理论已不足，希望在探讨人与自然关系的同时也能用环境哲学的理论来指导人类社会的发展实践、解决生态环境问题，建设更和谐的生态社会。

环境哲学指导实践不能是盲目的，尤其是在我们这样一个生态危机凸显的时代，更需要它有个明确的实践方向和目标，以避免生产与生活实践偏离生态和谐社会发展的总体目标。在这一过程中，正确的环境哲学价值观与科学的环境哲学理论指导解决环境问题的实践趋势、方向、目标，以及经验、成果等都属于环境哲学实践指向的重要内容。因此，环境哲学的实践指向成为了理解环境哲学现实性的第一步，也是厘清环境哲学未来发展的核心问题。

环境哲学，作为意识形态的表现形式之一，同样缘起于实践和实践的需要。准确地说，缘起于实践所产生的问题——人与自然关系恶化的现实，缘起于实践可续性的需要——缓解人与自然的关系的紧张。因此，它同样应该从"历史的第一个活动"即实践出发，呼吁人们反省它而不是幻想消灭它。只有把人与自然的和谐与统一描绘成能动的生产和生活过程，环境哲学才能走出"爱"的怀抱，告别设想的、幻想出来的"人"，并依靠现实的人来实现自身或"消灭自己"。

2. 促进环境哲学进一步发展的其他观点

岛歧隆认为挖掘马克思主义哲学中的环境思想来建构现代环境哲学是实现马克思主义在现代再生的一条途径。平子友长教授站在马克思主义的立场，认为引发当今环境破坏的直接原因是资本主义的世界经济体系。一方面是富裕地区的"大量生产、大量消费、大量废弃"而引发的环境破坏；另一方面是发达国家资本的经济活动在发展中国家引起的破坏；第三是由于处于资本主义体系，最底层的人们因生存需要不得已而引起的破坏。由此他提出，当代环境哲学的课题是要对资本主义"大量生产、大量消费、大量废弃"的社会运行模式加以批判，对维护资本主义意识形态的各种制度加以批判，还应对资本主义、利己主义、实用主义的价值理念进行批判，消除贫困，建立人与人之间的平等关系等现实的目标。

当代环境哲学的生态学转向，是复兴环境哲学的重大契机与趋向。它所立足的理论预设在于人工环境是地球生态的重要组成部分，而一切环境哲学的分析都可回归于对自然界之生态系统的分析。当我们把环境哲学与生态哲学等同在一起的时候，实则侧重于从狭义上去指称一种自然生态的哲学思辨。而在广义上，环境哲学包含了对自然生态与社会生态的哲学审视。我们对环境哲学的认识是随着自然科学和哲学的发展而不断深化的。环境哲学的使命是为生态文化提供哲学基础。生态文化作为人类新的生存方式，它包括人类文化的制度层次、物质层次和精神层次的重大变革。这是 21 世纪人类建设新文化的选择，是人类发展的绿色道路。在绿色道路上，遵循人与自然和谐的原则建设新文化，实现人与人关系的和解，人与自然关系的和解，构建和谐社会，必然是环境哲学研究、发展和应用的方向。谈及环境哲学的研究任务，它为什么应该更多地被视为实践性的应用方式，那是为了使其走出理想化的象牙塔，为了突破很少社会成员读到环境哲学理念书籍这道障碍墙。使其进入到能改善生态环境现状、改造世界的活动方式，以及实现我们与自然关系平等对话的领域，这就是环境实用主义观点产生的原因。

参考文献

胡珊，龙炳清. 纳授法[J]. 科技资讯，2012(29)：135.

[美]利奥波德. 大地伦理[M]. 舒新，译. 北京：北京理工大学出版社，2015.

[德]史怀哲. 生命的思索：史怀哲自传[M]. 赵燕飞，译. 武汉：长江文艺出版社，2013.

郑慧子. 环境哲学的实质：当代哲学的"人类学转向"[J]. 自然辩证法研究，2006(10)：9-13.

钦佩. 生态工程学[M]. 南京：南京大学出版社，2002.

习　题

一、选择题

1. 人类中心主义和非人类中心主义的区别在于，是否承认自然事物有（　　）。

　　A. 内在价值　　　B. 外在价值　　　C. 价值　　　D. 使用价值

2. 实践内在地包含着人与自然全部关系的奥秘，（　　）归根到底都是随着实践及其方式的变化而变化的。

　　A. 人的变化　　　　　　　　　B. 自然的变化

　　C. 人与自然的关系的变化　　　D. 人与社会的关系的变化

3. 在绿色发展道路上，遵循人与自然和谐的原则建设新文化，实现（　　），构建和谐社会，必然是环境哲学研究、发展和应用的方向。

　　A. 人与自身关系的和解

　　B. 人与家庭关系的和解

　　C. 人与他人关系的和解

　　D. 人与自然关系的和解

二、判断题

自然环境与对象始终是人类现实生存的基本条件，是人类命运的唯一规定。（　　）

三、简答题

谈谈环境哲学的发展趋势？

第二篇 分报告

第一章　世界环境哲学的渊源、特征和类型

　　从世界范围看，工业革命以来，尤其是 20 世纪上半叶，一些西方发达国家纷纷出现生态危机，震惊世界的环境污染事件接连发生。20 世纪中期后，发达国家加紧环境管理及工业限制，资本逐渐转向全球，拉开"生态殖民"的序幕，环境问题演变为全球性的生态灾难。到 20 世纪 80 年代左右，世界环境问题已经囊括气候变暖等各方面。一些关注环境的组织及学者纷纷发声，罗马俱乐部《增长的极限》、卡逊《寂静的春天》等都是对生态环境危机的担忧和警示。20 世纪 80 年代后期，在《我们共同的未来》文件中，正式提出可持续发展战略。20 世纪 90 年代初期，联合国通过了《21 世纪议程》，生态环境保护作为全球职责被提上议程。新世纪以来，能源危机、人口激增、全球变暖等已经成为全球共同面临的生态问题，人类要想获得持久发展，就必须携手应对生态危机，自觉承担起保护生态的国际责任。

　　就国内看，我国工业化起步晚，加上自然地理因素的影响及历史上对环境的破坏，风沙、水患等生态问题成为制约发展的一大障碍，以毛泽东同志为第一代领导核心的中国共产党人面临较大的生态治理难题。所以，植树造林、控制人口、兴建水利、勤俭节约等生态思想凸显时代价值。改革开放后，我国生产力加速发展，但新中国成立以来在社会主义建设探索中采取的不合理发展方式致使我国生态问题加重，加上能源资源缺乏，亟待科学合理的生态思想，以应对突出的生态问题。以邓小平同志为核心的中国共产党人提出一系列顺应时代潮流、适应国内发展的生态思想，包括兼顾经济发展同生态保护、注重科技在生态预防及治理中的作用、植树造林等，在很大程度上缓解了我国生态环境面临的危机。十三届四中全会后，我国各方面发展速度加快，但长期以来不合理的发展方式一直没有转变，经济的快速发展带来生态环境的日益恶化。面对人口、资源、环境的深刻矛盾，以江泽民同志为核心的中国共产党人提出可持续发展的生态思想，这是对时代潮流的适应，更是应对国内生态矛盾的切实举措。进入新世纪，我国社会各方面得到了长足发展，但依旧面临资源环境问题的挑战，粗放型经济发展方式、长效环保机制缺位、不合理消费模式及外来不科学发展思潮的影响等，形成了对生态新一轮的威胁，人与自然的关系趋于紧张。以胡锦涛同志为总书记的中国共产党人审时度势，顺应时代潮流，提出以建设"两型"社会、坚持科学发展观为核心的生态思想。十八大以来，面对不容乐观的生态环境问题，以习近平同志为核心的中国共产党人在继承既往党的生态思想的前提下，提出"良好环境是最普惠民生福祉"的生态民生观、贯彻实施最严格环境保护法规的生态法治观、"绿水青山就是金山银山"的生态发展观、严守生态保护红线的生态底线观等思想，为应对环境危机、发展生态文明、实现美丽中国作了理论制度上

的准备。

一、 环境危机与环境哲学研究的兴起

20 世纪 60~70 年代，工业文明对自然的盲目征服和傲慢控制逐渐结出了人们意想不到的恶果。弥漫在工业化国家的环境污染、资源短缺和生态失衡问题动摇了工业文明的生存根基。面对这一严峻的形势，西方哲学界于 20 世纪 70 年代开始了对人与自然关系的哲学反思。

（一）现代西方环境哲学的发轫

第一篇从世界观和价值论的高度反思现代环境危机的根源、并对西方学术界产生广泛影响的论文，当数美国历史学家林恩·怀特 1967 年发表在《科学》杂志上的《我们的生态危机的历史根源》一文。在怀特看来，导致西方文明环境危机的深层根源，是犹太教和基督教的根深蒂固的人类中心主义观念。怀特认为，要使西方文明摆脱环境危机，就必须改造和重建基督教，使之超越人类中心主义，用"所有的创造物都是平等的"观念来代替"人对其他创造物的绝对统治"的观念。怀特的这篇论文在西方宗教和哲学界都产生了重要而深远的影响，并预示了西方主流环境哲学和环境伦理学的发展方向——超越人类中心主义。"1971 年，学院型环境哲学在佐治亚大学的一次小规模的会议上首次正式登台表演。"这次会议就是 1971 年在美国佐治亚大学举行的关于环境问题的第一次哲学会议。会议文集以《哲学与环境危机》为题于 1974 年出版。该文集关注的重点是环境危机的"哲学根源"。大多数作者都认为，环境危机的深层根源是错误的价值观和世界观，因而，消除环境危机的希望取决于价值观和世界观的变革。其中，有三篇论文（即美国著名生态学家奥达姆的《环境伦理与态度革命》、美国著名伦理学家范伯格的《动物与未出生的后代人的权利》和美国著名过程哲学家哈茨霍恩的《技术的环境后果》）尤其引人注目，它们分别预示了西方环境哲学的三个重要进路：客观主义的实在论进路、伦理扩展主义的规范伦理学进路、万有在神论的超验主义进路。

（二）环境伦理： 西方环境哲学研究的主战场

环境危机属于实践哲学所面对的现实问题，因而，当代西方环境哲学最初主要是从实践理性即伦理学的角度来展开对环境问题的思考和探索的。在关注和思考环境问题的大多数哲学学者看来，导致现代社会的环境危机的最直接的原因，是现代人（主要是现代西方人）把自然排除在了道德关怀的范围之外，致使人类对待自然的行为完全不受道德的约束，自然不受保护地暴露在人类的贪婪面前，任由人类掠夺和破坏。因此，环境哲学的主要任务，就是扩展伦理关怀的范围，使人类之外的自然存在物（动物、植物、生态系统和整个地球）成为能够获得伦理关怀的"道德顾客"（moral patient），从而使人类对待自然的行为能够受到伦理的约束。所以，在当代西方，对环境问题的伦理思考不仅是哲学反思的切入点，而且是环境哲学研究的"主要战场"。

20 世纪 70 年代，一些具有里程碑意义的、对环境问题进行系统思考的哲学论文不约而同地在大洋洲、美洲和欧洲的学术圈浮出水面，成为推动西方环境哲学（特别是环境伦理学）研究的引擎和发动机。1979 年，环境哲学和环境伦理学的专业学术季刊《环境伦理学》杂志在美国创刊，为环境哲学和环境伦理学的顺利成长提供了必要的理论园地。国际环境伦理学学会（International Society for Environ mental Ethics）于 1990 年在美国成立，成为组织和推动环境伦理学学术交流活动的重要平台。总之，到了 20 世纪 80 年代末，随着现代人类中心主义（modern anthro pocentrism）、动物解放/权利论（animal liberation/rights theory）、生物中心主义（biocentrism）和生态中心主义（ecocentrism）这四大理论学派的建立，西方环境伦理学的主要思想流派已基本浮出水面。围绕这四大流派而展开的学术争论，成为这一时期西方环境哲学研究的主题。

环境伦理学是大多数以"环境哲学"为题的文集和著作的重要内容。例如，较早出版的《环境哲学》一书包括三个主题：环境政策与人的福利、一种新的环境伦理、对自然环境的态度。由 Zimmerman 等人主编且再版多次的《环境哲学：从动物权利到激进生态学》一书由四个主题构成：环境伦理学、深层生态学、生态女性主义、生态政治学。其中，环境伦理学占了该书三分之一的篇幅。布莱克维尔哲学指南丛书中的《环境哲学指南》一书有近四分之一的篇幅用于探讨环境伦理问题，该书的主编戴尔·贾米森（Dale Jamieson）曾担任国际环境伦理学学会主席。

推动环境伦理学之兴起的三篇重要论文都同时发表于 1973 年。它们分别是：（1）罗特利的《是否需要一种新的环境伦理?》；（2）奈斯的《肤浅的生态运动与深层、长远的生态运动》（Arne Naess，"The Shallow and the Deep，Long-Rang Ecological Movement"，Inquiry16，Spring，1973）；（3）辛格的《动物解放》（Peter Singer，"Animal Liberation"，New York Review of Books 20，April 5，1973）。两年后，为了详尽阐述自己的观点，也为了对由该文引起的激烈争论作出回应，辛格把《动物解放》一文的思想扩展成了一本书——《动物解放》，揭开了现代动物解放运动的序幕。1975 年，罗尔斯顿在国际主流学术期刊《伦理学》杂志上发表《存在一种生态伦理吗?》（Holmes Rolston，"Is There an Ecological Ethic?"，Ethics 85，1975）一文，为作为一门新兴学科的环境伦理学的确立奠定了合法的学科基础。

（三）当代西方环境哲学研究的深化与发展

20 世纪 90 年代以来，全球生态环境进一步恶化的现实加强了西方学者从更为宽广的角度研究环境保护之哲学问题的紧迫感，而全球环境意识的普遍觉醒则为环境哲学的研究提供了更为有利的社会氛围。就学术研究而言，通过对环境伦理问题进行了 20 多年的深入研究后，许多学者也已经意识到，对环境哲学的研究不能仅仅限于伦理问题。因为，对一种新的伦理观的接受和证明，需要以一种新的世界观和方法论为前提；出于对巩固和完善新的环境伦理学体系的需要，环境伦理学也需要扩大自己的研究视野，从世界观、方法论、形而上学、知识论等角度为环境伦理学提供更为坚实的理论基础。此外，从伦理学角度对环境问题进行的哲学研究，并没有穷尽环境问题的所有哲学维度。在环境伦理问题之外，还有许多环境哲学问题需要我们从哲学的角度来加以思考。例如，如何理解自然？自然这一概念是如何被文化和社会所建构的？我们如何能够找到一种全新的概念构架，这种构架既能避免人与自然的二元论，又能显人与自然各自的特殊性？这些问题远远超出了伦理思考的范围。因此，从 20 世纪 90 年代中期起，西方环境哲学逐渐摆脱了对环境伦理学的过度沉迷，开始从更为宽广的视野来研究环境哲学问题。作为这种摆脱的一个戏剧性的标志，就是国际环境哲学学会（International Association for Environmental Philosophy）的成立（美国，1997 年）和《环境哲学》杂志（季刊）的创刊（美国俄勒冈大学，2004 年）。

国际环境哲学学会在其网站中明确指出，环境哲学从宽广的角度来研究环境哲学问题，不仅包括环境伦理学，还包括环境美学、环境本体论、环境神学、科学哲学、生态女性主义和技术哲学。《环境哲学》杂志在其创刊宗旨中也指出，该杂志的选题包括：环境哲学、人文科学与环境政策、环境伦理学及其实践、环境美学与环境文学、环境神学、建筑与生态、生态现象学、文化与社群、科技哲学、环境正义与政治生态学、分析哲学与大陆哲学、非西方的以及原住民的视野、比较环境哲学等。由环境哲学的这两个重要平台（国际环境哲学学会与《环境哲学》杂志）传达给我们的信息可以看出，当代西方的环境哲学研究有两个重要的特征。第一，西方环境哲学的研究范围非常宽广，几乎涵盖了传统哲学领域的所有议题。第二，西方环境哲学研究的宗旨，就是站在环境主义的立场，彻底反思西方传统哲学的一些基本假设（特别是关于人、自然、以及人与自然之关系的一些基本假设），重新梳理、阐释和探讨西方哲学理论的环境意涵，试图从世界观、本体论、认识论、价值论和方法论的角度，认真地反思和说明现代环境危机的哲学根源，并为现代人指出一条摆脱生态危机的哲学出路。在国际环境哲学学会的组织、协调和推动下，西方（特别是美国）的环境哲学研究得到了迅速发展。1997 年以来，国际环境哲学学会每年都召开一次学术年会。同时，国际环境哲学学会与国际环境伦理学学会自 2003 年以来，每年都联合举办一次以环境哲学与环境伦理学为主题的学术讨论会。此外，1998 年以来，国际环境哲学学会还与国际环境伦理学学会共同主持"美国哲学学会年度学术会议"中的"环境哲学/环境伦理分会场"的学术活动（此前，该分会场一直由国际环境伦理学学会独立主持）。这些会议为有关学者分享环境哲学研究的最新信息、交流环境哲学研究的成果、探讨环境哲学研究的发展趋势，提供了重要的学术平台。20 世纪 90 年代末（特别是新世纪）以来，一大批研究环境哲学的学术成果相继问世。2008年，两卷本的《环境伦理学与环境哲学百科全书》也在美国出版。可以说，当代西方的环境哲学研究正在进入一个蓬勃发展的时期。

二、　世界环境哲学的渊源

（一）西方传统哲学对人与自然关系的探索

最初的人类社会处于蒙昧状态，人类对外界自然的认识水平有限，相应的物质生产能力也十分欠缺，所以在理解人与自然之间的关系上处于一种主客颠倒的丧失主体性的状态，对自然盲目的崇敬，表现出一种无知的神话自然观。马克思认为当时人类对自然灾害的分辨与抵御能力有限，把正常自然现象看作为神灵的支配并且压制着人类的生存活动，随着人类生产和交往活动的不断扩大，才逐渐加深了对人与自然关系的认识和探索。

1. 古希腊先哲对人与自然关系的整体主义理解

古希腊作为西方文明的发源地，地处于亚非欧三大洲交界，有着得天独厚的自然资源和地理优势，优美的自然环境再加上浓重的文化氛围，造就了古希腊文明的形成。当时的古希腊在社会生产上，如农业、手工业、畜牧业、冶金、航海等都取得了很大的进步，社会生产的进步为古希腊人研究人与自然的伦理关系打造了坚实的基础。

在早期的古希腊，虽然有时把自然等同于神，但也不是完全意义上的与人同形同性的神，而把自然理解为事物的本原和原因"所谓自然，就是一种由于自身而不是由于偶性地存在于事物之中的运动和静止的最初本原和原因。"那么，分析出当时古希腊学者对什么是本原的追问，其实质就是提出了对自然的追问，这样古希腊学者开始了对自然本原具体规定的争论，例如，其中把水、火、气、数、原子等作为自然的本原，并围绕着本原是一或多、变或不变来展开。在古希腊的诸多流派中有许多不同观点，如在古希腊伊奥尼亚学派中先哲们认为"变化的一"是世界的本原，并认为这个一是不断变化的，从而生成出其他物质。之后，在古希腊毕达哥拉斯学派那里，先哲们却认为"本原是不变的多"，提出了数本原的学说。另外，在爱利亚学派那里，认为"是者，是者是不变的一，是世界的本原。"此外，元素论者那里把世界的本原归为"根、种子和原子，是变化的多"。这些都说明了古希腊学者对世界自然本原的争论，但不论他们争论的结果如何，或者无论哪一种观点和立场占据上风，他们都把世界的本原归向了一个统一的物质载体。物质性的本原作为万物的本原，万物都是由它构成，对自然进行了整体上的把握，表现了古希腊学者对人与自然关系的整体主义本体论理解。

泰勒斯（Thales，约前624—前546年），被称为西方第一个哲学家，同时也被誉为西方的第一位科学家，也是西方文明进步的伟大先驱，为人类文明的进步做出了一定的贡献。在泰勒斯的思想中把"一"规定为理解万物的本原，这个"一"也是事物的本质，他把"一"定义为"水"，提出了水是万物之源，万物是由水组成的思想。泰勒斯所提出的"水是万物的本源，万物同源于水"这一重要观点在很大程度上对"神创说"进行了冲击，也标志着人类对自然界的认识已经冲破原始神话和宗教的束缚，人类开始运用理性思维去探索大自然的本质和规律，这是人类在认识自然的道路上的一个里程碑。

泰勒斯的学生阿那克西曼德（Anaximander，约前 610—前 545 年），他继承和发展了泰勒斯有关"物质是由某种单一的基本物质构成"的观点，但阿那克西曼德对世界本原的认识与泰勒斯有所不同，他认为"不确定的无限者是万物最原始的、不可毁坏的物质本身"，不过他相信它永远处于运动之中。而在阿那克西曼德之后，他的学生阿那克西米尼（Anaximenes，约前 570—前 526 年），把气或者说无限者作为第一原则"空气是宇宙的始基……一切存在物都由空气的浓厚化或稀薄化而产生"，认为气派生了世间万物。此外，古希腊哲学家赫拉克利特（Heraclitus，约前 540—前 470 年）把世界的本原归结为火，他十分关注世界的变化，不仅超越了先前哲学家们对世界本原的传统解释，并提出了"世界的变化"是研究世界本原的重点。他认为世界万物永远处在不断变化的过程中，并不是亘古不变的，然而呈现出各种不同的变化，但却始终遵循着一致性的东西，即"火"是一种永远不断变化和不断燃烧的"活火"，同时可与其他一切之间进行相互转化，这种转化包含两种，一种是火的运动变化，另一种是火与其他万物之间的转化，而这些转化都遵循着一种规律"逻各斯"。这就说明了赫拉克利特认为世界万物从相互作用的对抗转向和谐，最后统一于"火"。上述赫拉克利特的这些思想对后来世界文化的发展起到了十分进步的作用。在赫拉克利特之后，毕达哥拉斯认为世界万物的始基是"数"，提出数本原的学说"一切事物的形状都具有几何结构，几何结构则与数字相对应：1 是点，2 是线，3 是面，4 是体"，认为世界万物的演进是从点生成线，线生成了面，而面又制造出了体，最后由体形成了可以感知的形体，如水、火、土、气等众多元素。德谟克利特（约前 460—前 370）是原子论的创始人之一，提出了"原子和虚空"是世界的本原，认为原子是存在于宇宙之中的一种最小的物质微粒，并且认为原子是不可再分的，也是数量无限的，更是永恒不变的，所有事物都由原子所构成。德谟克利特还提出了原子是永不间断运动和变化的，因为原子的不断结合产生了新的事物，而通过原子的离散则事物消亡，万物生灭变化都是由原子在虚空中的运动决定。这是一种必然性，否认偶然性的存在。

而伊壁鸠鲁（约前 341—前 270 年）在原子论上有别于德谟克利特，认为"原子的运动原因有二：一是由于原子自身的重量，原子在无限的虚空中垂直下落；二是由于原子相互碰撞，造成原子碰撞的原因是某些原子在下落运动时产生偏斜，碰撞沿另外垂直方向运动的原子，产生出横向和斜向的运动，做脱离直线的偏斜运动，通过原子之间的相互碰撞结合再产生新的事物。"德谟克利特在理解原子的运动问题上，认为原子只是按照固定不变的规则和方式做直线运动，并且不会做偏斜运动。伊壁鸠鲁对原子赋予了全新的理解和认识，提出原子的运动特性是具有形式的能动性和规定性，并对目的论加否定，主张用"自然来解释自然"的唯物主义的立场。伊壁鸠鲁的自然观及他对自然哲学的理解，无疑会影响马克思，成为马克思逐步形成自己生态伦理思想的养分。可以看出，在古希腊先哲那里把世界的本原看成有形可见的物质或无形的不可见的，不论这个阶段对人与自然关系的理解是否正确和科学，其终极目的是在这些本原当中寻找对自然从整体上的把握，这种整体观对人与自然关系的认识是一种直接的直观结果，较为笼统，不仅掩盖了人对自然的能动作用，也忽视了对自然界的区分，而这些思想在古希腊也得到了很大程度上的改变。例如，古希腊先哲对"人是万物的尺度，是存在者存在的尺度，也是不存在者不存在的尺度"的表述，还有哲学家苏格拉底也说过"认识你自己"等相关论述。这说明人在自然界中的主观能动性和中心地位的凸显，也是古希腊学者对人与自然关系理解的进步。以上这些思想无疑会对马克思的思想产生重要影响，为马克思研究世界的本原、阐发唯物主义自然观思想提供了潜在的理论来源，为日后系统论述人与自然之间的伦理关系打下坚实基础。可以肯定马克思主义生态伦理思想是唯物主义的，而这一切又与古希腊哲学有着紧密联系。

2. 文艺复兴时期学者们对人与自然的理解

在西方文明史上，神学宗教思想在欧洲中世纪占据了重要地位。当时基督教的统治严重影响了人类认识自然的能力，造成了人类发展的缓慢甚至阻碍。即使当时人类也在思考人与自然之间的关系，但这种思考也只是为了证明万能的上帝，这表明了在宗教氛围下至高无上的是上帝，更是无所不能的，表现为"上帝-天使-人-动物-植物-山川河流"。中世纪的宗教神学严重束缚了人类对自然科学的发展，还歪曲了人与自然的合理关系，在宗教的枷锁下人类对自然的探索也陷入万劫不复的深渊。当时西罗马教主奥古斯丁还提出了人们头发的生长与脱落与上帝的存在有直接关系，这充分体现出当时社会中人们对宗教神学的无限信仰和盲目崇拜程度。尽管 13 世纪的托马斯·阿奎那（Thomaa Aquinas）已经意识到了对人与自然关系的认识和改造，但最终也未能探索出如何解决人与自然的关系。显而易见，在中世纪时期人们对人与自然关系的理解的趋向是一种对上帝的无限崇拜和对自然的背离，而不是去探寻人与自然的本真关系。宗教的谎言、迷信和暴行始终无法遮挡科学的光明。尼古拉·哥白尼（1473—1543 年）在 1543 年发表了著名的《天体运行论》一书，极大地冲击了人们对神学宗教的崇拜，推进了自然科学的发展，提出了"日心说"，并沉重地打击了教会宇宙观，把上帝和"地心说"理论全部推翻，从而形成了崭新的"天体运行学说"，为人类历史的发展做出了重大贡献。此后，人类摆脱了中世纪黑暗漫长的宗教神学，终于来到了充满文明的文艺复兴时期，开始了近代人类对人与自然关系的新探索，把人类的注意力从上帝转向人自身、从天国转到尘世间，使人类重新认识自己。人们开始认识到人类应当成为自然的主人，用理性思维来洞悉自然的奥秘。在这一时期，马克思高度评价了英国文艺复兴时期重要的哲学家弗朗西斯·培根（Francis Bacon，1561—

1626 年），称之为"英国唯物主义和整个现代实验科学的真正始祖培根"。他提出的著名论断"人是自然的仆役和解释者"，意思是指人类所能认知的只是在自然过程中人类所能看到的，除此以外，人类并不具有过多的能力。这体现出当时培根对人与自然之间关系的认识。首先，培根强调人是自然的仆役和解释者，人的直接对象就是自然，必须深入自然才能深刻而又具体地研究自然，其第一要义就是要解释自然和顺应自然。其次，培根提出"知识就是力量""人是自然界的臣相和解释者""要征服自然就必须服从自然"，他认为人类获取知识的途径与人类实现自身力量的途径具有一致性，人类征服自然、控制自然的能力取决于人类对知识的拥有程度，知识是人类控制自然和利用自然的手段，也是人类掌握知识的目的。在培根的哲学体系中十分重视自然哲学，这与他对自然科学的高度重视密不可分。

在培根之后，最著名的要数法国著名的唯物主义哲学家笛卡尔（Descartes，1596—1650 年），马克思写道："法国唯物主义有两个派别：一派起源于笛卡尔……他成为真正的法国自然科学的财产。"笛卡尔对自然科学和自然哲学十分重视，对自然科学和唯物主义思潮都有重要贡献，然而笛卡尔高估了人类对自然的认识能力和水平，极端地强化了人在自然面前的主人翁意识，"把火、水、空气、天宇等一切物体认识得一清二楚……充分利用这些力量，成为支配自然界的主人翁。"他还提出了身心、主客的二元对立，在自然之外"人的主体性"独立存在着，认为人可以认识和改变外在自然，人也可通过借助实践哲学清楚地了解火、水、空气、星球和我们周围其他一切物质的性能和作用，这样我们就可以在所有适合之处利用它们，从而使我们成为自然的主人和占有者。笛卡尔作为近代哲学的创始者，他是工具理性、人类中心主义、人与自然相对立的代表。然而马克思并不赞同笛卡尔提出的工具理性，认为笛卡尔的观点带有人类中心主义倾向，所以马克思主张要在唯物主义之上取得自然科学的进步，坚决反对片面的把人归为自然的主宰者和占有者，反对一切理解人与自然关系的形而上学倾向。综上，马克思的生态伦理思想在这一时期受到了培根"科学的任务在于认识自然界及其规律"的思想的影响，也受到了笛卡尔"人是自然主人"观点的启发，虽然其中包含蒙昧思想，但也包含积极的一面，使马克思认识到人面对自然既是自然的成员，也可发挥人的能动作用，这些都对马克思形成科学的理论体系起到了十分重要的作用。

3. 德国古典哲学对人与自然关系的理解

在哲学史上，德国古典哲学有着十分重要的地位，在人类思想史上有着重要的影响，其中主要代表人物康德（1724—1804 年）、黑格尔（1770—1831 年）和费尔巴哈（1804—1872 年）等建立了当时德国的哲学体系，他们有关人与自然的思想对马克思产生了深远的影响。

（1）康德对人与自然关系的认识

在德国古典哲学史上，康德具有举足轻重的重要地位，不但引领了当时的资产阶级革命，而且也推翻了当时在德国乃至整个欧洲盛行的形而上学体系。他对人与自然之间关系的理解就是在这样的时代背景和理论背景下产生的。康德在形而上学、道德、自然、自由等问题上的研究推动了近代西方哲学的进步与转折，转而面向一个全新的理论视域。康德十分强调人的主体意识，"认为人为自然立法，并且宣称人不仅是手段也是目的。给我物质，我就用它造出一个宇宙来！这就是说，给我物质，我将给人们指出，宇宙是怎样由此形成的。"一直以来人们始终误解康德对人与自然关系的理解，普遍认为康德对人与自然关系的理解是偏向于人类中心主义。而事实上康德并非如此，他也曾提出过人不但能够认识自然也可改造自然，但人类始终是自然界的一个组成部分。人是自然的一个组成部分，与外界自然密不可分。康德十分热衷于对自然科学的研究，在《自然通史和天体理论》中阐述了对天体演化的理解，并提出了天体演化星云理论；随后，康德在其著作《自然单子论》一书中，非常详细地阐述了他对单子的理解，认为简单性和不可再分性是单子所独具的特性，提出空间虽然可以无限制地进行分割，但这并不和单子之间存在任何冲突。同样，康德也意识到了人与自然之间存在的依附关系，人是自然界演进过程的产物，并与外界之物紧密联系，所以人类并不比其他外在之物特殊，这是对人类的警醒。康德认为人是能动的主体，通过自身的活动认识自然和改造自然。康德当时主要思考的问题是如何解决自然与自由之间的关系，如何实现理性的尊严和人类价值，为此他提出了"自然界的最高立法必须在我们心中……根据自然界的普遍的合乎法则性，在存在于我们的感性和理智的经验的可能性的条件中去寻求自然界。"这样的论述表明了康德充分肯定了人类的理性，但康德也提出了人不可对自然为所欲为，要把自身主动的道德思考放在认识与改造自然的前面。国内学者申扶民评价康德是"为了实现人的自由而力图超越感性欲望的满足，从而最大限度地保护了自然，维持了生态平衡。"

（2）黑格尔对人与自然关系的理解

黑格尔是德国古典哲学的集大成者，"绝对精神"是他整个哲学体系的核心，黑格尔这一本末倒置的科学中蕴含着深刻的辩证思想，马克思批判地继承了黑格尔辩证法的精华。黑格尔在唯心主义基础之上建立了对人与自然关系的认识，他认为自然是绝对理念的异在形式。黑格尔对自然的理解有下述几点。一是认为自然是绝对理念借以表现的外在"材料"，并把自然的本原归结为绝对精神，这样自然界也就成为了精神自我异化的产物，并把自然歪曲地定义为精神的外壳和一种精神的派生物。马克思批判"黑格尔从异化出发，从实体出发，从绝对的和不变的抽象出发，从宗教和神学出发"，充分体现马克思揭露了黑格尔对人与自然关系的理解本质是唯心主义的。二是黑格尔的人与自然思想中内含了运动和发展的辩证观点，在其思想中认为自然虽然是一个活生生的整体，但自然本身并不能运动和变化。因此，黑格尔提出了自

然运动和变化的内在动力在于绝对理念的作用，并且认为自然是能够演化和
发展的，是理念所赋予的。马克思扬弃了黑格尔关于自然是辩证发展的过程，
因为黑格尔的辩证法只是思维的辩证法，他把自然的变化和发展归结为绝对
精神内部矛盾而产生的转化。三是黑格尔对自然的理解也包含了理论与实践
辩证统一的态度，认为理论态度是主体的一种感性认识，不用发挥主观的能
动性，也无需关注外在事物的存在，而实践态度则把自然当成手段，主体从
主观利欲出发，通过自身的行动来实现外在自然与自身同一。另外，从黑格
尔的思想中可以看出，理论的态度把对自然界最普遍的认识作为目标；而在
实践态度及人与自然的关系中自然是人为达到目的而利用的手段，人的目的
才是终极的——"对自然的实践态度一般是由利己的欲望决定的……是为我们
的利益而利用自然，砍伐它，消磨它，一句话，毁灭它。"这说明黑格尔深刻
地指出了人与自然的实践关系及人与自然的对立统一，并总结出人类历史中
人与自然的两种基本关系，即实践关系和理论关系。四是黑格尔对人与自然
之间对立统一关系的理解。他提出了对自然哲学的重构，重构出新的自然哲
学是不同于以往的旧哲学，这种新自然哲学的实质是一种精神的辩证法，完
全区别于旧哲学。精神在自然内发现它自己的本质，即自然中的概念，发现
它在自然中的复本，这是自然哲学的任务和目的。因此，研究自然就是精神
在自然内的解放。另外，黑格尔还认为在精神的更高阶段，人与自然之间关
系会从矛盾的对立到统一和解，黑格尔用本末倒置的方式把现实中的问题带
到了精神的范畴内，并总是设想在精神领域把真正存在的现实问题进行解答，
这显然是错误的。

　　马克思吸收黑格尔对自然理解的辩证实质，批判了黑格尔对人与自然关
系理解的唯心主义本质。黑格尔的哲学是一种纯粹思辨的哲学，这种观点严
重脱离了现实，暴露了明显的缺点和局限。值得肯定的是黑格尔对人与自然
关系的思想中也蕴含了辩证法的思维，这也为人类文明进步的发展做出了贡
献。可惜的是，黑格尔的这一切都是在理念中构建的，只能够存活在以"绝对
精神"为核心的理念大厦之中。

（3）费尔巴哈对人与自然关系的论证

　　费尔巴哈在黑格尔之后终结了整个德国古典哲学。费尔巴哈透彻地分析
了宗教和思辨唯心主义虽然不否认自然界的存在，但却肯定了自然界对某种
精神存在的依赖，宗教认为这种精神就是"上帝"，思辨唯心主义认为是"绝对
精神"。那么，如何还原自然的本真面貌、使自然摆脱精神的枷锁，这些问题
就成为了费尔巴哈哲学研究的理论重点。在费尔巴哈看来，自然是一种感性
的直观形式，他所建立的"新哲学"的起点是以自然界和自然为基础的现实的
人为基础，并展开了批判和揭露黑格尔客观唯心主义所表现的缺陷，在唯心
主义的整个大厦中把自然彻底解放出来，把自然带回到现实的感性世界之中，
并恢复了感性世界原有的权威性。值得肯定的是费尔巴哈对黑格尔的批判是

从对一切唯心主义体系的诘难开始的，即是从自然的概念开始的。费尔巴哈从自然和人展开了对唯物主义的论述，其学说或观点可以用两个词来概括，这就是自然界和人，他阐明了自然的客观独立性和可感知性，认为自然来自自然本身。这表明费尔巴哈认为从时间顺序上是先有自然的存在，人类是自然的产物，不是自然的异化物，但人类又是任何自然物所不能直接等同的，人是一种有理性的感性实体。什么是人跟动物的本质区别呢？对这个问题的最简单、最一般、最通俗的回答是：意识，这就说明费尔巴哈把人与动物的本质区别规定为人的意识或者人的理性，明确了人的类本质和人对自然的主体性地位。与此同时，费尔巴哈把人看成是生物学范畴内的一个实体，忽视了人类所具有的积极能动的作用，没有意识到在社会历史活动中形成的现实的人和自然。费尔巴哈也提出了人与自然之间的统一关系，人把自然当作对象并与自然发生了对象性的关系，人与自然都是对象性的存在，自然也就成了体现人的本质的证明。他还指出了人与自然之间存在着连接的桥梁，这样人与自然之间才能发生联系。感性直观是其中之一，人的感性直观能够把握外在的自然实体。其二费尔巴哈认为实践是连接人与自然的第二个桥梁，只有通过实践才能实现从理想到现实的过渡。另外，费尔巴哈阐述了对人与自然之间关系的深刻理解，他始终坚持从唯物主义出发建构人与自然的关系，强有力地批驳了当时占统治地位的唯心主义思想和宗教神学观念，在西方思想文化中占有重要的地位。

马克思认为由于费尔巴哈在解释人与自然关系时片面地注重理论活动而忽略了人的实践活动，所以，马克思指出费尔巴哈忽视了现实中人类实践活动对人与自然关系的重要作用，费尔巴哈仅把理论活动片面地规定为人的实践活动是他对人与自然关系理解的缺陷。总之，在德国古典哲学中，康德、黑格尔和费尔巴哈对人与自然关系的理解都远远超越了前人，提出了较为进步的思想，这无疑对马克思的生态伦理思想的形成有着重要作用。

（二）古代中国对人与自然关系的探索

早在几千年前，以孔子、孟子为代表的儒家哲学思想和以老子、庄子为代表的道家哲学思想成为中国传统文化中的主干，在几千年的不断继承中成为中华民族的宝贵知识财富，影响着每一种社会形态和思想观点，他们在朴素唯物史观和唯心史观思想体系中，提出了"天人合一""仁爱万物""道法自然""万物平等""和为贵""万物莫不有"等哲学观点，对于我们今天建立生态文明具有重要借鉴意义和实践意义。

1."天人合一""道法自然"

（1）"天人合一"

"天人合一"思想起源于《周易》，是中国古代哲学基本问题的深刻表述。从儒家庞大的思想体系来看，"天人合一"思想既是中国哲学的主干，同时又是中华民族的人生理想和最高境界，亦是中国哲学中的主导哲学思想。虽然道家也表述"天人合一"思想，但从起源和发展的影响力来看，儒家对"天人合一"思想的贡献最大，也最重要。

在孔子及其弟子所著述的《论语》一书中，孔子直接讲"天"的地方有19处之多。"天"在其每个出处中都有其本身的内涵，通过对其总结归纳，孔子及其弟子所指的"天"有四个方面的内涵。一是"意志之天"。如《论语·雍也》中：子见南子，子路不悦。夫子矢之曰："予所否者，天厌之！天厌之！"；《论语·八情》中说："获罪于天，无所祷也"；《论语·先进》中说："颜渊死。子曰：嗯！天丧予，天丧予。"二是"运命之天"。如《论语·颜渊》中说："子夏曰：'商闻之矣，死生有命，富贵在天'。"三是"自然之天"。如《论语·阳货》中，子曰："天何言哉，四时行焉，百物生焉。天何言哉。"四是"义理之天"。如《论语·公冶长》中，子贡曰："夫子之文章，可得而闻也；夫子之言行与天道，不可得而闻也。"孟子以"诚"这一概念阐述天与人的关系，他在《孟子·离娄篇》中说："诚身有道，不明乎善，不诚其身也。是故诚者，天之道也。"这句话的意思是说要使自己诚心诚意有方法，如果不明白什么是善的行为，也就不会使自己诚心诚意了。所以，诚是天道，追求诚是做人的基本规范。孟子认为"诚"是天的根本属性，"思诚"就是求诚以合乎诚的境界，即人之道，因而他以"诚"作为"天人合一"的理论基础。

汉代大儒董仲舒提出"罢黜百家，独尊儒术"，第一次明确提出天与人"合而为一"。他在《春秋繁露·深察名号》中说："事物各顺于名，名各顺于天。天人之际，合而为一。"宋代，张载正式提出"天人合一"的思想命题。他在《西铭》中说："乾称父，坤称母。予兹藐焉，乃混然中处。故天地之塞，吾其体；天地之帅，吾其性。民，吾同胞；物，吾与也。"他认为，任何万物是天地所生，充塞于天地之间的气，构成人与万物的形体，统帅气的变化的本性，也就是万物的本性。人民是我的同胞，万物是我的同伴。人只是天地中的一物，因而从"天"的本性来看，儒家告诉我们，人与自然是有机统一的整体。虽然古代哲学家对"天人合一"有不同的认知和阐释，形成了不同学派，但大家普遍有一个相同的地方，那就是人与自然和谐共生。

(2)"道法自然"

道家代表人物老子认为，人和万物是天地生成的，人是自然中的一个部分，人和万物要和谐相处。因此，他以"道"为根本，阐述了"道法自然"的哲学思想。他在其著述的《道德经》中认为，"道"是宇宙的本源，它先于天地而存在；"德"是道的成果，道所创造的万物。作为形而上学的"道"，他认为"道生一，一生二，二生三，三生万物"。"道"不仅产生"万物"，而且也是万物得以生存、存在的基础和保证。这就是为什么说老子所推崇的"道"既是生成论上的，又是本体论上的。

庄子也以"道"为原则，阐述了"天人一体"的思想。这种思想的根据来自《庄子·齐物论》："天地与我并生，而万物与我为一。"在庄子看来，顺从自然而运行就是"天乐"，贵在"无为"。顺乎自然仿效天地而行，遵循天道和天德而进取，使万物复归自然，这就是我们现代人们所津津乐道的"盛世太平"，这是古代先贤认为治世的最高境界和最高价值观。因而，"天人合一"和"道法自然"的思想，是人与自然和谐统一的古代中国生态文明的基本哲学思想。

2."仁爱万物""万物平等"

孔子以"仁"为其思想的核心，《论语》中有载"不仁者不可以久处约，不可以长处乐。仁者安仁，知者利仁。"意思是说，不求仁德的人不可能久处贫困，也不可能久处安乐。有仁德的人会自觉安处仁道，有智慧的人懂得行仁可以受益。虽然孔子的"仁"是关乎人际道德的理论，但是从爱人扩展到爱物，把"己所不欲，勿施于人"的原则推广到适用于人与自然的关系，则成为几千年来大家所遵循的一种普世伦理原则和价值观。

孟子继承和发展了孔子的德治思想，发展为"仁政"学说，成为其政治思想的核心。他把"亲亲""长长"的原则运用于政治，以缓和阶级矛盾，维护封建统治阶级的长远利益。据统计，《孟子》一书总共不过35000字，但光"仁"字就出现了150次之多，可见孟子对"仁"的重视程度。因此，儒家认为人对生命和自然的尊重和敬畏是非常重要的。同时，从生物和自然对人类生存和发展的影响出发，认为人类对自然的关心关爱也是非常必要的。人们应该从各自的处境和需求出发，以敦厚仁爱的本性，博爱万物，亲近万物，这充分体现了古代人们对于生态环境的保护重视，这种朴素的环境伦理思想对于今天我们所遵循的科学发展观、建设可持续发展的生态文明也是具有非常重要的借鉴意义。宋代以后，儒学的生命哲学又有了很大的发展，如朱熹认为天地之心是要使万物生长化育，它赋予万物生的本质，从而生生不息，这种"仁"是统一的生命，而且是"百行之本""众善之源"。

3."天地之性和为贵""万物莫不有"

（1）"天地之性和为贵"

"和"的概念最早产生于西周末年，由郑国的史官史伯提出"和实生物，同则不继"的深刻思想，他认为"和"是万物生成发展的根据，也是事物存在发展的内在动力。他主张世界应该是多样性的统一，这是关于"和"的思想和概念最经典的论述。"和"的价值理念贯穿于儒学道学的整个思想体系之中。孔子说："礼之用、和为贵""政是以和""君子和而不同，小人同而不和""君子中庸，小人反中庸"。孟子说："天时不如地利、地利不如人和""诚者天之道也，思诚者人之道也""君子引而不发，跃如也。中道而立，能者从之"《孟子·尽心》。

从"和"的思想体系来看，儒家认为"和"既是一种行为目标，又是一种行为方法，它追求事物与行为之"各得其所""求同存异""执两用中"。因此，儒家主张"人与天地参"，即"中庸"，这样就能实现天地人的和谐发展，自然、经济、社会的科学可持续发展，这也是我们人类在工业文明后所致力达到的目标。因而，宇宙的状态是"和"，万事万物的状态也是"和"，人类的目标和行为的正常状态也是"和"。

（2）"万物莫不有"

道家关注自然，关注人与自然，肯定自然的价值。老子以"道"为最高价值，他的"道生万物"的哲学思想，用"无"表述天地之始，用"有"表述万物之母，万物生于"有"，有生于"无"。

道家十分肯定"道"的价值，如老子在《道德经》中说："大道泛兮，其可左右。万物恃之以生而不辞，功成不名有"。意思是说，"道"虽然看不见、听不着、说不出，但是它创造了万物，养育了万物，只要人不贪婪，它就有无穷无尽的功用，人人都能过上宁静的生活。庄子认为，天下万物繁多、千变万化，都由"无"所生，是有价值的。他在《至乐》中说："天无为以之清，地无为以之宁。故两无为相合，万物皆化。芒乎芴乎，而无从出乎！芴乎芒乎，而无有象乎！万物职职，皆从无为殖。故曰：天地无为也，而无不为也，人也孰能得无为哉！"

道家关于人与自然关系的分析中，特别注意到人与自然的矛盾，主张"自然无为"的生活。他们认为，人的存在和发展不但要对社会、对他人有用，而且要对自然界的一切生命以及生命赖以生存的环境及其要素负责，承担相应的义务和责任，而且因为人有主观能动性，所以对他所承担的义务和责任要做得更好些，这样才体现人的价值的全面性。庄子主张"因任自然"，他在《骈拇》篇中说，"是故凫胫虽短，续之则忧；鹤胫虽长，断之则悲。故性长非所断，性短非所续，无所去忧也"。通过这个道理，反对"以人灭天"的不道德的做法，因而他强调自然的本性，遵循自然的客观法则。

"和为贵""万物莫不有"是生态文明的价值思想。以儒家、道家的中国传统文化包含着丰富的生态智慧和朴实的环境哲学思想，为我们建设生态文明提供了较为深厚的理论基础，也是我们建设生态文明的思想基础。同时，给我们提供了一个认识和解决当前全球生态困境的思路及方法。

三、世界环境哲学的特征

环境哲学自 20 世纪六七十年代诞生以来，长期受正统学院派哲学的冷落和嘲讽，筚路蓝缕，如今已基本获得学界的承认。在中国，自 2007 年党的十七大提出生态文明建设以来，环境哲学研究已获得一定数量的国家社科基金的支持。但与至少有 3 个世纪历史的现代性哲学比较，环境哲学是一种稚嫩的新哲学，其生长发育仍面对现代性哲学顽强而有力的抵制。环境哲学研究者必须在坚持"回到事情本身去"或理论联系实际原则的基础上，加倍努力，才可能克服阻力，直至趋于成熟、完备而成为生态文明建设新时代的时代精神。综上所述，我们不难发现环境哲学的以下特征。

第一，环境哲学并不是什么一般哲学的二级学科（也不存在什么能汇聚一切哲学真理的一般哲学），而是一种新哲学，其研究领域囊括所有重要的哲学论域（或所谓二级学科），如宇宙论（或自然观、本体论）、知识论（涵盖科学观和科学方法论）、价值论、政治哲学、伦理学、美学等。

第二，正因为环境哲学就是一种新哲学，它便与历史上的哲学一样，具有多元研究进路，而不是只存在一种统一的研究进路。迄今为止的环境哲学有"大地伦理"的生态整体主义、自然价值论、深生态学、生态现象学、生态马克思主义，等等。多种研究进路并存是常态，沿用不同进路的研究者真诚对话，既能推动环境哲学研究的深化，又能使环境哲学对达成生态文明建设的社会共识做出积极贡献。承认哲学研究多元进路的合理性，就必须放弃一切形式的独断论，但这并不意味着接受无原则的相对主义。没有任何人（包括科学家和哲学家）能凭一个逻辑一致的话语体系排斥一切与其不一致的学说，进而宣称他发现了唯一的真理体系，并让其他人都心悦诚服地服从他所发现的真理。换言之，人无力建构统一的真理大厦。但大自然是唯一的，所有人都在大自然之中。大自然是"铁面无私"的，它通过人类的实践历史，告诉人们哪种科学或哲学是对的，哪种是不对的。美德论对环境哲学研究将不仅具有方法论的意义，而且有生存论的意义。换言之，环境哲学家不仅要论证为了保护环境全体公民都必须培养各种保护环境的美德，而且哲学家自身要养成学术美德，如倾听不同声音且随时准备修正自己错误的谦逊美德，而不是秉持独断论态度，对不合于自己意见的观点妄加贬斥。能取代现代性哲学的新哲学不可能是一个逻辑一致的真理体系，而是一场持久的揭示新的精神价值并提供文明转型之理据的哲学运动。在这场持久的哲学运动中，多元对话是常态。在对话中，听取不同观点的谦逊是必要的学术美德。

第三，环境哲学是直面现实的，是要求"回到事情本身"的，是问题导向的，而不是纯粹的文本研究和语言游戏。仅从故纸堆或外文著作中寻章摘句不是环境哲学研究，仅阐释文本也不是环境哲学研究，环境哲学研究必须为探讨走出现代工业文明的危机而殚思竭虑。如今，生态文明建设足以把走出现代工业文明危机的各种努力整合在一起。环境哲学研究应该积极与生态文明研究紧密结合。

四、　世界环境哲学的类型

近代以来的工业革命在带给人类巨大辉煌的同时，以各种不同形式摧毁着生物生存的秩序，破坏着生态的平衡性和持续性，使人类面临前所未有的生态危机。为将人类从"生态迷失"境地解脱出来，一代代的中外博学之士在思辩论争中形成了诸多的文化选择和学术流派。

（一）以"天人合一"为核心的中国传统生态文化观

尽管当前中国学者对生态文化的认识可谓千差万别、莫衷一是，但几乎都不否认作为主导中国传统文化的"天人合一"观是孕育和催生生态文化的重要元素之一。在这里，有仁厚慈爱、爱民重民的郑国大夫子产，他说"夫礼，天之经也，地之义也，民之行也"；有凄惶奔走、求君行道的孟子，他指出"尽其心者，知其性也；知其性，则知天也"；有超然脱俗、仪态万方的庄子，他认为气是产生万事万物的本源，而人又是大自然不可分割的一部分，因而天和人之间是息息相通的；有曾经喊出"罢黜百家，独尊儒术"的儒学精英董仲舒，他提出"天人感应"论；有才学出众、勇于探索的北宋思想家、哲学家张载，他在中国文化史上第一次奏出了"天人合一"最动人的音弦……张载之后，"天人合一"思想虽然得到不同学派的弘扬和开掘，但都认同天与人之间具有高度的契合性。

与中国传统的"天人合一"观遥相呼应的，是生态观在中国人自然观与伦理道德观中的魅力展现。这里有影响中国数千年的阴阳五行学说，它用极其朴素的语言向人们展示一个融天、地、人于一体的，在时间中能够展开、在空间中能够延伸的动态宇宙图像道理。它要求我们整体地、动态地处理人与自然的关系，顺应自然，按照自然规律办事，否则不但得不到任何收获，反而可能适得其反。作为处理人与人关系的中国传统伦理观，同样得到"天人合一"观的眷顾，它保持人与人之间关系的稳定、和谐，实现社会稳定、家庭和睦，与被誉为传统美德的仁爱孝悌、谦和有礼、诚信知报一起成为世世代代中国人点赞的音符。它也促进了建立在中国封建社会小农自然经济基础上的家国统一观，通过具有政治意义的道德约束，维护社会生态有机系统的和谐稳定。

（二）以人类中心主义和非人类中心主义为核心的西方生态文化观

华夏本土生态文化思想受到西方文化冲击，许多重要观念来自西方，它的产生与发展与"西学东进"的浸染无疑有着直接的联系，这是不争的事实。西方生态文化与中国生态观有着截然不同的价值取向，西方人强调人与自然的对立，认为只有征服自然、改造自然，才能求得自身的生存和发展。在哲学界，人们一再重申"人是万物的尺度"原则，强调人是认识世界和改造世界的枢纽和轴心，为了满足个人欲望，不断地征服自然、改造自然，源源不断地从大自然中索取自己所需要的一切，完全漠视自然界生态系统的平衡性。在经济学界，人们执着于经济增长，谋求个人的最大利益，生态系统的稳定性和持续性不断被打断，出现了"生态断裂层"。这一价值偏差，导致最终等待人们的将不是经济的持续增长，而是蒙昧主义的猖獗、整个现代化事业生命力的枯竭。在人类中心主义基石上绽放的两次工业革命，给人类历史留下了一个耐人寻味的事实反差：一方面，它给人类演绎出经济上取得成功、灿烂辉煌的一幕；另一方面，鉴于"大自然对人类的报复"，给人类带来环境恶化、资源短缺、人口暴增、社会矛盾层出不穷等一系列的社会问题。于是，人们一直在求解一个谜：造成这种二律背反局面的症结在哪里？为了求得一个完美的答案，促使人从人类中心主义走向非人类中心主义，促使人们在人与自然关系上打破过去的人与自然对立观，构建新的生态观——人不是整个宇宙的主体，自然界的生物和人一样都是宇宙的主体，具有平等的生存权利，我们应该学会和大自然和谐相处，促进自然界动态平衡。从以上可以看出，这一时期既是西方生态观披荆斩棘、步履维艰而又凯歌行进的时期，也是西方人重新探索和思考环境的伦理学意义的时期。

（三）以"人类解放""和谐"为核心的马克思主义生态文化观

以社会发展和生态环境冲突为背景的马克思主义生态观，其面临的时代主题主要是处理社会发展和生态环境的关系。在这里，作为旗手的马克思和恩格斯一再呼吁：告别人与自然之间对立的彼岸，走向人与自然、人与社会和谐相处的此岸。这是因为，自然界是具有生命活力的有机体，它所包含的生命个体之间并不是机械的并列关系，而是有机结合在一起的。正是在此意义上，生态问题的实质是一个社会历史问题，只有实现共产主义，人类和谐的梦想才不是乌托邦。作为"生态学马克思主义"魁首的本·阿格尔、威廉·莱易斯等人，意图通过重构历史唯物主义理论，揭示资本主义社会生态危机产生的必然性和内在根源。他们认为，应当重视历史唯物主义理论中的"文化维度"与"自然维度"，这对于克服过去理解和阐释历史唯物主义的技术决定论、经济决定论倾向具有重要的启发借鉴意义。中国共产党立足中国时代基石，向人们推出了一个崭新的生态观。十七大将和谐思想写入党章，十八大首次将生态列入"五位一体"总体布局。这不仅为中国特色社会主义建设提供了触发点和切入点，而且无疑将马克思主义生态观无论在理论上还是实践上都推向一个崭新的历史阶段。从以上可以看出，生态文化的产生由种种不同的生态支流所促成，它们虽然代表着不同的时代背景，反映了不同的社会意愿，采取不同的表达方式，强化不同的思维定式，但都把关注的焦点凝聚到生态上。

在生产力高度社会化、人类生存环境日益恶化的现代世界，提倡生态、彰显和谐、致力长远是全球关注的理论课题。其实，这一课题早在中国古人那里就已经提上日程，如史伯、晏子、孔子、老子、孟子等从不同方面表达了对和谐的理解，提出"和实生物，同则不继""知常知和"……在此基础上，形成了以追求整体和谐为终极价值关怀的独特的文化创造方式和践履方式。到了近代，随着人类向大自然开掘速度和深度的加大，随着生态危机的波及面由局部走向全球，随着生态家园的一步步被吞噬，人类对生态的呼声开始由文化层面向制度层面进军。

参考文献

丁国华，李雄德，程志山.基于儒、道思想环境哲学观浅析生态文明的思想渊源[J].东方企业文化，2015(24)：74-75.

韩博.马克思生态伦理思想研究[D].沈阳：辽宁大学，2016.

林恩·怀特，刘清江.我们生态危机的历史根源[J].比较政治学研究，2016(01)：

115-127.

卢风，余怀龙. 近五年国内环境哲学研究现状和趋势[J]. 南京工业大学学报(社会科学版)，2018，17(01)：13-22.

任俊华. 中国古代的生态伦理思想[N]. 学习时报，2018-10-05，(007).

孙婧. 中国古代"天人合一"自然观的现代意义[J]. 科学大众(科学教育)，2012(07)：140.

杨通进. 环境伦理：全球话语，中国视野[M]. 重庆：重庆出版社，2007.

杨通进. 探寻重新理解自然的哲学框架——当代西方环境哲学研究概况[J]. 世界哲学，2010(04)：5-19.

支钰如. 生态文化的三重维度分析[J]. 中学政治教学参考，2017(27)：27-30.

习　题

一、选择题

1. 新世纪以来，全球共同面临的生态问题包括(　　)，人类要想获得持久发展，就必须携手应对生态危机，自觉承担起保护生态的国际责任。

A. 各国协商合作　　　B. 能源危机　　　C. 人口激增　　　D. 全球变暖

2.《环境哲学：从动物权利到激进生态学》一书由四个主题构成(　　)。

A. 环境伦理学　　　　　　　　B. 深层生态学

C. 生态女性主义　　　　　　　D. 生态政治学

3. 在哲学史上，德国古典哲学有着十分重要的地位，在人类思想史上有着重要的影响，其中主要代表人物(　　)等建立了当时德国的哲学体系，他们有关人与自然的思想对马克思产生了深远的影响。

A. 康德　　　　　B. 黑格尔　　　　C. 费尔巴哈　　　D. 尼采

二、判断题

20世纪60和70年代，工业文明对自然的盲目征服和傲慢控制逐渐结出了人们意想不到的恶果。弥漫在工业化国家的环境污染、资源短缺和生态失衡问题动摇了工业文明的生存根基。面对这一严峻的形势，西方哲学界于20世纪70年代开始了对人与自然关系的哲学反思。(　　)

三、简答题

浅析古代中国思想家对人与自然关系的探索历程。

第二章　世界环境哲学的中国及洲别分类报告

目前世界面临种种环境危机和生存危机，人类与自然之间的关系也进入紧张状态。环境问题是人类活动带来的后果，传统伦理学是无法解决人与自然之间的关系问题的，所以产生了新的世界环境哲学。世界环境哲学是对环境问题的重新反思，是从哲学视角观照环境问题，亦即"把环境问题纳入哲学研究的框架，建立起关于环境问题的世界观"。众所周知，哲学是理论化、系统化的世界观，是对自然知识、社会知识和思维知识的概括和总结，是世界观和方法论的统一。正是因为哲学对人们认识和改造世界具有指导作用，环境保护的"实践转向"才迫切需要"哲学转向"的理论支持，环境哲学在各洲应运而生。各洲对环境哲学的研究因实际背景不同，历史和内容也有所差异，但研究目的大致趋同。都是以建立人与自然之间的正确关系和解决人类生存困境为目标。世界环境哲学整体"以新人道主义为基础，以追求人类可持续发展为目标，主要通过对当代社会人性的重新理解和对人类实践活动的规范来解决人与自然之间的关系问题"。在全世界致力于此领域研究的学者共同建构和完善下，环境哲学以人与自然的内在统一性理念为依据，以构建人与自然的和谐为核心旨趣，以什么是人、什么是自然、人与自然关系、自然与社会的关系、人与自然关系和人与社会关系、如何处理这些关系、自然究竟有没有价值以及有什么样的价值等为主要研究对象，深刻反思导致普遍性的世界环境危机的价值观念和思维模式根源，并致力于"寻求人类生活的真正价值和人类社会的合理重构"。

总体说来，当前世界各洲环境哲学的研究现状基本上可以用"纷乱"和"对抗"予以概括。说它"纷乱"，是因为自20世纪中期以来，与"环境"或"生态"有关的哲学名词如雨后春笋，层出不穷。与此同时，学界对上述诸"学"的研究也呈现出了欣欣向荣的局面。仅以美洲的美国这一洲一国为例，就先后出现过以布克钦为代表的"社会生态学"、以奥康纳为代表的"社会主义生态学"、以福斯特为代表的"马克思的环境思想"和以麦茜特为代表的"激进的环境思想"等。由于客观实际和主观能动性的综合作用，与环境哲学相关的词汇和思想主张纷繁复杂。

说它"对抗"，是因为到目前为止，环境哲学面临的一个主要问题便是非人类中心主义与人类中心主义的尖锐对立。概括说来，在本体论上，前者主张"荒野"自然观；后者主张机械论自然观。在价值论上，前者主张自然的"内在价值论"，后者主张自然的"工具价值论"。在认识论上，前者主张整体主义的"生态学范式"，后者主张科学主义的"笛卡儿范式"。在方法论上，前者主张"敬畏自然"的自然无为，后者主张"控制自然"的恣意妄为。

基于上述"纷乱"与"对抗"，如何整合与超越非人类中心主义与人类中心主义，是当前环境哲学迫切需要解决的棘手问题；而建构具有中国特色的环境哲学，以结束当前环境哲学领域里的"喧嚷"与"嘈杂"，从而更好地回应新时代中国特色社会主义生态文明建设的伟大实践，则是中国环境哲学研究的当务之急。毕竟中国环境哲学是世界环境哲学的新兴样态。其在亚洲区域中的崛起，也在东方国家的界域中引领了亚洲环境哲学的新一轮发展。

一、　中国环境哲学发展概况

在人类历史上，先后形成过种种有关人与自然关系的观念，但往往会受到当时社会和科学水平的影响与制约，因而使得环境哲学的发展受到一定程度的局限。直到 20 世纪中期，由于全球环境的恶化，人类深深地陷入了环境污染和生态破坏的困境之中，才迫使人们对自己的行为和在自然界中的地位有所反思。特别是近些年来，世界各国对此领域的研究十分活跃，吸引愈多关注。我国环境哲学研究虽起步较晚，但不少有识之士的视野也正集中于这一世界研究的热点。

（一）中国古代环境保护思想

一定程度上，中国古代环境保护思想是中国环境哲学的源头。环境保护思想古即有之，目前可考据的最早的环保思想可以追溯到我国的西周时期。而后孔子崇尚的"仁"是兼济万物即惠及世间一切生灵，曾子主张伐木杀生要"适时"，顺应环境运行的规律；孟子进一步主张人应以自然为生存的基础，因地制宜；荀子则在《荀子·天论》中提到"万物各得其和以生"。不仅儒家先哲的著作中可以散见闪光的环保思想，道家、法家等学派也不遑多让。老庄崇尚"道法自然，返璞归真"的自然主义和谐；法家的商鞅积极倡导"耕战"、节用，充分考虑自然条件，对人的行为加以节制。

从传统文化与环境哲学的关联角度思考，构建中国气派的环境哲学，是时代赋予中国环境哲学研究者的历史使命。"环境哲学的中国化进程，是在符合中国情境的基础上，形成中国气派、中国风格的环境哲学。这一方面是回归中国文化传统，另一方面又是直面中国社会现实。"以下从中国传统文化的儒释道三家中去挖掘中国传统思想的环境哲学因素。

1. 儒家的生态智慧

儒家价值取向在某种程度上是人类中心主义的，但由于"天人合一"观念和"中庸"思维方式的影响，儒家的人类中心主义又表现出和西方现代性思维的人类中心主义的极大差异。这种差异表现在对待自然的态度上，就是不同于现代性思维的无限发展观，儒家认为应该对人类开发利用自然的活动作出必要的限制。不同于现代性思维的机械论自然观，儒家坚持自然和人的生命世界的亲缘关系，并据此要求人类对自然承担起伦理性义务。这种对待自然的态度，使儒家和后现代生态世界观之间具有了相互呼应之处，并为我们从生态世界观的视角诠释儒家思想提供了基本的可能。乔清举从儒家生态哲学的基本原则与理论维度出发，认为儒家哲学本质上是生态哲学，其基本原则是天人合一。儒家把道德的共同体推及整个自然界，从宗教、道德、政治三个方面展开对自然的生态性认识和保护。"生态地存在是人类根本的存在方式。"

儒家一方面赋予人类一定程度上的独立性，另一方面又不完全使其从"天"与"地"中隔离出来。天、地、人就犹如一个富有凝聚力的团队，它们"既是各自独立的，拥有属于自己的特殊身份，同时又是相互依存的"，因为它们在共同促进宇宙的和谐化进程中是不分离的。

学者赵培军指出，19世纪与20世纪之交，在中国诉求西化的过程中，早期现代新儒家另辟新途所形成的科学技术观，以重申儒家文化人文关怀发展理念为根基，希望帮助中国走出近现代的发展困境，并调和人文文化和科技文化矛盾以实现社会良性发展。他肯定了现代新儒家对于解决生存困境的指引和启示作用。

儒家特有的人文关怀孕育出仁爱自然及尊重伦理的生态智慧，与后现代生态世界观之间具有相互呼应之处，对中国环境哲学的发展和其与世界环境哲学的接轨起了一定的推动和促进作用。

2. 道家的生态智慧

道家的生态智慧在庄子的自然观中有着生动的体现。通过直觉和体悟的方式，庄子将"自然"观念内化为先验性哲学范畴，证明了自然整体主义认识方法论的合理性。由此出发，庄子重新考察、判定了自然的价值和人的主体性地位，阐明了自然内在价值原理，"将人在宇宙中的地位视为价值界定的参照系，颠覆了人类中心主义的元伦理学预设，实现了价值与存在的统一"。

面对人与自然之间的现实生态危机，道家以"天人合一"为基调，着力实现人类伦理文化模式的生态转型。从"天人合一"到生态伦理的返本开新，旨在革新人的生存之道，使人与自然的实践关系和解、和谐，深深体现了先知的远见卓识。

道家文化以独特的视角思考"天人"关系，其"天人合一""道法自然""天网恢恢，疏而不失""知常曰明""知止不殆"等生态思想对当今环境哲学教育具有重要的价值启示，是构成当代生态德育理论和实践的思想资源。

3. 佛教的生态智慧

佛教的生态智慧博大精深，从不杀生、众生平等的生命观到无情有性的自然观，从无我整体的生态观到追求净土的理想观。窥一斑而见全豹，处一隅而观全局。从现世佛教代表性僧人星云大师人间佛教生态观的价值立场、实践路径和思维方法等宏观视野进行梳理，学者张苏强指出星云大师在看待生态危机、自然万物和社会发展态度上，提出"同体共生、万法同体以及重心合境"等价值理念。在解决生态危机实践路径上，星云大师主张对人要广结善缘，对己要内外求净，对物要爱惜救护，人对待其他生灵要始终持有慈悲之心等。

正是这些思想和举措凸显了其在生态观上的独特思维方法："把内因和外因相结合来实现自力和他力相统一，把理论与实践相结合来实现灵修和力行相统一，把历时性与共时性相结合来实现此岸和彼岸相统一。"一花一世界，一叶一菩提。佛教将生态和谐与人性的修炼联系在一起，对环境的珍爱和保护贯彻在教义和行为中，滋养了中国古代人民纯朴美好的环境哲学观。

（二）中国当代环境哲学研究

随着环境危机的加剧，人们已越来越清醒地意识到，环境污染和生态失衡问题的解决，不能仅仅依赖经济、法律和科技手段，还必须诉诸哲学观念的变革，相关研究也日益成为学界热点。同时随着经济文化的发展和变革，我国逐渐形成了符合国情的现代环境哲学。

1. 中国现代环境哲学的理论研究起源和发展

如果将余谋昌先生发表在《生态学杂志》1982 年第 1 期上的《生态观与生态方法》一文看成是我国最早的环境哲学论文的话，可以说环境哲学研究在我国已经有 30 多年的历史。可以将我国环境哲学研究的历史大体上分为两个阶段。

第一阶段可以叫作"翻译和引进阶段"，主要是从 20 世纪 80 年代中期到 21 世纪初期。这个时期，一些学者（如卢风、叶平、刘耳、杨通进、陈泽环、孟祥森等）翻译国外一些知名环境哲学家的著作，将国外主要是"非人类中心主义"学派的观点引进中国。这种启蒙工作对于我国后来的环境哲学或者说生态哲学的研究非常重要，今天我们看到的很多著作及论文大多是这个阶段翻译引进过来并随之传播开来的。

第二阶段可以叫作"讨论阶段"或者"论争阶段"，即从 20 世纪 90 年代中后期直到现在。针对国外学者关于人与自然关系的不同理解，国内学者也大体上分成了"人类中心主义"和"非人类中心主义"两个阵营。"人类中心主义"阵营以湖南师范大学的刘湘溶、中国社会科学院的章建刚和甘绍平为主，"非人类中心主义"阵营则以余谋昌、卢风、叶平等为主要代表。随着余谋昌《走出人类中心主义》一文的发表，引发了国内学者关于要"走出还是走进人类中心主义"，或者说是"非人类中心主义"有道理还是"人类中心主义"有道理的论争。

2. 国内学者研究状况概述

在国内，近年来随着环境危机的加剧，不论是自然科学还是人文科学的很多资深学者都意识到环境污染和生态失衡问题的解决，不能仅仅依赖经济、法律和科技等外部手段，还必须诉诸哲学观念的变革。环境哲学相关研究也逐步走上台面，日益成为时代的前沿问题，也在广泛聚焦中成为学界热点。

因此，顺应时代发展及对自然界关注的需要，从 20 世纪 80 年代起，我国学者也开始了环境哲学的理论研究。20 世纪 80 年代初，环境哲学的研究主要定位于人与自然关系的自然辩证观层面；20 世纪 80 年代末到 90 年代以来，则开始了对环境危机的深层反思与应对危机的实践探索。1994 年，在中国伦理学会下成立了环境伦理学专业委员会，而 2003 年中国自然辩证法研究会下环境哲学专业委员会的成立，则表明了这一领域研究队伍的壮大，研究范围和目标的进一步拓展。另外，近年来生态伦理和环境哲学的研究涉及面很广，包括专著、译著和论文在内的成果很多。

但客观地说，这一学科还有较长的道路要去跋涉。这一方面是由于国际上相应的理论都还存在不足和缺陷，另一方面也由于国内学术界还处于介绍、消化的阶段，有力度的理论构建还非常缺乏。因此，国内环境哲学也只是提出了问题，还不是系统地解决问题。

3. 中国关于马克思主义环境哲学的研究

我国环境哲学研究还有一个重要的方向和热点——关于马克思主义环境哲学的内涵及其理论意义的研究。近年来，国内很多学者分别从不同的维度、不同的视野做了不同程度的研究与揭示。

有从马克思主义环境哲学形成史维度加以阐发的。例如，学者禹国峰认为，马克思主义环境哲学具有"自身的生成理路"：异化史观下的自然观是马克思主义环境哲学形成的前奏，科学实践观的提出人与自然和谐思想的创立标志着马克思主义环境哲学的生成，而自然价值论对马克思经济学思想的误读与现代性困境构成了马克思主义环境哲学发展的曲折和现代境遇。但无论如何，马克思主义环境哲学仍是现时代不可逾越的科学的环境哲学。

有从马克思主义环境哲学的科技观维度加以阐发的。例如，学者解保军认为，马克思的科学技术观有着明显的生态学价值取向，他主张应用科学技术的手段，通过改进生产工艺，发明或改进新的生产工具，变废为宝，节约原材料，减少废物排放，达到保护环境的目的；马克思科学技术观的生态维度与当代科学技术的生态转向是一致的。他呼吁重视马克思科学技术观对中国环境哲学的借鉴价值。

有从人与自然的关系和人与社会的关系维度加以阐发的。例如，学者白雪涛认为，马克思主义环境哲学把生态自然的恶化归因于人与人之间关系的恶化，把社会变革视为解决环境问题的根本手段，把共产主义的实现看成是环境问题的最终解决。这些环境哲学思想为人类克服全球生态危机问题指明了方向，为可持续发展战略提供了理论基础。

有从马克思主义环境哲学的产生语境维度加以阐发的。例如，学者曹志清认为，马克思主义环境哲学思想零星地散落在他们不同时期的不同著作中，虽然马克思、恩格斯没有形成一部像《资本论》那样的环境哲学巨著，没有从问题学的视角来讨论生态环境问题，但不能据此否定马克思主义环境哲学"真理的光辉"；他们提出的人与自然统一的理论、合理调节人类与自然相互关系的设想，以及实现人类从自然界两次"提升"的理想等，正是今天环境哲学研究的"基本内核"。

因此，综合各位学者的观点可以得出，从时代问题出发，伴随一定历史语境，解读马克思、恩格斯，叩问马克思、恩格斯，不断同他们对话，研究他们曾被忽视的甚至是被遮蔽的思想，澄清被误解的内容，在理论上不断完善马克思主义思想，这是坚持和发展马克思主义哲学的重要途径之一。

4. 中国环境哲学中的人类中心主义与非人类中心主义之争

环境伦理"试图解决我们应当采取什么道德立场、价值观念对待自然"，主要存在"人类中心主义"和"非人类中心主义"两大派别的争论。

余谋昌的《生态学中的价值概念》提出从承认自然界的价值出发，把道德权利的概念扩大到生命和自然界的其他实体。可以说，由自然界的价值论研究架起了通往环境哲学的一座桥梁。

环境伦理学中人类中心主义与非人类中心主义之争的焦点在于，前者认为环境保护是对非人类存在物的间接保护，基于人们之间相互的道德义务，非人类存在物只是"作为人的责任行为的工具和质料"而成为保护的间接对象；而后者认为环境保护是为了非人类存在物自身的目的而保护它们，以肯定非人类存在物的道德地位（即作为道德受动者的地位）为前提。

罗亚玲在《环境伦理学与非人类中心主义》中对环境伦理学必须是非人类中心主义的观点提出质疑。她认为非人类中心主义环境伦理学的立场是否成立取决于其支持者是否能够论证非人类存在物作为道德受动者的地位，但这是一个开放的问题。而环境伦理学的产生背景和环境保护的概念则表明，环境伦理学本身并非必须是非人类中心主义的，非人类中心主义的问题只在一种广义的环境伦理学中占有一席之地。

随着当代世界环境问题与生态危机的日渐突出，环境哲学面临着机遇与挑战并存的局面。更值得注意的是，随着中国环境哲学学界中否定其他生物的内在价值的观点的低弱，呈现出人类中心主义论日渐式微的倾向。

5. 我国环境哲学研究中主要存在的问题

第一，我国环境哲学的研究范围较小，社会公众认知度不高。虽然环境问题众所周知，但环境哲学的概念却鲜为人知。一方面是因为它的研究者主要囿于学术界的少部分人，且缺乏与政界、企业界、社会公众和其他学科的交流与沟通，使其成为一门较为封闭、小众的象牙塔里的学问；另一方面是它的效用具有长远性，受限于时间，价值难以体现，不迎合部分人追求的功利性，因此缺少社会关注度和吸引力。

第二，我国环境哲学研究还有理论上突破的空间，除了上述谈到的关于"人类中心主义"与"非人类中心主义"的争论和对马克思主义环境哲学的发掘之外，生态公民、生态城市、环境治理研究尚有着力的可能。对于哲学这类重视理论创新的学科，思想的碰撞和升华显得尤为宝贵。我国环境哲学研究内容缺乏多样性，较少有打破传统、令人耳目一新的、具有强大引领性、系统性和震撼性的主张现世。

第三，环境哲学的研究同其他相关学科的联系不够紧密。前人的经验和无数事实告诉我们，仅用单一学科的思维和方法来解决问题往往是不充分的，综合运用多学科的背景和知识的能力在研究一门新兴学科的过程中发挥着重要作用。但令我们遗憾的是，国内较少见到运用其他学科的理论与方法来考虑环境哲学问题的好文章，同样也较少见到运用哲学的方法及观点来论述环境法、环境政策、环境工程项目等方面问题的论文。

6. 习近平的生态文明思想

习近平生态文明思想是中国当代环境哲学的指导原则。它为中国环境哲学的发展提供了重要凭鉴。习近平总书记关于生态文明建设的系列讲话蕴含着丰富的环境哲学思想，他提出的许多重大论断如"绿水青山就是金山银山""山水林田湖是一个生命共同体""环境就是民生，青山就是美丽，蓝天也是幸福""良好生态环境是最公平的公共产品，是最普惠的民生福祉""改善生态环境就是发展生产力"等充分体现了生态世界观、生态价值观、生态伦理观、生态安全观、生态发展观，科学解答了生态与文明兴衰、民生福祉、生产力发展、国家安全等范畴的辩证关系，增加了中国国际生态话语权，对建设美丽中国的伟大实践具有重大的指导意义。2018 年 4 月习近平在参加首都义务植树活动时强调像对待生命一样对待生态环境，既要着力美化环境，又要让人民群众舒适地生活在其中，同美好环境融为一体，体现了亲民的环境伦理观。

二、 亚洲环境哲学发展概况

亚洲是一块区域多样性、文化多样性与物种多样性相汇聚的沃土。从山川河流到森林草原，从海洋湖泊到湿地沼泽，这一片辽阔的土地给亚洲环境哲学留下了丰厚的想像空间。传统与现代的交响，东西方文明在此碰撞的融合，体现了独特的风景。在《日本循环型社会的构想与对立》中，环境哲学家岩佐茂谈及日本在很久之前就进入了大量生产—大量消费—大量废弃的过剩消费社会，早已形成一次性使用的文化。1990 年代后期开始，日本才正式着手建立以生活废弃物和产业废弃物循环再利用为目标的循环经济。2000 年《推进循环型社会形成之基本法》获得通过和修正，法律的制定可见循环型社会成为日本环境哲学的一个关键词。受到现实的鞭策和政府的关注和法律响应，日本的环境哲学研究呈现欣欣向荣之势。

日本先后出现过岛崎隆对马克思"自然"概念的解读、尾关周二对人与自然"共生"理念的阐发、岩佐茂对"循环型社会"的探索、龟山纯生对东方传统思想环境伦理价值的挖掘、高田纯对自然价值和自然权利的研究、森冈正博将环境伦理和生命伦理相结合的尝试、武田一博对生态社会主义和生态女权主义的讨论、牧野广义对环境民主主义的强调、河野胜彦对生态中心主义的倡导，等等。

当代日本哲学家岛崎隆在全面解读马克思、恩格斯自然观的基础上提出：马克思主义哲学与环境生态思想存在着某种内在的关联，这种"关联"集中体现在人与自然的三重结构上，亦可称之为"自然在人面前呈现的三种面孔"，即人与自然的"主－主"关系（自然和人一样是平等的主体）、"主－客"关系（人是自然的改造者与呵护者）和"客－主"关系（自然是人的缘起者和养育者）。据此，岛崎隆得出结论，"马克思、恩格斯的思想本来就含有生态学观点的一面""马克思主义哲学对当代环境问题同样适用"。

环境学者和田武认为，今天的地球环境的危机正在从地球自然物质、能源、生态系统的平衡遭到破坏的第二阶段，向"地球平衡的不可逆性破坏"的第三阶段之临近状态迫近。

经济学家玉野井芳郎提出，要重视自然的物质、能源以及生态系统的平衡，建立植根于自然的物质循环以及人与自然的物质循环基础之上的经济。他指出，应该把"从生态圈独立出来的、与自立的生态系统失去协调的""人类的工业世界""与自然界和生态系统建立起关联，从而作为广义的物质代谢过程去重新把握"，将其"转换为与自然界和生态系统相适应的形态"。他称之为生命系统的经济学。

岩佐茂则探索环境本质，提出建立循环型社会。他认为，由于人与外部自然之间存在的正常的物质循环被打乱，人类自身的健康与生命就会受到威胁。这是问题之所在。合理对待人类与自然的关系，就是为了进一步维持人类与自然之间正常的物质循环关系。

三、欧洲环境哲学发展概况

欧洲是西方文明的诞生地。从古代希腊社会走来的欧洲文明谱系，从神话叙事到理性观念，从基督信仰到文艺复兴，从科学革命到启蒙运动，欧洲体现了人类环境衍变的文明化履痕。欧洲环境哲学博大精深、渊源流长，给世人展示了一幅打开了世界全景的精神地图。西方自 19 世纪以来，多种环境思想逐渐积累形成了丰厚的传统，加之始于 20 世纪 60 年代后期的第三次环境保护运动的推动，当代环境哲学于 20 世纪 70 年代中期勃然兴起。此后，该领域发展迅速，涌现了众多的流派，形成了多种研究取迳。但很多流派并未定型，而是时有创新、变化，各流派之间也多有重叠、交叉。

20 世纪 70 年代，一些具有里程碑意义的对环境问题进行系统思考的哲学论文出现在欧洲的学术圈，成为推动欧洲环境哲学（特别是环境伦理学）研究的引擎和发动机。在利奥波德的大地伦理学产生巨大影响之前，西方世界的大多数人仅从经济眼光看世界，把它看成没有生命的死物，仅仅是有待开发、满足人类物质欲望的各种资源。彼时还没有这样一种伦理：处理人与大地，以及生存于其上的动物和植物关系的伦理。大地就像女奴一样，还只是人的一种财产。人与大地之间的关系还严格限制于经济、继承的特权，而不是义务。他认为人与其他非人存在物构成了生命共同体，人只是生命共同体的普通成员，人类有责任维护生命共同体的完整、稳定与美丽。抛弃大地利用只是纯经济利用的传统思路，欧洲的学者受此启发，开启了关于环境哲学的研究。

在欧洲国家较早已形成相对固定的学术团体和专业期刊。1992年《环境价值》在英国创刊，这是环境哲学领域继《环境伦理学》之后的第二家按专家审查制度运作的学术刊物。目前，环境哲学研究的基本内容主要是论证环境伦理的原理和规范，探索环境道德行为的选择和环境道德秩序的维护，讨论环境道德教育的方法和个人环境道德的培养，加强环境哲学的理论基础和建立环境价值取向的准则。

当代西方环境哲学（亦称环境伦理学）自兴起以来，与第三次环境保护运动相互推动和促进，经历了70年代的摸索、70年代末至90年代初重大的理论创新和制度化（创立自己的学刊与学会组织），现已形成多种流派，进行着活跃的、富于创新性的理论研究，在当今人类面临生态危机之时，提出许多具有启发性的思想。随着现代人类中心主义、动物解放/权利论、生物中心主义和生态中心主义这四大理论学派的建立，西方环境伦理学的主要思想流派已基本浮出水面。围绕它们而展开的学术争论，成为西方环境哲学也是欧洲环境哲学研究的主题。

总体来看，虽然环境哲学在欧洲尚未发展成主流哲学，但欧洲环境哲学家们提出的很多问题正越来越引起人们的关注。例如，在关于人与自然的关系，以及人类面对生态危机应如何重新审视自己的价值和定向自己的行为等问题上有很多的理论创新。

（一）生物中心论

一种把道德关怀的范围从人类扩展到所有生命的伦理学说。环境伦理学"非人类中心论"的类型之一。由法国施韦泽于1923年在《文明的哲学：文明与伦理》中首先提出。他认为所有的生物都拥有"生存意识"，人应当像敬畏自己的生命那样敬畏所有的生命；当人把植物和动物的生命看得与他的同胞的生命同样重要的时候，他才是一个真正有道德的人。

（二）自然理念的环境哲学

在古希腊，Physis或Nature一词的词源含有"生长"的意义。反映了对自然界的有机观点：自然界是一个巨大的、生长着的有机整体。认为自然不是人的对立物，神也并不超越于自然界，它们都是作为自然界的一部分而包容其中，成为一个生机盎然的统一体。专注于环境哲学的理论框架，必须返身回顾前现代时期的自然哲学。自然界与自然物是环境哲学的重要研究对象，特别是在西方哲学创生时代的古希腊，就曾有阿那克西米尼、阿那克西曼德、色诺芬尼、赫拉克利特、巴门尼德、阿那克萨哥拉、恩培多克勒写下同为《论自然》之名的著作。这些著作可称其为环境哲学的经典性文献，它们从源头上奠定了环境哲学的本体论基础。可见，从本体论上挖掘世界的本源，是环境哲学一脉相承的研究视角，其对西方哲学史的影响也是具有里程碑意义的。

（三）马克思主义环境哲学

相对于以上环境哲学来说，马克思主义环境哲学有着更加丰富的内容和独特的个性；它既是对西方环境哲学的积极扬弃，又是对"生态文明"塑造的时代回应。

马克思的生态观是一种深刻的、真正系统的生态世界观，而且这种生态观来源于他的唯物主义。恩格斯的辩证唯物主义自然观是其环境哲学思想体系的根基，他的自然观辩证地阐明了人类与环境的互动关系。恩格斯说："我们统治自然界，绝不像征服者统治异族那样。"在《资本论》中马克思谈到了"自然界的物质代谢""人类与自然界的物质代谢"及其被"扰乱"，把环境破坏看作人类与自然的物质循环的扰乱。可以说马克思的这个思想提供了分析今天的环境问题的方法论。无论现在的生态环境与马克思当时所处的情况多么不同，马克思对这个问题的理解、他的方法、他的解决社会与自然相互作用问题的观点，在今天依然是非常现实而有效的。

（四）其他学者著名论断

美国社会生态学领域的学者玛瑞·布克钦（Marray Bookchin）用新的概念阐释了人类社会和自然环境相互依存的关系，他以一种发展的、系统的、辩证的方式统观，确定和解释了社会脱胎于生物世界，第二自然脱胎于第一自然。第二自然远非人类潜能实现的标志，它为矛盾、对抗以及扭曲人类独特发展能力的利益冲突所累，它既包含着毁灭生物圈的危险，也包含着一种全新的生态分配能力，这种能力是人类进一步向生态社会迈进所必需的。人类社会能毁灭自然，同样也能成就自然，关键是要进化更新人类的生态分配能力，合理利用环境资源。

在生态批评史上，英国学者罗斯金是一位绕不过去的人物，他对环境问题的敏感和对环境保护所做的贡献不容忽视。罗斯金的环境意识贯穿于其艺术批评和社会批评，并与兴起于20世纪的生态批评有众多契合点。他的环境意识来源于维多利亚时期普遍存在的对文明与自然关系的忧虑和反思。与托马斯·卡莱尔、威廉·莫里斯有关环境的讨论一样，他的环境思想为维多利亚时期的文化批评传统增添了生态思考的维度。该维度一方面对普遍存在于维多利亚时期的"焦虑"做出了回应，一方面使"文化"一词在动态的嬗变中增加了关于人与环境和谐关系的思考。因此，以罗斯金为代表的环境批评呼声在本质上是维多利亚社会在社会转型期所经历的"文化焦虑"的一部分，展示了维多利亚时期的关于环境的"英国状况"。

一个关于自我的关系的描述使我们能够拒绝对自然的工具性观点，并且在尊重的基础上发展另一种选择。环境不只是一个不同于人的生态实体，还是一个文化、社会和政治结构。让学习者理解吃透环境概念可能导致更有效的环境教育。环境的恶化是俄罗斯现代发展中最尖锐的问题之一。尽管立法机构不断努力通过新的条例来管理对环境状况产生影响的各种社会进程，但迄今尚未观察到其质量有任何改善。造成这种消极局面的原因是哲学性的。这就需要一种新的环保道德和哲学，这种道德和哲学必须以施韦策和其他哲学家的概念为基础，他们并不把自然看成是一个"作坊"，工作应该在那里进行，而是作为上帝赋予的最高价值，应该以最谨慎的方式对待。

保护环境并不意味着必定损害人的权利，而坚持人道主义并不意味着破坏生态环境。解决当前的环境危机，马克思主义环境哲学让人们认识到处理人与自然的关系，它不仅可以保护自然环境，而且不损害人们的基本权利、利益、价值观。它与人文精神背道而驰，其最终目的是要建设一个绿色、人性化、和谐的社会。环境问题的解决要求民主公民进行道德审议，从而作出明智的选择。环境哲学是一门广泛借鉴认识论、伦理学、科学哲学等多学科的交叉学科，主要分析了保护生物学、恢复生态学、可持续发展研究、政治生态学等学科。为了应对恶劣的环境问题，环境科学家们开始欢迎社会科学家、人文主义者和创造性艺术的参与。我们认为，在全球气候变化的时代背景中需要以跨学科的方法来处理生态环境问题，这就开启了许多环境哲学家完全有权利承担的任务。第一个任务是让哲学家探索新的和有希望的方法，通过在环境问题上进行协作学习来启动哲学研究。第二个任务是让哲学家认识到哲学技能在从事其他学科研究和各行各业的成员身上的价值。

托比·斯沃博达（Toby Svoboda）倡议将环境哲学作为一种生活方式，他认为把哲学作为一种生活方式来实践是一个革新古代哲学传统的有前途的哲学分支。环境哲学既包括关于美好生活的某种概念，也包括一系列帮助人按照这种概念生活的精神练习。追求可持续发展需要切合实际地评估环境保护与地方发展愿望之间的紧张焦点，而不仅仅是有名的、善于表达的活动家们的庆功。

（五）非人类存在物问题

现代动物伦理应该不同于彼得·辛格和汤姆·雷根的个体主义思想，动物保护不应该仅仅把动物看成个体的实体，更应该考虑它们与环境，与人类之间的关系。在动物保护中应关注动物整体的自我生存能力，努力恢复和创造适宜动物生存的环境。

每一个生命体都是无可替代的独特生命。"谁具有内在价值?"一直是环境伦理学界争论的热点，传统的划界标准有人类中心主义、动物中心主义、生物中心主义、生态中心主义和整体主义。德国格赖夫斯瓦尔德大学的拜巴拉·穆拉卡（Baibara Muraca）认为已有的内在价值和划界标准都是建立在康德"事物以自己为目的"的价值论和本体论基础上。但当康德的理论超出它原来的应用范围（完全理性、人类主体的自治）就不能解决环境哲学的核心问题。

四、 大洋洲环境哲学发展概况

（一）大洋洲环境哲学研究发展

大洋洲是一片被海洋所包围的大陆及岛屿环境，其对自然生态环境的关注是其自然地理状况与人文地理风情所交汇的必然。自从人类踏足这块区域，对海洋、土地、树木及万物的观察，就成了大洋洲环境哲学永恒的素材。大洋洲环境哲学家布雷特·斯坦斯（Brett Stubbs）谈到，"如若说生态是一个包容万有的大壳子，那么环境则是生态这个大壳中一个须臾不可分离的小壳子。"环境又称栖息地或生境，以水、土壤、阳光、空气及其他无生命物质为主要组成部分，它构成生物界不同生命形式生存的外部条件。自然主义的生态思维作为哲学之思的窗口，不仅是现代大洋洲公民特有的精神象征，而且更是当代人类灵魂中亦须不可或缺的清新剂。

1. 大洋洲环境哲学的萌芽

在文史哲相交汇的历史境遇中，大洋洲环境哲学有其一脉相承的脉络。第一个阶段是 1980 年代以前，即环境哲学研究的萌发期。按照澳大利亚著名环境史学者多恩·加尔顿（Don Garden）的考察，1980 年代以前，对大洋洲的环境变迁历史的研究主要集中于当地的历史地理学者，以及相关的自然科学家。而大洋洲第一部真正意义上的有关环境哲学的著作则是埃里克·罗尔斯（Eric Rolls）的《他们都变得狂野》（*They All Ran Wild*），他对于环境质问道，"当我们拘泥于物质经验的妄想，内在的道德准则又将置身于何处？道德形而上的生活被无尽的欲望和形而下的工具、实利所摧毁。变的只是一种可想象的图景吗？环境千疮百孔，自然斑驳陆离，我们失却了一个终极实在的自然。"

大洋洲的新西兰自然环境的最早著述者是潘伯尔·里夫斯（W. Pember Reeves）。身为左翼政治家和社会主义者，他写出了反映新西兰早期历史的《长白云》（*The Long White Cloud*），书中有很多涉及该国自然环境变迁的内容与思考。"在自然界和社会中都和谐一致地实现每一事物处于其自然位置的自然属性，才是正当的。在自然的有限范围内，不同生命的形式和环境之间相互积极作用就组成宇宙（cosmos），也就是作为有限的和谐整体的宇宙。"赫尔伯特·高斯里-史密斯（Herbert Guthrie-Smith）是当地环境史的传奇人物，他于 1921 年首度出版《图提拉：新西兰羊站的故事》（*Tutira, the Story of a New Zealand Sheep Station*），讲述的是从 19 世纪 80 年代到 20 世纪 20 年代五十年间发生在作者所拥有的一片广袤牧场中的人类活动和生态变化。"从人与自然关系的理解来看，从谋生模式、征服模式、剥削模式、托管模式到共生模式，生态哲学创造了一种崭新的生态圈伦理。"这本书得到威廉·克罗农的大力推崇，被其誉为"英语环境史的伟大经典之一"。

2. 大洋洲环境哲学发展期

第二个阶段 1980 年代，即环境哲学专业研究的形成时期。根据加尔顿的观察，大洋洲本土环境哲学研究正式出现的时间是 1980 年代，促使大洋洲环境研究学者开始从事环境史研究的原因主要有三个方面：一是环境问题的长期发展和积累；二是 20 世纪 60~70 年代环境运动的刺激；三是 70 年代诞生的美国环境史研究的影响。

1980 年代出现的大洋洲环境哲学不可避免地受到当时严重的环境危机以及激进环保主义的影响，因此产生对人类发展的强烈批判情绪。用当地学者自己的话说就是所谓的"绿纱情结"（green armband），即由向逝者表示哀悼之情的黑纱（black armband）而来，象征对被人类破坏之环境的哀悼。随着更多环境问题的显现，这种情绪也不可避免地波及当代，这是很多环境哲学学者的一个共同特点。具体表现就是，他们的作品中往往有对环境哲学是环境退化历程的基本认定。然而，批判不代表环境哲学学者就简单地走到了生物中心或人类与自然二元对立的立场之上。相反，他们相信人与自然、生态与文化的辩证统一。

在美国环境史研究的影响下，本土的历史地理学者、历史学者和其他相关领域的学者很快加入到了环境哲学研究的行列，比较典型的人物有乔治·塞登（George Seddon），其代表作是《大地足迹》（*Land Prints*）和《寻找雪河》（*Searching for the Snowy*），"在物质实利主义的利益趋向下，人类从自然界走出来的结果是在消费主义的竞赛中忘却了自然甚至是糟蹋了自然"；杰弗里·波尔登（Geoffrey Bolton），其代表作是《掠夺与掠夺者》（*Spoils and Spoilers*），"人对自然界的改造与利用是必要的，但重要的是人工技术亲自然化的超高实用，不是以狂妄的姿态，不是以破坏自然、伤害自然的代价来赢得人类的尊严"等。其中，大洋洲环境哲学研究的先驱罗尔斯也在这个时期推出了他的经典之作《狂野的一百万亩》（*A Million Wild Acres*），其内容是关于跨越了蓝山（Blue Mountains）、来到新南威尔士北部的欧洲殖民者如何在森林中落脚、定居、改造自然以及感受自然的。

3. 大洋洲环境哲学发展高潮

第三个阶段是 1990 年代至当代，即环境哲学研究的蓬勃发展时期。1990年代以后，大洋洲环境哲学研究进入了繁荣期。到了 21 世纪初，大洋洲这个在世界经济、政治、文化方面并不居显要地位的洲际，却在全球环境哲学研究中占有了不同寻常的分量。

新时期的环境哲学学者不仅继承了前人的思想理念，而且从土著的历史中更加证明了社会和自然的统一性。罗宾和格里菲斯指出，"现代人（尤其是旅游者）对自然景观的感受是对历史的错觉。早期土著社会对环境的改造比我们想象的要大得多，澳新的土著史就是一部环境史。"波森和多弗斯也总结了目前环境史研究的一些基本预设，包括"欧洲人后来改造的是毛利人改造后的土地"以及"我们一直看到的环境并不那么'自然'"的观点。他还多次强调"自然世界是动态的，它既独立于人，又是人类在物质和精神上的改造与构建的。"这一时期的环境哲学研究主题非常多样，涌现出许多新专著，加尔顿将其总体划分为三个类型，即环境变迁、自然保护和物种变化。次一级的主题就更多，如水和流域问题、自然保育、环境政治、博物学史、物种变化、古环境等。而从事著述的新环境史学者也很多，比如，编写了环境史教材的杰瑞米·史密斯(Jeremy Smith)和安·扬(Ann Young),专攻环境运动和环境政治史的德鲁·胡顿(Drew Hutton)等人,进行个案研究的派巴斯、弗拉那根(Flanagan)、莉比·罗宾(Libby Robin)在多领域都有涉猎的汤姆·格里菲斯(Tom Griffiths)等,以及闻名全球的古环境史学者蒂姆·弗兰纳里(Tim Flannery)。

(二)大洋洲环境哲学的碰撞与统一

纵观大洋洲环境哲学的发展,那些大洋洲的移民们,无论是新西兰的毛利人还是后来来到澳大利亚、新西兰的欧洲白人,都是带着他们各自具体的传统与当地的自然环境发生碰撞的。相比毛利人从波利尼西亚带来的一些农业生产方式,欧洲白人背负的传统则更为复杂,包括思想传统、科学知识的传统以及生产和生活模式的传统。

例如,基督教传统神学给自然改造的合法解释、17世纪科学革命导致的机械自然观、18世纪启蒙运动给人们带来的以人为中心的世界观、19世纪末20世纪初风靡的达尔文主义以及与机械自然观和达尔文主义形成对抗的生机论思想。对世界应有面貌的想象和信念也是思想传统的体现。例如,"在殖民者心目中,农业意味着文明并被赋予伟大的意义";像欧洲那样的自耕地是理想的景观,也是对欧洲记忆的存留;"果园是阿卡狄亚式的天堂,经营它就意味着对某种神圣性的追求"。欧洲殖民者在来到新环境后,其结果是既无法完全将自然改造成母国那样,又同时逐渐认识到这种自然(即使是改变后的自然)的独特性。

(三)环境观念对国家政策的影响

大洋洲国家的环境观念发展速度极快,同时国家也给予一定的支持。例如澳大利亚,它是世界上最早出台环境保护法的国家之一,内容丰富并形成体系。早在1970年,维多利亚州就制定和颁布了"环境保护法"。在澳大利亚,联邦和各州、市都有自己的环保法律法规。在联邦层次,有综合立法、专项立法,还有行政法规等;在州层次,以新南威尔士州为例,州政府颁布了《环境保护行政法》《废物最少化和管理法》《受威胁物种保育法》《可持续能源发展法》《国家公园和野生物法》《农药法》《海洋公园法》等法规。还有一系列尚未成为法规的,亦具有行为导向意义。同时,澳大利亚在私营部门、慈善部门和环保组织的不断进步中成长。在过去的二十年中,澳大利亚一直努力平衡政府政策和环境保护的关系,并让国家居民不断接受新的环境价值观。越来越多的人们意识到可持续发展、环境资源的重要性,并将环境发展看成是国家发达与否的重要因素。在财政上,政府拨款并给予强烈支持,比如,鼓励成立气候环境研究所,更新关于保护水环境的政策,大力支持志愿服务社会保障环境等。

又如新西兰。新西兰是自然资源型的农牧业国,不同于北半球国家的重工业或工商业型经济。但是,这种非工业型经济在资源开发的压力下同样有可能导致环境问题，尤其是土壤侵蚀和水土破坏。对此，新西兰政府近年来致力于加速环境法的改革进程，1993 年提请国会通过了《资源管理法》成为新西兰自然资源和环境管理的框架法律。新西兰政府还制订了一些相应的标准、政策和计划，建立了环境信息中心，帮助决策和报告环境质量。新西兰政府制订了跨世纪环境战略计划《新西兰 2010 年计划》，以生态价值和人文哲理为基础提出了一个包涵生态底线在内的环境蓝图，其涉及内容较为广泛，如保护生物多样性、控制虫害杂草与疾病、控制污染和有害物质、管理土地资源、采取行动阻止气候变化、保护臭氧层等，还拟制定出把环境政策渗透到经济和社会政策中去、建立环境质量的信息数据库、让人民参与决策程序等具体的环境行动。

（四）大洋洲环境哲学发展的启迪

大洋洲生态和城市环境保护的经验对于中国具有很好的借鉴意义，澳大利亚、新西兰两国都是高度发达的工业国家，两个国家不仅风光旖旎、文化深厚，在生态保护等方面所取得的辉煌成就，也给中国许多城市带来了有益的启示。

（1）重视生态环境保护。澳大利亚、新西兰两国自然生态环境极为优美。在动植物的保护方面有严格的法律、法规，绝不允许乱捕滥杀、私自屠宰和破坏；对工业废水、生活污水的排放均有严格的规定，绝不允许将超标的工业废水和生活污水排放到河流、湖泊和大海里。到处是碧水、蓝天、绿地、动物与人和谐共处的美好景象。悉尼市的玫瑰海湾和邦迪海滩，周边别墅星罗棋布，但雨水、污水分流制的收集和排放系统设计十分先进，没有对海水造成污染；世界物质文化遗产大堡礁位于凯恩斯市外海上，唯一能够看到的固定性建筑就是如篮球场大小的海中平台，诸多的旅游项目都分散在这个平台上和周边进行。

（2）重视自然生态平衡。为保持自然平衡，森林中的树木死了后任其自然腐烂，回归自然循环；为保护野生动植物，不准引进外来物种，野生动物自然繁衍，自我平衡；发生自然灾害时，只要不危及人的生命和财产安全，让生物自生自灭，顺其自然。

（3）重视农牧业可持续发展。在农业生产中，澳大利亚、新西兰两国坚持农牧业可持续发展战略，充分利用自身优势，牧场、耕地实行轮作。为平衡草场的酸碱度，新西兰所有的牧场每隔 4~5 年就对部分牧场进行一次耕地种植玉米的轮作，收获的玉米及玉米秸秆发酵后作为牛羊的精饲料，以增强其免疫力和产奶量。农牧民严格遵守不准使用各种农药和抗生素、生长类激素等法令，为避免牛羊粪便污染，牧场内的小溪用栅栏隔离 1 米以上，牛羊饮用牧场内专门的饮水池，不直接饮用溪水。

（4）重视城市基础设施建设与清洁能源利用。澳大利亚、新西兰两国水源均为地表水源，地下水禁止开采。以悉尼市为例，建有 10 个城市供水厂，整个悉尼地区有大小污水处理厂 30 多个，污水在处理达标后经管网排入深海 60 米以下排放，如果超标排放污水会受到环保部门的处罚甚至吊销执照。澳大利亚能源结构以风力、太阳能、水力发电为主，火力发电为辅。新西兰全国80%的电力为水力发电，其次为太阳能的利用。这两个国家的清洁能源利用率都在 80%以上。

（五）大洋洲环境哲学的发展瓶颈

如今，很现实的问题是，那些投资于自然环境改善的大企业在现阶段的经营状况并不理想，人们对于环境的意识与现实表现也经常不匹配，大部分人追求股票、投资的盈利，而不是追求良好的自然环境意识。然而，从社会发展的长远角度来看，文化的发展、社会交流频率的提高、对于自然环境的依赖提高，才能真正给人们提供可持续发展的理念。

新西兰学者汤姆·布鲁金曾经提醒，环境哲学如果不能发挥现实作用，就进入不了思想文化的主流。这一表达反映出大洋洲学者对环境哲学研究的现实意义和功用的高度重视，相关理解则可以用"寻根溯源""治疗健忘""以史为鉴"三个词来概括。许多大洋洲学者是带着寻找现实问题的历史根源的目的去考察环境哲学的，由此做出很多很有价值的实证研究，如大堡礁的生态问题与珊瑚采集、甘蔗种植与森林破坏、盐碱化问题和农业灌溉、不健康的海岸和河流开发等。挖掘过去真相的目的首先在于揭示人们的"历史健忘症"，而所谓"健忘症"不仅指今天人们对历史教训的忽视，还包括历史中人们不断的重蹈覆辙。大洋洲学者在研究中反复提到这一点，并认为治疗健忘症是环境哲学研究的一大功用。

五、 非洲环境哲学发展概况

（一）非洲环境哲学的起源

非洲是一块自然环境蕴蓄着巨大力量的大陆。这里的人民朴实、勤劳，这里的原生态环境还大多处于前现代的状态。非洲环境哲学从一片处女地中走来，体现了蓄势待发的态势。它既书写了非洲人民对美好生活的向往，也表达了非洲这块陆地的无穷魅力。从原始时代开始，非洲人民就秉持着人道主义信念去呼唤自然、健康和平的社会环境。尼日利亚作家奇奴雅（Achebe）揭示了非洲本体的存在，他说"非洲本体是由自然的野生动物和独一无二的环境所形成的，我对我们的丘陵和山谷，群山和树林、河流、沙漠、树木、花朵、海洋和不断变化的季节上对我们的国土有所亏欠。"他在文章中表明，他和国家等一切工业存在等同于万物的存在。这些坦率的词句中表露出来："有时，我恐惧，我不知道我是否应该承认我国公民平等于这些动物，豹子、狮子、鬣狗、大象、羚羊和讨厌的蚊子。"非洲人与植物、动物和河流的命运交织在一起。祖鲁人认为牛、山羊和人来自同一个点，从生命的最高的存在性来看，他们都是平等的。南苏丹丁卡人把他们的牛看作是上帝给予孩子们的礼物。"他们通过向上帝祈祷保护牛以及类似的方式，他们祈求他们的孩子平安健康。"这种人道的相互关系不仅延伸到家养动物，而且扩展到野生动物。姆比蒂（Mbiti）（1969）进一步介绍了非洲宗教视非洲蟒作为一个不朽的神圣的蛇，不应该被杀。

（二）非洲环境哲学的发展

随着欧洲影响力的扩大，特别是从 19 世纪开始，欧洲人开始真正看到了世界，在这种情况下，非洲共同体逐步向西方科技创新支持的唯物主义文化转型。不幸的是，这些发展导致文化的破产和宗教文化传统的减少。同时，欧洲人坚信为了教化非洲人，"反非洲"是必要的。因此，"所有的非洲非物质，特别是宗教、语言、服饰、举止、态度自然等，被指责为不道德、不文明的，恶魔，邪恶和野蛮。"西方的传统，尤其是基督教，促进了唯物主义的自然观的形成，奠定了科学和自然资源的无限制的技术开发的观念。这些传统，通过欧洲殖民的传播，促进了世界的"反自然"的观念，特别是在圣经中又多处提及。这些段落描述，"世界是被创造出来的，是为人类创造的"。这种强烈的人类中心主义的观点是固有的和傲慢地将人类视为宇宙中心的多层面表达。这种观点错误地假定自然界没有人类就不能运转。

在被殖民的思想中，道德主体仅限于人，只有人具有内在价值，非人存在物只具有工具价值，即只有在对人有用或者为人所用时才具有价值。"道德共同体仅限于人类，人和非人存在物之间，以及废人存在物相互之间不存在道德关系，也无所谓道德责任或义务、道德权利等。"但是非洲人们逐渐发现，现实情况是：生态系统在没有人为干扰的情况下工作得更好。这最终形成了以欧洲为中心、支持科学工业资本主义的环境教育学，与欧洲的主要宗教——基督教相兼容。西方科学和认识论的霸权性和环境破坏性，即殖民主义留给了当时的非洲。可悲的是，多年后非洲即使获得了独立，但其对工业化环境的感知尚未完全消除。

（三）非洲环境哲学的发展高潮

当非洲的环境危机爆发后，当时那些被殖民时禁锢的正义的文化，自然的传承又开始繁荣了起来。应该说，所有的哲学家们都是在一定的现代生活的特殊需求、愿望和复杂的现实背景下思考应对一些共同的难题，生态问题无疑就是这样的共同难题之一。

为了打破以往的以人类中心主义的伦理的固始思维，非洲出现了非拟人化的环境伦理理论以及其对应的生命和生态中心主义哲学。其中，生态中心主义认为，"所有的生命形式都是道德关怀者——我们应该给予其对应的道德考虑。因为我们对所有形式的生物都有责任，使每一种生物都具有同样的内在价值，让所有的生物都受到平等对待。"人与自然界的动植物都处在一个完整的系统之中，那就是我们生存的地球。"地球是我们见之在之的基本所在，人、土地、水、动植物及矿物质共同组成了我们生存繁衍的单元系统，地球上人类与非人类动植物最为紧密攸关的生存系统，其中的有机化合物与无机化合物都是其中不可或缺的重要组成部分。"当生态问题已经成为一个世界性的、划时代的话题的时候，关于生态问题的著述也层出不穷，几可汗牛充栋。

但是非洲环境伦理观目前还不是很完善，西根·奥根贝米（Segun Ogungbemi）和戈弗雷·唐娃（Godfrey Tangwa），开创了非洲环境伦理哲学的制高点，分别创造了"自然–亲缘关系的伦理"分析非洲环境危机主要原因并且提出如何缓解挑战的思考和实践建议，他认为想要正确理解非洲环境危机，我们应该结合传统和现代非洲视角来分析环境的退化，"生态–生物共同体主义"他就非洲地域的环境危机提出的环境哲学，摒弃了前殖民非洲传统社会的形而上学世界观从非洲视角看环境哲学。同时，非洲文化、各种仪式颂扬和神圣了人类与非人类世界的联系，提醒他们与有生命和无生命的物体的微妙和不可避免的合作关系。罗尔斯顿认为人类所创造的价值"从自然环境中来，到环境中去"。自然具有目的性，创造性，它是智慧和价值并存的。伤害自然就是伤害自己，保卫地球就是自卫。

非洲环境哲学开始不断提醒人类在宇宙中的位置，人类对他人或者其他生命形式的义务，"大自然是以直接连接的方式被感知的，人类的存在也是如此。"以罗尔斯顿为代表的哲学家们认为以植物、动物和河流等形式表现的自然环境是和非洲宗教家们对于非洲本体的见解同样重要的因素。

（四）非洲环境哲学发展其他脉络

1. 宗教脉络

非洲环境哲学的主张不能与非洲人的世界观相分离，非洲人民偏向于在精神维度上看自己的心灵与环境的联系。"他们的宗教是至高无上的，并以自然为中心的，存在着以生态为中心的神。"

宗教观对于环境哲学的发展起着很大的作用。宗教这个词来源于拉丁词的三个词根，即"ligare"（即绑定）；"relegere"（意为团结，或链接）和"宗教"（即关系）。从这个定义的"宗教"的词源来看，它本质上是一种关系，建立了两人之间的链接。从这里我们可以进一步地认为"宗教是关于人和他的创造者之间的关系；人与人之间的关系；人与环境、人与自己的未来之间的联系"。在这方面，宗教应该有可持续的解决办法，使人们能够管理自己与非洲环境的关系，从而有助于解决非洲大陆的环境危机。

"宗教，其本质上是文化，而文化本质上是一种生活方式，一种人与继承原则并管理其环境和包容在其宇宙论和本体模板。"非洲宗教思想家，像科学家一样，是"从事制作模型来解释他的庞大且多样的经验"在管理他的生活，他的生命的考验和他的环境的挑战。正是在这种背景下，我们将运用从非洲宗教经验中得出的人类价值模型，来了解非洲人今天面临的环境困境。这个概念模型应该更深入地回答传统的问题，即宗教对人类、他的社会，或是当下人们的价值观，对人们对于环境的理解有何价值？归结到一个具体问题：非洲传统宗教如何帮助人类管理非洲当今人类面临的环境挑战？对于这一反应，我们认同宗教与非洲的自然和人类环境的关系是相关的。

"人，只有当他开始爱和尊重自然和大地时，才能从悬崖上退缩。"奈斯的

《深层生态学》同意提供更多的洞察这一哲学视角来享受真正的非洲宗教的核心价值观。甘地在环境保护运动的非暴力行动中以及其与环境和平相关作用上的重要性被广泛认可。他的新环保主义以深生态学的形式，以一种和平的形态被称之为"佛教经济学"。

2. 非洲环境哲学发展的伦理视角

人类对于自然的领悟，关键在于脱离简单生存论的层面，而能进入一个触及自然之本质的实体论层面。自然并非纯属物质界，其灵性的体验非有觉悟之人能体会，自然的对象并非掌握在人，而在于理性思辨的自在与自明。自然如若离开人，意境单薄；而人如若离开自然则难以为继。

我们人类与在地球上和我们共享无垠宇宙的多样动植物的关系是什么？我们拥有何种权利来处置有生命的非人存在物？我们因循怎样的标准来看待人类行为的边界？我们又能把握何样尺度来建构生态和谐社会？因此，以重申环境哲学的固有价值，作为承认生态哲学出现的前提性条件，也正是把各种类型的生命存在物加以平等看待。它一方面是提升生物存在的位格，另一方面是尊重生物的多样性。生态哲学的新维度在此拓展了一种合乎生命伦理的改进。波曼（Pojman）认为，"伦理和环境有着某种意义，它质疑着人们和环境的关系，对自然的理解和责任，以及人们负有使自然繁荣的义务"；奥森托昆（Osuntokun）认为，"伦理学是对于人类行为正义与否，善恶与否，是非与否的研究，它对我们应该做什么，以及做多大程度提出疑问。"而环境伦理学应该明确，"我们周围的环境，包括空气、水提供的支持以及土地、动物和整个生态系统，而人，只不过是环境的一部分。"

（五）非洲环境哲学发展瓶颈

非洲环境哲学从空白中起步，虽暂未见较成熟的环境思想。但因应日益明显的生态危机和环境问题，其理论的萌芽却逐渐展现出其有的放矢的针对性。由于领导无能，资本主义政治问题，非洲人民正在面临着严重的环境发展挑战。以环境退化、人口爆炸、物种凋零、生态失衡为特征的生态环境问题正把人类逼近史无前例的生存困境之中。甚至有人预言，诸如恐怖主义、霸权主义虽不会在短时期内消失，但生态环境问题才是21世纪人类面临的最大挑战。时至今日，生态危机的幽灵已滋生蔓延至人类社会的政治领域、经济领域与文化领域，并将日益广阔和深入。

非洲相对贫困的环境是非洲环境哲学的土壤。"环境问题对于一个国家来说就是经济社会的可持续发展问题，而发展问题也是一个国家的执政党执政期间必须时刻关心和关注的问题，也反映了执政党的执政方略。"以南非城市化进程为例。在城市化进程中，南非的大部分乡村人口转移居住到城市地区。若在发达国家，城市化往往是伴随着社会经济的发展的，如果妥善管理，城市居民人数的增加也同时可以推动社会和经济增长，但是在非洲情况却有所不同。"非洲城市规模增长超过政府提供诸如教育、医疗、住房、饮用水等基本服务能力。"因此，撒哈拉沙漠以南的非洲城市的大多数城市居民生活在拥挤的非正式定居点或贫民窟中。同时，气候变化进一步加剧了撒哈拉以南非洲城市化快速发展所带来的挑战，城市居民尤其是许多城市的脆弱性日益增加。城市脆弱得如同那枯萎的细苗，风吹雨打一碰就倒。

　　进入 21 世纪非洲环境哲学更加注目人与自然界的融合问题。政策制定者需要将人口动态和气候变化联系起来，因为人口的持续快速增长将削弱社区适应气候变化影响的能力，并最终危及到他们的经济和人类福祉。非洲官员马拉维说道："目前，大多数的环境政策不认真应付人口动态变化对于环境的影响，我们的政策时滞通常太长。例如，在马拉维被批准能够根据需要调整原来的环境政策，政策落地之前的时间也长到使环境继续恶化。目前还应审查包括气候变化、人口问题以及它们如何相互影响的关系，从而制定合理政策。"非洲哲学家加塔利的环境哲学思想中，他注重环境中三个层面的交融：自我、社会、自然。他认为环境危机不仅仅是来源于人与自然的危机，也来源于人类的人际关系危机和自我危机，当代环境危机可以被理解为通过传媒导致的一个综合性的世界性的影响，将社会、环境和精神三者交织。2001 年他写道："地球正经历着激烈的技术和科学变革。如果没有补救办法，这种产生的生态失衡最终将威胁到我们地球表面生命的延续。"伴随着这些剧变，人类的生活方式，不论是个人的还是集体的，都在不断恶化。然而政府当局却仍然满足于当下的如工业污染问题的解决方案。他呼唤人们重视生态环境，并指出人类的精神生态环境倒塌时便是世界上的物种都灭绝时。

（六）非洲环境哲学发展中的解决方案

　　摆脱贫困、谋求发展，始终是非洲社会的普遍主题。从环境哲学的角度，聚焦非洲人与非洲大陆自然环境的和谐共生，也正是非洲环境哲学在新时代新解决方案的观念指导。

1. 人口与气候变化

　　从人与自然界的和解出发，寻求非洲环境哲学不竭的精神动力，离不开对人口与气候变化之关系的研究。人口动态变化与气候变化的把握对于非洲的可持续发展尤其重要。因为非洲很大一部分人生活在易受气候变化和极端气候事件影响的地区。同时，"气候的变化加剧了非洲的极端贫困和疾病，阻碍非洲大陆的发展；气候变化导致旱灾水灾一再发生；气候变化威胁生态系统的健康和生物多样性的形成；种种不良因素又引起社会的动荡"。气候变化、环境退化、人类健康、社会发展水平之间存在着密切的关系，气候变暖是一切的原因和结果，这对非洲来说是一场挑战。德维迪（Dwivedi）认为，"人们对于环境的作用程度取决于人们如何审视自己与自然的关系。"鲍伊（Bowie）认为，"我们的行动是由我们的想法、价值观、信仰体系所决定的。所以我们的环境观取决于我们的世界观。"如果我们要追求人类生存环境的可持续发展，那么就应把我们的生命和地球上每一种物质作为一个整体来关怀。

　　人与自然的关系，其实也是自然与人的关系。人生天地之间，自然是非人格的本原，人则是自然界中的重要一部分。它也可诠释为人工之技术与神来之笔的天然造化的关系。"人对自然界的改造与利用是必要的，但重要的是人工技术亲自然化的超高实用，不是以狂妄的姿态，不是以破坏自然、伤害自然的代价来赢得人类的尊严。"如果人类要成功地管理工业化和现代化带来的环境衰退，寻求环境可持续性和自然资源的可持续利用已成为必然。对环境危机的教育对策包括：在正式和非正规教育环境中引入环境教育或教育促进可持续发展和后期气候变化教育促进可持续发展。

　　什么是可持续发展？布伦特兰委员会对此高度关注，它将可持续发展定义为"在满足现代人们需要的同时不能损害后代人们满足他们需要的权力"的发展，不仅要考虑现在人生活的利益和福祉，也要考虑子孙后代们的利益。所以，任何影响后代生存的发展都是不可持续的。

　　2. 农耕解决方案

　　非洲环境哲学与农耕文明有深刻的联系。其所对应的农耕解决方案是环境哲学走向环境治理的表现。2008 年 12 月，25 个非洲国家发起了一项倡议，它被称为非洲的气候解决方案。这项倡议被描述为对缓解气候变化的最雄心勃勃的计划，目标是适应与非洲大陆农村生计改善。该倡议涉及碳计量在非洲活动，如减少毁林和森林退化、退化土地的复苏、植被生物量的重新替代、减少土壤耕作和可持续农业实践。"虽然这些提议很可能涉及政治和方法上的挑战，但重要的是要仔细研究有助于非洲农业部门为可持续发展和气候变化适应提供资金的创新想法。"

　　对于非洲的可持续发展，农业至关重要。鉴于数百万非洲人长期处于饥饿状态，农业部门的近期目标包括解决与粮食有关的问题，以期消除饥饿，改善非洲的粮食安全。因此，绿色发展的农业生产应提高到能够满足日益增长人口需求的水平，考虑到自然环境的状况，促进农业出口可以完善非洲的可持续发展。

　　（七）构建生态环境文化氛围

　　对于如何在非洲各国内有效地落实环境哲学的思考，不同哲学家也发表了不同的观点其中有一种反思的声音是对非洲本土环境的自然关注："国外对于环境实践法律技术、概念与哲学在此前一直引导着我们对于自然资源长期的可持续发展，但是缺少了非洲本土文化与宗教的融合。所以，我们应该坚持环境教育、可持续发展教育，并不断融入非洲文化价值观与宗教使命。"生态是更完整意义的自然环境，自然环境是更本原意义上的生态。或者说生态是环境分化演变的产物，环境则是在生态内部起作用的原因。诚如希腊自然哲学家所认为："最初存在的东西在运动变化过程中始终起作用，因此，事物的最初状态或者是构成事物的基本要素，或者是事物存在和运动的缘由。"尊重生态，就是尊重世界事物运动和变化的本原秩序。自然现象的规律性与宇宙万物特定的秩序，需要通过生态理念的引导而得以发现，并得到有效的贯彻与实施。

在这样的社会中，萨尔诺夫（Sarnoff）认为，"虽然现在西方价值超过当地的人道主义价值观。这些西方社会经济进步的知情传统取代了以人道和可持续的社会—自然相互作用为特点的有利于最依赖环境的穷人的地方环境管理。土著人目前对自然的不敬态度应该在外国传统涌入的背景下理解。"所以如今非洲的环境哲学必须能够有意识地唤起居民的环保意识，并让它就如同宗教文化信仰，习惯和风俗一样深深植根于人们心中，成为社会化的一部分。

六、 美洲环境哲学发展概况

美洲环境哲学与欧洲环境哲学关联甚为紧密。其所显现出的咄咄逼人的态势，展现出美洲这块年青的大陆其所蕴涵的生机与活力。美洲环境哲学在多学科相交叉的态势中发展，其开放、多元、融通的气质与美洲大陆自然环境的特征多有吻合。

（一）美洲环境哲学现状

美洲环境哲学的强势崛起与美国这个资本主义世界的大国紧密相关。2018 年 2 月 1 日，我们在国际互联网上访问了美国环境哲学中心（www. cep. unt. edu）。主页上显示，我们是自 1996 年 9 月 2 日以来，这个站点的第 501265 人次的访问者。从 1996 年网站成立之初到现在，访问环境哲学中心的人数日益增加，从最开始的寥寥无几到现在慢慢推广开来，可见环境哲学这一领域活跃程度正在日益增强。

美国环境哲学中心网站的大标题是环境伦理学，在环境与伦理学两个单词之间紧挨排列着几个色彩美丽的虫、鱼、鸟、兽等生物，让读者很快就意识到这一学科领域的主导思想——人类与自然的和谐以及有生命伙伴之间的相依相存的关系，并提醒人们不能忽视它们的存在与价值。

（二）对于美洲环境哲学的诠释

美洲环境哲学是来自环境哲学的区域性论述及凸显美洲环境特点的哲学诠释。它离不开在总体上对环境哲学的把握。全世界不同区域的学者对于环境哲学及其所关注的美洲环境哲学的诠释有不同的见解。但是美洲环境哲学研究主要是来自于理论界对全球生态环境问题的日益关注。汉语世界中少见专门的论述，但还是有一些面上的介绍。环境哲学学者李淑文针对环境哲学表示，环境哲学是"从哲学的视角观照环境问题，把环境问题纳入哲学的研究框架，建立起关于环境问题的新的世界观，重新审视人与环境的关系，并以此指导和规范人类的行为"。同时，刘耳谈到环境哲学和生态时说："环境哲学也在生态伦理学的层面讨论了人与自然环境和谐发展的理论问题和实现途径。"美国哲学家大卫·麦克马伦（David McMullen）则以自己的亲身经历动态描述环境哲学的发展，他说："在我的一次印象深刻的课堂里，老师让我们描述一片土地，我描述的是一片未开发的人类还未涉足的土地。我的老师在我的作业中用笔划出了两个她认为我使用错误的单词，一个是 prosperous（繁荣的）和 productive（创造性的），老师标注道，'没有人类的地方，是不可能有片繁荣和创造性的土地'。"这让他逐渐意识到，人们始终没有认清自己在环境当中的位置，是环境为人们创造交流的空间，开辟创新的殿堂，而不是人类本身。"这么多年来，我对环境哲学的研究帮助我更好地认识到我是谁，我如何看待这个世界。"当人们在谈论社会的进步和科技的进步给人们带来的各种便利时，他却更加对此持怀疑态度，因为不论社会和科技如何发展进步，他认为环境的创造和保持才是这一切的出发点，才是一切建筑的基石，是现代社会的重要基础元素。

（三）美洲环境哲学及其现实意义

美洲作为新兴的大陆，其在现代观念与传统思想的碰撞中蕴蓄着更新环境哲学的力量。环境哲学不是人类的空场。人类是文明的缔造者，也是物质世界发展变化的主要推动者，在整个自然界的生态系统中，人类拥有最强大的物质性力量，占据着核心的主导地位，因而也应当责无旁贷地承担起保护环境、守卫自然的重要任务。但现实的情况却是，在美洲的近现代以来，居民便开始有意无意地成为环境污染的制造者以及生态平衡的破坏者。

随着社会不断进步，美洲居民与环境之间的矛盾日益加深，"工业文明每向前迈进一步，环境污染与生态危机也就随之加深一步，以至于发展到 20 世纪 60 年代，人与自然之间的矛盾空前激化，环境恶化愈演愈烈"，人口爆炸、资源枯竭、能源匮乏、环境污染成为影响全人类生存和发展的全球性生态危机。

美洲环境哲学家们在意识到环境危机后不断反思，如何通过环境哲学这面镜子来反映并弥补当下的不足？哲学家利奥波德，按照经济的逻辑，将人类对生态环境的干预分为以下几个方面：①大型肉食动物被从金字塔的顶端砍掉；②农业通过透支土壤肥力或以驯养物种取代本地物种的方式，扰乱了能量流动的渠道，甚至耗尽了能量储存；③通过污水或者拦截水坝的方式，工业将保持能量循环所需要的动植物除掉；④交通使得生长在一个地方的动植物被带到另一个地方被消耗掉，地区性的能量循环被打破。他说："这些人类所带来的改变不同于进化意义上的变化，其所产生的影响将会比我们所想象或者遇见的要复杂深远。"美国哲学家莱斯特·布朗针对美洲环境失衡提出见解："激烈的人工干预模式使用得越少，金字塔在重新调整的过程中获得成功的概率就越大。"同时，萨拉（Sala JFA）在将环境哲学与现实实践联系时，说道"将地球保卫和环境哲学观结合起来，面临两大挑战，首先需要确保在完善环境过程中面临的土地限制和导致的经济问题，还要将拉丁美洲环境哲学的概念和方法联系起来。"

（四）美洲环境哲学发展脉络

1. 美洲环境哲学的起源

美国第一届生态哲学会议于 1972 年在美国佐治亚大学召开，其会议记录在 1974 年以《哲学与生态危机》为题出版，主要内容为探讨生态与哲学之间的内在关系。1979 年，尤金·哈格洛夫（Eugene C. Hargrove）等人创立杂志《环境伦理学》（Environmental Ethics），成为美洲首个研究生态哲学的专门性期刊，标志着美国生态伦理学的哲学研究领域的正式确立。20 世纪 80 年代，随着生态哲学发挥着越来越重要的学术影响力，生态哲学研究领域进一步的扩展，以哲学家卡伦·沃伦（Karen Warren）为代表的女性生态主义的讨论成为研究热点，1989 年《地球伦理季刊》创刊并成为美洲生态哲学的主要刊物。

2. 美洲环境哲学的高潮

20 世纪 90 年代，环境哲学研究呈现出新的发展高潮，其标志是一大批在国际上有着重要影响力的环境哲学期刊创立，比如 1990 年创刊的《生态伦理的国际社会》、1992 年的《环境价值》、2001 年的《生态与伦理》《环境哲学》。同时美洲环境哲学在理论构建方面也呈现出百花齐放、百家争鸣的局面，泰勒和罗尔斯顿是客观非人类中心本能价值论的代表，科利考特是主观非人类中心价值论的代表，哈格洛夫是弱人类中心主义内在价值论的代表，布赖恩·诺顿（Bryan Norton）是弱人类中心主义的代表，强调用务实价值理念来替代内在价值理念。

3. 美洲环境哲学发展中的瓶颈

美洲环境哲学在工业文明的境地中深陷物质主义、消费主义的困境。蒙特雷的生命伦理学研究所将拉西拉河（La Silla River）比喻被称为"最后的生命之河"，因为它是大都市圈中唯一流动着的河流，其他的河流已经不能承受大面积工业污染废弃物的排放。它旨在研究公民道德观与生态环境之间的关系，让他们欣赏生态、美学、经济的经验，这些拉丁美洲的经验提供了一个跨学科的对话与合作。让人们通过一些隐喻明白公民与生态是在同一条船上，而且我们航行的船与水都在我们心中。可是当时的人们往往将自己与环境分离开来。"如果人们认为环境是包括人类的，那么人们在对待环境和解决环境问题时就不会表现出武断。"在 20 世纪 60 到 70 年代的美国，人们将自己看作是特殊的，从而与自然剥离开。人们不断在空气中排放矿物燃料，不断减少森林面积，不断挖掘山丘，侵蚀山川湖海，贫瘠的土壤上植被不良，泥石流危害频发。气候变化危机昭告了我们人类空间所形成的传统的熟悉的伦理道德开始变得与自然不协调了。现在的我们面对的是真切的永久性气候变化的威胁。

人们必须认识到，地球上的所有事物，不论生命非生命都是相互联系、不可分割的，"是这种联系的存在支撑着我们如今的生活，渗入到环境、医疗、经济等各个方面"，所以那时的美国急需生态观的变革，让人类真正融入自然与环境中。

4. 美洲环境哲学瓶颈的突破

企望走出困境、突破瓶颈的美洲环境哲学，需要着眼于从正本清源的角度还原其自然主义和生态中心主义的脉络。面对环境恶化的严峻现实，环境主义者都清楚地认识到了保护环境的重要性和紧迫性。但是在环境主义者的内部，由于不同的个体或团体持有不同的世界观和价值观，他们在为何保护环境以及如何保护环境的问题上争论不休，这导致他们在许多涉及环境治理的问题上相互牵制，无法形成一致的行动，从而使得制定和落实环保政策的效率都大打折扣。美洲的环境主义者和反环境主义者在关于环境哲学与其现实意义上的争论上喋喋不休。美洲的反环境主义者关注的是实践性，是现实生活中的事情，比如，"当我们谈论到砍伐树木，反环境者在意的是建造家具需要多少钱，伐木工的工资等；而环境主义者在乎的是这些木材能否被回收再利用，砍伐木材是否会对当地生态造成不良影响等。"环境主义者和反环境主义者相互否定对方，在关于砍伐的后果上争论不休，环境到底是为了更多的工作而付出，还是为了更好的生态而创造？

为了解决这一困境，诺顿提出了"理性的生态世界观"和"环境主义统一体"的主张。首先，他承认环境主义者之间存在争论是现实的，也是可接受的，因为不同国家和地区的人们具有不同的政治、经济和文化背景，也有不同的利益诉求，使得环境主义者在环境问题上争论的角度各有不同，并且用不同的词汇表达自身诉求，这导致他们无法具有共同的世界观和价值观。不像其他社会运动，环境运动缺少共同的理论原则。

但是，人们不应该在争论面前踌躇不前。有时候，争论是人为造成的，那些环境主义者并没有看到，他们实际上是可以拥有共同的生态世界观的。诺顿认为，只要人们理性地和现实地思考环境问题，那么纵然大家在许多具体问题上无法达成一致，但至少可以形成三点基本共识：其一，赞同以生物学和进化论为基础的本体论，即赞同生物进化过程是一种受自然环境制约的、相互联系的有机系统；其二，赞同一种怀疑论的和构建主义的知识论，即承认人类认识能力的有限性，知识构建虽然有助于理解自然，却无法穷尽自然；其三，赞同一种在自然面前保持谦卑的伦理学，即人类在追求自己的目标和干预自然时，要有节制，不能打乱稳定的生态系统。诺顿认为，只要环境主义者接受这些基本共识，形成理性的自然生态世界，那么他们就会接受一种较少物质主义和消费主义的环境友好型价值观。

5. 美洲环境哲学发展的其他脉络

除了美洲环境哲学发展的主脉络以外，萨拉谈到，"人类在延续历史和发展的同时，保留了除了语言以外的一些观念。是这些观念帮助我们去观察、感受、思考并决定我们行为的方式，它们帮助我们更好地理解这个世界。即使这些观念不一定正确，但是我们也不能够谴责它们"。他认为，是它们形成了我们生活的传统，构成了我们人体的血与肉，人们在进化的过程中通过学习，不断推翻所谓的绝对真理，以另一种视角，通过自己来感知这个世界，环境哲学的发展正是如此，从多元化的视角看待环境哲学，必然会有不一样的收获。

（1）美洲环境哲学的人文脉络

美洲环境哲学有其固有的人文脉络。文学理论发展中的生态批评逐渐成为热门，文学家们也逐渐意识到环境对于人类发展的重要性。铿锵的文字可以改变这个世界，让世界与众不同，是文字让人类与其他动物不同，让生活得以记录，供世代阅读。而我们当前的环境危机不是仅仅经过几年或者几代人就造成的，而是在千万年数世纪的人类不断进化的文化和信仰中形成，所以我们更是需要从历代的文学记录中了解如何深入文化信仰的内部着手改善当代的环境危机。例如在蕾切尔·卡逊的《寂静的春天》一书中，用大量的事实揭露了农药污染对自然界中包括人类在内的一切生命的严重危害，增强了人们的环境保护意识。亨利·戴维·梭罗，被誉为当代环境运动的主动力，对于环境哲学进行了深入研究。巴巴拉·沃德关于《只有一个地球——对一个小小行星的关怀和维护》的报告，再次强调了环境对人类社会存在和发展的重要性，并对建立地球上的新秩序提出了建设性的意见。

　　"罗马俱乐部"的第一份研究报告《增长的极限》指出："如果世界人口、工业化、污染、粮食生产以及资源消耗按现在的增长趋势不变，这个星球的经济增长就会在今后的一百年内某一个时候达到极限。"这就说明，人类的片面追求经济增长必然导致环境和资源的极限，人类应将环境保护放在首要的位置去考虑，证实了环境意识的重要性。哈格洛夫教授 1979 年在《美国环境态度的历史基础》文章中就专门论述美国的环境哲学和环境态度是来自于西方的科学与艺术，不是东方的，也不是自发的，但是有着其鲜明的本土特色。

（2）美洲环境哲学的宗教脉络

　　美洲环境哲学的学科构建过程中面临着一个不可忽视的问题，就是如何处理哲学和宗教之间的关系，这是美国环境哲学的哲学传统性的体现。传统宗教观点认为，上帝创造自然是为了让人类通过认识自然而认识上帝。宗教是一种对于接近于上帝的认识方法，而环境哲学作为独立于宗教的新的哲学学科的出现，它与宗教的定位该如何解释，是环境哲学融入美洲哲学中必须要面对的问题。

　　从美洲环境哲学和宗教的关系来看，未来美洲环境哲学的发展必然同各种宗教尤其是有着巨大影响力的宗教发生联系，因为宗教教义中不可避免地要解决的是人和自然的关系定位问题，而现存宗教中往往还保留着朴素的生态伦理与生态保护的观点，如何来协调两者之间的关系是未来环境哲学研究的重点。

　　在美国许多天主教会中，可持续发展环境伦理已经被作为正式的教义纳入其中。天主教生态伦理是生态伦理学的重要组成部分，也被看作是人类中心主义和非人类中心主义的连接桥梁。尤其是教皇保罗二世对于生态伦理的支持，1987 年教皇就在他的著作和演讲中提及日益兴起的生态意识，以及教堂的伦理教化中应当包含有生态伦理，因为在人和自然之间的统一关系上，教会伦理和生态伦理是高度统一的。

　　而对基督教徒来说，人是由上帝创造的，而自然是孤立的存在着的。艾伦·德伦森（Alan Drengson）在理解宗教与环境的关系上说认为宗教历史的重要意义在于让现在的我们了解自然环境是如何在历史中，在道德层面上影响人类的发展，同时，也促使了人们更好地发挥在人际交往中的创造力。"大自然的鬼斧神工让我们寻找到生活的意义。我们可以让每一刻的生活都过得充实而有意义，我们称之为：生活在一个有信仰的宗教环境里。"他认为，在过去的历史中，我们是恐惧死亡的，但是现在的我们在死亡面前毫不畏惧，并把死亡视为一种对于有限生命的无限的探索。"现在的人们思想和意识的涣散是因为迷失在了深层次的精神环境上的自我意识中，并且不知如何去拓宽自我精神意识。"

同时，也要使宗教在环境哲学的发展中有更多的进步作用。伊冯·盖巴拉(Ivone Gebara)认为宗教在环境哲学的发展中有着重要的作用，"它连接着人与人，还将人与地球、自然的力量联系起来，它涵盖社会批评、自我反省，促使着环保主义者的持续运动。"

(3) 美洲环境哲学实践视角

目前，美洲环境哲学的实践性还不够充分。美国环境哲学的实践性是美国生态哲学的印记。正如影响美国环境哲学最为深刻的奥尔多·利奥波德在《大地伦理学》中所传达的那样，"环境问题在性质上是一个哲学问题，如果要想使保护环境有更多的希望，我们就需要提供某种哲学的方法。"由此可以看出，美国生态哲学从一开始就奠定了美国生态哲学的问题导向与实践意义。

美洲环境哲学家的实践转向并不是一帆风顺的，早期的生态哲学家过多关注于学术探讨，学术著作的对象也多是专业学术群体，大家只看到了哲学在人类思辨能力上的贡献，没有发挥哲学在推进人类实践发展中应当发挥的作用。环境哲学实践转向的开端来自于 20 世纪 80 年代的环境伦理学的实践转向，原有的生态哲学只是关注生态修复和外来物种的入侵，这与 20 世纪的哲学领域研究和社会实践问题离得太远。所以当传统的生态哲学家在回应具体的社会问题时经常显得"有气无力"，"他们的著作总是显得太理论化，从而导致理论被束之高阁，不能够产生更加积极高效的社会推动力。只有很少的环境哲学家关注他们的思想是否真正有实质性意义，是否真正关注到了社会性的问题。"

环境哲学家认为应当把生态环境理论更多地作为一种社会政策，而不是仅仅局限在生态哲学的讨论之中。1994 年，诺顿(Norton)教授和哈格洛夫(Hargrove)教授对应用哲学和实践哲学做了区分：应用哲学关注的是从理论问题到现实问题；实践哲学是指从具体实践中产生，将哲学的观点通过改善和适应的方法映射进这些具体实践中去。同样的观点，莱特(Light)教授和卡茨(Katz)教授在《生态实用主义》(Environmental Pragmatism)一书中倡导"用多元论和非还原主义来解决生态环境问题，通过这样的方法可以找到更加贴合实践的方法，来缩小生态哲学理论、生态环境问题、生态政策分析、生态环保运动和生态环境意识之间的鸿沟"。1994 年出版的《生态伦理与政策：哲学、生态与经济》(*The Environmental Ethics and Policy Book：Philosophy，Ecology，Economics*)，标志着生态哲学的实践性转向的完成。

《环境伦理学》杂志的创始人美国北德克萨斯州大学生态哲学研究中心主

任哈格罗夫教授同样也强调生态哲学家需要发挥社会影响力。1998 年他在《20世纪的生态哲学》(*Environmental Ethics at 20*) 一文中批判指出："与生态哲学创立初衷相背离，现在大多数的生态哲学家都沉浸在学术象牙塔中，只进行理论上的争辩，而缺乏面对实践问题的关注。"2003 年，他在《错在哪里？谁应当被责问》(*What's Wrong? Who's to Blame?*) 一文中发问，"为什么生态哲学家在社会政策的制定过程中没有发挥出自己应当发挥的作用？现在的许多生态哲学家的思想和工作做出了学术上的贡献，但是他们的成果并没有进入到政策分析中去。"

（五）社会生态的责任氛围

那种把自然看成是人类征服对象及改造的客体的思想，是西方近代以来所孕育的现代性产物。直接产生在工业文明基础上的现代性，以笛卡尔唯理论的主客二分的哲学范式来分析世界的存在，从人类中心主义的视角出发看待自然界的生存演变的过程；它不仅在物质及市场交易的层面加强了经济生活对公民的人身束缚，而且也形成了在工业社会生产力崇拜之下公民对金钱及商品的依赖。在物质实利主义的利益趋向下，人类从自然界走出来的结果是在消费主义的竞赛中忘却了自然甚至是糟蹋了自然。美国哲学家杜威提出，"将道德共同体扩展及整个生态系统，不存在哲学思维上的障碍。从人类的实际生存状况来看，我们确实需要倡导一次道德革命，不仅从对道德进步的追求的角度看，我们需要一次道德革命；从人类生存的安全角度看我们也需要一次道德革命。"不论站在世界的边缘，还是站在城市的中心，生态不言自明，就在那里。它构成了无处不在、无时不在的世界，甚至是我们可以触及的宇宙。

自然在时空长河的演变中，既无边际也无终点，它与无限复杂的宇宙融合在一起，以一种无所不有、无处不在的事实，提醒着我们关注一个相互联系客观统一永恒长存的存在。哲学家反思世界的方式，是需要自然主义的生态思维。所以，构建生态环境伦理应当是生态伦理的核心部分，整个社会应当形成一个生态责任文化氛围，在这个文化氛围之内所有的公民都应当对他们所生存的环境以及没有人类涉足的自然承担我们应当承担的责任。"人类如何建设自我存在的世界揭示了自然界发展的可能性和人类对于未来的态度。人类对于自我存在世界的建设和愿景包含着人类同自然界未来发展的可能性。"生态责任要求人类在对未来世界的构建中应当更加尊重自然。我们现在所面临的生态危机，就是人类生态责任缺失的恶果。

参考文献

Aldo L. A Sand County Almanac：and Scketches Here and There [M]. New York：Oxford University Press，1949.

Chukwunonyelum A C K，Chukwuelobe M，Ome E. Philosophy，Religion and the Environment in Africa：The Challenge of Human Value Education and Sustainability[J]. Open Journal of Social Sciences, 2017, 01(6): 62-72.

Museka G. The quest for a relevant environmental pedagogy in the African context: Insights from unhu/ubuntu philosophy[J]. Cereal Foods World, 2012, 4(10): 258-265.

Ojomo P A. Environmental ethics: An African understanding[J]. Journal of Pan African Studies, 2011, 4(8): 572-578.

Roger J H K. Environmental Ethics and the Built Environment[J]. Environmental Ethics, 2000, 22(2): 115.

樊小贤. 道德"应该"的生态伦理归向——从自由意志与道德"应该"的关系出发[J]. 西北大学学报(哲学社会科学版), 2009, 39(03): 159-163.

方红波. 从环境哲学的视角看庄子思想[D]. 西安: 西北大学, 2003.

韩德民. 生态世界观: 儒家和后现代主义的比较诠释[J]. 中国文化研究, 2006(04): 22-36.

李晨阳. 是"天人合一"还是"天、地、人"三才——兼论儒家环境哲学的基本构架[J]. 周易研究, 2014(05): 5-10.

李晖. 澳大利亚生态环境保护的经验与启迪[J]. 广东园林, 2006, 28(4): 43-45.

李淑文. 环境哲学——哲学视阈中的环境问题研究[M]. 北京: 中国传媒大学出版社, 2010.

罗亚玲. 环境伦理学与非人类中心主义[J]. 学术月刊, 2010, 42(11): 55-61.

马交国, 杨永春. 国外生态城市建设实践及其对中国的启示[J]. 国外城市规划, 2006(02): 71-74.

毛达. 澳大利亚与新西兰环境史研究述论[J]. 郑州大学学报(哲学社会科学版), 2010, 43(03): 150-157.

冉毅东. 浅析习近平总书记系列讲话中蕴含的生态哲学思想[J]. 中共乌鲁木齐市委党校学报, 2017(03): 23-2

孙道进. 马克思主义环境哲学的研究现状及其理论特质[J]. 南京林业大学学报(人文社会科学版), 2008(03): 47-51.

王子彦, 刘春伟. 我国环境哲学研究的现状、问题及转向[J]. 东北大学学报(社会科学版), 2010, 12(01): 1-4+10.

薛富兴. 环境哲学的基本理念[J]. 贵州社会科学, 2009(02): 10-19.

[日]岩佐茂著. 环境的思想与伦理[M]. 冯雷, 等译. 北京: 中央编译出版社, 2011.

杨丽杰, 包庆德. 生态文明建设与环境哲学环境伦理本土化——中国环境哲学与环境伦理学2017年年会述评[J]. 哈尔滨工业大学学报(社会科学版), 2017, 19(06): 115-122.

杨通进. 环境伦理: 全球话语中国视野[M]. 重庆: 重庆出版集团, 2007.

殷企平, 何畅. 环境与焦虑: 生态视野中的罗斯金[J]. 外国文学研究, 2009,

31（03）：66-74.

张平．利奥波德的大地伦理学思想探究［J］．才智，（12）：251-254，2014.

赵峰，谢永明．澳大利亚和新西兰的环境管理及政策［J］．世界环境，2001
（1）：14-16.

周国文，卢风．重构环境哲学的契机与趋向［J］．江西社会科学，2012，32
（08）：18-23.

习　题

一、选择题

1. 哲学，是理论化、系统化的世界观，是（　　）概括和总结，是世界观和方法论的统一。

　　A. 哲学知识　　　　　B. 社会知识　　　C. 思维知识　　　D. 自然知识

2. 理学认为人与自然主客合一，主张（　　）。

　　A. 敬畏自然　　　　　B. 亲近自然　　　C. 珍爱自然　　　D. 远离自然

3. 我国环境哲学研究中主要存在的问题有哪些。（　　）

　　A. 我国环境哲学的研究范围狭小，社会公众认知度不高。

　　B. 我国环境哲学研究缺乏理论上的突破。

　　C. 环境哲学的研究同其他相关学科的联系不紧密。

　　D. 环境哲学研究发展过快。

二、判断题

从一定程度上说，中国古代环境保护理论是中国环境哲学的源头。（　　）

三、简答题

简要谈谈中国古代各学派的环境保护理论？

第三章 世界环境哲学的分支报告

有一种观点认为，环境哲学的奠基人是奥尔多·利奥波德，他在1949年出版的《沙乡年鉴》中提出的"大地伦理"概念，为整个20世纪环境哲学和环境伦理学提供了核心观念。

利奥波德是环境哲学的先知，这些今天看来十分精彩的见解，在当时却很难引起人们的注意，《沙乡年鉴》在他死后才出版，人们对《沙乡年鉴》的研究从20世纪70年代开始。而环境哲学得以发展，在很大程度上还要感谢来自现实的环境保护运动，特别是蕾切尔·卡逊。卡逊在1962年出版的《寂静的春天》给当时的美国人一个当头棒喝。这标志着美国社会最终接受了卡逊的见解，也标志着全社会环境保护运动的开始。正是由于卡逊的努力，利奥波德超前的"大地伦理"才会真正演化为一个持续的环境哲学运动。

而到了现代，一部分学者将20世纪中期以来西方以环境伦理学为核心的环境哲学称之为"新天人学"，它的主题是天人关系，是对20世纪世界性环境危机的深入反思，是对近代社会"人类中心主义"天人观的否定，由此而得出的新型天人观可以"有限自然""有限地球""有限人类"和"依天立人"概括之，它们将对当代文明新形态之建立产生深刻、广泛和持久的影响。

自2008年全球金融危机以来，国外生态学马克思主义以开发马克思的劳动价值论的生态思想为主线，开展了三个层面的理论研究：第一个层面是以马克思的"社会代谢"概念为核心，重建马克思的自然本体论；第二个层面是以马克思的自然本体论的"自然—社会"框架或生态辩证法改造环境社会学，建构起马克思主义生态科学的社会学；第三个层面是把马克思的物质代谢理论运用于研究生态帝国主义现象，发展了马克思主义的帝国主义理论。通过这三个层面的理论建构，生态学马克思主义打通了马克思主义哲学与当下实践的关系，进而对当代生态危机和社会危机最重要的问题，即气候恶化和粮食危机，进行了批判性的反思，以此论证资本主义的不可持续性。这一批判性的反思，既论证了马克思劳动价值论的当代意义，又展示了生态学马克思主义的批判性和世界性的特征。

中国的环境哲学是从环境伦理学研究开始，从自然辩证法研究中发展而来。人与自然的关系延伸进入伦理学研究领域，生态哲学就从环境伦理学发展起来。在思考自然界的价值以及人类与自然界的关系等问题时，引发了环境伦理中"人类中心主义"和"非人类中心主义"的争论。自然价值、自然权利问题是环境伦理学的一个焦点。生态自然观是从分析科学技术所产生的问题以及技术异化开始的，把自然观和价值观联系到一起是由生态哲学的整体思想决定的。

当今世界生态环境日益恶化，我们不得不重新审视人与自然的关系，反思我们的自然观，从理论层面寻找解决生态问题的良策。马克思恩格斯的自然观因其内蕴丰富的生态哲学思想，吸引了研究者的视线。马克思以实践的人化自然观及生态哲学思想，为人类把握人与自然的关系提供了全新的哲学视角和思维方式，是建构科学生态文明理论的思想基础，是人类建设生态文明社会的基本思想原则。在人们思想不断进步的同时，环境哲学蓬勃发展，越来越多的学者投身到环境哲学的研究当中，在自然、社会、文化、政治等领域也涌现出了许多优秀的研究成果。

生态环境问题是马克思主义研究的一个问题，但不是核心问题。有关论述还不足以完全应对当代复杂的生态环境问题；在马克思的时代，生态科学还未真正发展起来，还未有对自然的承载力和生态容量的充分的认识。而当代社会，生态环境问题已经关系到人类生存和可持续发展，我们对"控制自然"的说法就要持更审慎的态度。在今天这样生态环境千疮百孔的时代，在建设生态文明和提倡绿色发展的时代，对于自然，我们还是多讲"尊重""顺应""保护"，而少提"控制""统治""支配"。

马克思恩格斯直面资本主义社会日趋突出的生态异化问题，全面系统地阐述了人与自然的辩证统一关系，认为自然界是人的无机的身体，人给自然界打上了自己的印记，通过社会实践实现人与自然的物质、能量和信息变换，人与自然的关系直接就是人与人的关系。他们还揭示了资本主义社会生态异化问题产生的认识根源和制度根源，并提出了解决的具体路径，即观念改变是前提，制度变革是核心和根本，科技发展是关键。马克思恩格斯的生态异化批判思想，对于解决当今时代日益严重的生态问题，建设社会主义生态文明，具有重要的借鉴和指导意义。

马克思恩格斯生态思想的逻辑起点是人与自然的辩证关系，人与自然的关系是人与人关系的基础，人与自然的关系表现为持续的、永恒的物质交换；"实践"的观点是贯穿其整个思想体系的理论线索，是理解人与自然关系、人与人关系的基础和关键；对资本的本质、特征的揭示，成为马克思恩格斯生态思想的"探秘钥匙"，资本的逻辑决定了资本主义生产方式对自然环境和人与自然之间合理物质交换的破坏，资本导致的经济危机必然引发生态危机；"人类同自然的和解""人类本身的和解"是马克思恩格斯生态思想的价值取向和理论旨归，前者为后者创造物质基础，后者为前者提供社会前提，"两个和解"彼此相依、和谐统一。

有机马克思主义是马克思主义生态重塑的"结果"。无论是其有机共同体的世界观、文化嵌入式的方法论、为了共同福祉的价值观等生态哲学理论，还是其生态社会主义和生态文明的实践方案都表明，它具有怀特海主义和马克思主义的双重色彩。就其核心而言，马克思主义是而且必须是生态哲学和环境哲学。简言之，马克思主义阶级分析方法具有明确的生态哲学意蕴，是生态哲学研究必须坚持的科学方法。这样，有机马克思主义就在坚持阶级分析这一马克思主义政治底线的同时，发现和确证了马克思主义阶级分析方法的生态哲学价值。

一、 世界自然环境哲学的发展概况

自然环境是环境之本源，是自然界之所在。自然环境哲学是基于自然环境的哲学形态。世界自然环境哲学，实则是立足于地球的非人动植物所生存之生态环境的哲学思辨。

人和自然的关系问题是一个古老且永恒的哲学命题，同时也是一个决定人类命运的当代核心课题。从远古至今，人类为了生存和发展，用智慧同劳动不断地利用自然、改造自然以创造适合自身生存的环境。随着人类的进步、社会的发展，人类从自然界获取了巨大的财富，同时也给自然界带来了巨大的危害，出现了生态危机和环境恶化。工业文明以来，一方面，人类对自然的作用已经极大地改变了自然界的面貌；另一方面，令人类始料未及的是，工业文明激化了人与环境之间的矛盾，恶化了人类的生存环境，引发了全球性的生态环境危机。

人类为了持续发展，不断提高自己的生活质量，必须充分认识自然规律。人类发展到今天，应该而且已有能力主动调整自身行为，实现人与自然的和谐发展。正如恩格斯所说：“我们连同我们的肉、血和头脑都是属于自然界，存在于自然界的；我们对自然界的整个统治，是在于我们比其他一切动物强，能够认识和正确运用自然规律。”

20世纪70年代以后，人们逐渐认识到人与自然关系和谐的重要，现代生态文明兴起，人类重新追求人与自然关系的和谐。在现代新的生态文明中，占主导地位的环境价值观，是建立在对自然环境与人类关系的科学认识基础之上的，它认为人存在于自然之内，人既是自然之子，又是自然之友，人和生物圈具有共同的命运。一方面，人与自然是一种依赖、服从关系，人作为生物体是自然界的一部分，要参与自然环境的物质循环和能量流动，依赖自然环境提供的物质生产资料，要服从自然环境生态平衡规律；另一方面，人与自然又是一种改造与被改造关系，人作为自然界的一个特殊组成部分和最高产物，具有能动性。人以其心理的、社会的及文化的因素影响自然环境，通过社会劳动有目的、有意识地改变环境，创造属于人的自然界。人与环境是一种对立统一的关系。从这一基本观点出发，现代环境观的价值取向是人与自然的和谐发展，希冀人类返本归真、回归自然、重新返回到自然的怀抱之中，以自然之子的身份作用于自然，改造自然。在这种尊重自然及其规律的思想中，要求人类转变环境观念，转换社会经济发展方式，由人类中心主义转向人与自然和谐发展，由以牺牲环境为代价的社会经济发展模式转换到人与自然和谐发展、经济增长与环境保护协调发展的模式。

西方环境主义认为人类在地球上的频繁活动将导致地球整个生态系统的破坏，要想解决环境问题就必须限制人类活动，缩小经济发展规模，避免人口过剩；而生态学马克思主义则指出，生态危机产生的根源是由于资本主义私有制的存在，环境污染和人口过剩是资本主义剥削自然和剥削人类的结果，

只有建立生态社会主义社会，绿色环境主义者和马克思主义者的可持续发展理想才能实现。在生态哲学的限制性模式下，生态哲学解决了人口、社区和生态系统生态的概念和方法问题。而在其扩张性的模式下，也解决了生态经济学、生态心理学等人类生态科学的基础性问题。

从历史的角度考察，无论是中国还是西方，早在上古之时，节能环保、合理利用资源的思想就已出现。这些观点，无疑是维持人类生存发展的明智论述，是我们当今推进绿色发展的理论基础。2000 年之前，中国的生态哲学主要从人工自然的角度研究人与自然的关系、研究自然观，2000 年之后转向从技术异化的批判角度研究人与自然的关系以及自然观。21 世纪的今天，节能低碳、和谐发展，已成为世界各国的重要发展主题。现代环境危机引发人们对环境问题进一步反思，人与自然的关系成为关注的中心。"可持续发展"是当前"全球问题"。环境问题的本质是人与自然关系的失衡。问题的提出和解决是同时发生的，环境问题的解决必须重建人与自然的和谐统一。

对于环境问题，曾有学者提出复杂性范式的概念。复杂性范式对于解决环境问题提供重要启示，从而推动人类对自然环境的认识向前发展，提出复杂性自然观，使人类重新看待自然和环境。并且复杂性理论能够提供新的解决环境问题的研究方法，包括隐喻方法、虚拟方法、模型方法和综合集成方法等。这就使人们对于环境的认识发生转向，即从简单性向复杂性、从决定论向非决定论、从实体构成论向有机整体论、从机械论向自组织演化论的转变。在复杂性哲学视域中解决环境问题具有重要意义。环境正是一个开放的自组织系统，是一个演化的系统，而复杂性理论主要就是关于自组织、关于演化的理论。它能够提供解决环境问题的认识论基础和方法论指导，为人类实现可持续发展提供动力，最终达到人与环境的和谐相处。

马克思恩格斯的自然观是在超越黑格尔派的唯心主义自然观，扬弃费尔巴哈为代表的旧唯物主义自然观的基础上形成的。与黑格尔派的唯心主义自然观不同，马克思恩格斯自然观强调自然对人的优先地位和客观存在性与费尔巴哈的旧唯物主义自然观不同，马克思恩格斯自然观强调从人以及人的实践角度去理解自然，强调人的主体作用。既肯定自然对人的优先地位和客观存在性，又强调人的主体能动性，强调从实践的角度理解自然，这是马克思恩格斯自然观内在统一的、不可或缺的两个方面，抽掉了其中的任何一个方面都是对马克思恩格斯思想的背离。"马克思理解自然的方式既不同于唯心主义，也不同于唯物主义，而是采取把这二者结合起来的方式，马克思曾经把这种方式称为'彻底的自然主义或人道主义'，认为这种方式是把唯心主义和唯物主义结合起来的真理，从而避免了在探索自然时走两极的偏颇，使自己的自然观呈现出既不同于唯心论的也不同于机械的自然观的新特征。"

二、 世界社会环境哲学的发展概况

社会环境是立足于从社会的角度体现环境的存在。它更多地是从人与人所组成的社会关系之层面去考量环境的内涵和结构化的存在。

世界社会环境哲学是着眼于世界不同地域社会环境的存在而产生的哲学。环境问题，除了单纯自然灾害以外，多是伴随着经济和社会的发展而出现的。人类面临的主要生态环境问题都与经济活动有着密切的关系，以全球环境变化、人口剧增、资源严重短缺、环境污染等为主的生态和环境问题，都是经济活动直接或间接的后果。当今的环境问题源自人类中心主义的价值观和世界观，正是这种价值观，导致了人与自然的对立。世界是"人–社会–自然"的复合生态系统，环境哲学以整体论世界观，从而建立起了人与自然的"合理的协调"关系，这是环境哲学对现代哲学的一个贡献。

对生态文明的普遍诉求，不仅表现在人们从理论上呼吁构建生态文明，以及对生态文明进行了初步画像，还在于人们更多地从生态文明建设的各领域探讨人与自然的和解，将生态概念运用到生态文明建设各领域之中并与之结合，提出了生态经济、生态政治、生态文化的范畴并予以实践化。然而，现代工业文明对自然世界的不合理性，不仅表现在经济、政治、文化层面，还表现在整个社会层面。作为生态文明建设领域的经济、政治、文化的生态化，无疑对社会本身的生态化有着重要影响，甚至在一定程度上制约着社会的整体运行轨迹，然而，这并不等于社会本身的生态化。虽然说生态危机是经济的危机、政治的危机、文化的危机、科技的危机，但是从本质上讲，生态危机则是人类社会本身的危机。无论是生态经济还是生态政治，抑或是生态文化，都侧重于某个向度对人类改造自然的实践活动进行批判和总结，而我们需要从社会存在的总体性角度对当代中国社会与生态危机的关系进行深刻反思，在关注经济、社会、生态环境三者协调兼顾与全面发展的基础上，创建一个人与自然和谐共生的社会形态。构建生态和谐社会，是中国遵循自然规律，高度重视自然资源，解决生态环境问题，走可持续发展道路的必然选择与共同目标。显然，构建生态社会是一项长期而又复杂的系统工程。我们不仅需要改变现代工业文明经济、政治、文化的运作方式，使之与自然界和解并使自身生态化。

在《2014年世界生态文明发展之路》一文中，张孝德回顾了2014年世界生态文明的发展和发现。虽然世界生态文明发展举步维艰，但步子还是在往前迈进着，而且与往年相比，一些引领未来重大变革的新因素正在酝酿之中。与此同时，改变未来的小众经济和民间力量快速成长，成为引领生态经济发展的新潮流。有机农业经济、家庭农业经济、社区支持农业、新农夫市集、分享经济等关键词值得关注。

从20世纪90年代中期起，西方环境哲学逐渐摆脱了对环境伦理学的过度沉迷，开始从更为宽广的视野来研究环境哲学问题。环境哲学从宽广的角度来研究环境哲学问题，不仅包括环境伦理学，还包括环境美学、环境本体论、环境神学、科学哲学、生态女性主义和技术哲学。生态危机威胁着环境的自然平衡，其中面临着危险的不仅是动植物，而且首当其冲地包括了人类的健康、生活条件与其基本生存情况。因此，在伦理层面与政治层面意识到保护生物多样性或濒危物种的必要性，并不意味着我们要与人文主义或"人类中心主义"进行斗争。拯救环境的斗争必然是一场改变文明的斗争，这场斗争不仅仅涉及个别社会阶级，而且在人文主义层面涉及整个人类群体，可谓是一件必行之事。当然，这场斗争必然也涉及未来的世代——他们因愈加无节制的环境破坏，可能面临着一个未来无法生存的星球。在过去，汉斯·约纳斯（Hans Jonas）等人的生态伦理学主张只立足于未来世代的权利；如今，这种生态伦理学主张已经被超越了。现在，我们所面临的问题更加急迫，而且与现今世代之间有着直接的联系。生活在 21 世纪初的人们已经亲眼目睹，资本主义制度带来了严重的破坏性后果以及生物圈的污染现象，而在未来的二三十年中，更年轻的一代可能还将面临包括气候变化等在内的生态灾难。

马克思恩格斯生活的年代，人类社会的生态问题诸如土地贫瘠、山林荒秃、矿藏枯竭、气候恶化、河流污染、空气污浊等已经开始呈现，并且得到像德国化学家尤斯图斯冯李比希、生态学家恩斯特·海克尔、动植物学家卡尔·弗腊斯的重视和关注。马克思恩格斯受到这些人的启发，以当时自然科学发展的成果为依据，运用系统性、整体性原则，关注经济、社会、生态环境的协同进步与发展，辩证地考察了人口与资源、环境与社会以及发展等重大社会问题，形成了自己的生态社会观。基于利奥波德的大地伦理学，克里考特所提出的整体主义环境伦理学亦即生态中心论旨在化解全球性的环境危机。在实践层面，这种环境伦理学以生态系统的健康作为最终判据，并展示了人与自然和谐共存的理想形态与方式。关于物种保护的立场，生态中心主义倾向"谨慎性"的态度。应该说，生态中心论对于当前的环境管理策略具有重要的借鉴意义，然而，它的实践体系也存在着自身的张力。相关研究分析指出，生态中心论以自然本底为参照的实践判据过于单薄，它无法肯定实践主体的道德性存在，也难以为物种保护提供坚实的伦理学依据。特别地，夯实生态中心主义的整体实践论需要对笼统的自然之"善"进行必要的限定。

三、 世界文化环境哲学的发展概况

文化环境是属人的环境，是人类生活、生产所衍生的文化形塑的环境。世界文化环境哲学是因应人类文化活动所产生的世界环境哲学的重要形态。从自然进入文化，生态危机实则是文化危机。但是，西方传统的环境哲学仍旧局限于处理人与自然之间的矛盾关系，并没有看到解决环境问题的实质在于反思文化的根基。中国环境哲学起步较晚，大多直接借鉴西方的环境哲学理论，但未加以本土化研究的环境哲学很难解决中国现实的环境问题。"和"文化作为我国自古以来调节人与自身、人与人、人与自然之间矛盾关系的高级哲理，与当今环境哲学的主题不谋而合。罗马俱乐部创始人佩切伊曾指出：人类创造了技术圈，并入侵生物圈，进行过多的榨取，从而破坏了人类自己明天的生活。如果我们想自救的话，只有进行文化性质的革命，即提高对站在地球上特殊地位所产生的内在的挑战和责任以及对策略和手段的理解，进行符合时代要求的文化

革命。这种文化革命必然创造一种新的文化，即"生态文化"。所谓生态文化的转变，是指从人统治自然的文化转变到人与自然共存共生的文化。具体而言，它旨在运用生态哲学的世界观和方法论去认识和处理现实生态状况，建立科学文明的生态思维模式和生态价值理念，从而在全社会范围内凝聚成一股巨大的合力，共同致力于生态环境保护和人与自然的协调统一。生态文化的产生，表明世界经历一次历史性的变迁，即人类从以损害自然为代价而无限获取财富的文化观念中解脱出来，进入到理性反思和精神创造的过程中，追求一种人类与自然和谐共生共荣的绿色文化模式。生态文化作为人类新的生存方式，它将导致人类实践的根本性转变。生态文化摒弃了物质主义、经济主义、消费主义、个人主义、科技主义，倡导整体主义、绿色消费、绿色科技，等等，这些转变不仅是人类文化不断革新和发展的重要体现，而且直接推动了人类社会的继续前进。试想，在未来的发展中，如果人类仍以人类与自然的分离对抗为思想主题，那么这种文化建设将导致生态环境的恶化趋向极致，同时也把人类置于危险的生存困境。生态文化按照人与自然和谐的理念构建尊重和爱护自然的精神内核，以可持续发展的方式追求人与自然的共同繁荣。可以说，生态文化作为人类文化发展的新阶段，是人类走向未来的必然选择。

"和"是中国传统文化所秉承的一贯之道与基本精神，也是其最高境界，传统文化本质上可谓之"和"文化。西方环境哲学在西方文化的背景下应运而生，但由于其特定的民族性与自身的理论困境，终不能为我国的生态文明实践所直接运用。将传统"和"文化与西方环境哲学结合来实现环境哲学的中国化，无论对于中国环境哲学理论的构建还是对于当前生态文明实践都具有里程碑式的意义。

因此，环境哲学在中国完全可以找到其立足的文化根基。"和"文化作为博大、深邃的传统文化，对当代中国环境哲学理论体系构建的启示，良有以也。其一，对传统"和"文化进行了深入系统的理论分析，总结了传统"和"文化的基本特征和实现途径，从理论上首次阐明了"和"文化的五种表现形态，即阴阳之道的宇宙观、和同之辨的方法论、知行合一的认识论、中庸之德的道德观以及天人合一的价值观，形成了对传统"和"文化的深刻认知和系统把握；其二，将传统"和"文化与西方环境哲学有机贯通，并结合我国当代生态文明实践，以此三个维度的统一创造性地提出了环境哲学中国化的原则、方法以及理论框架的雏形，为环境哲学中国化理论体系的构建迈出了坚实可行的第一步，克服了该研究多年来在理论外围徘徊的现状。

从哲学观上看，文化是哲学的背景，哲学是文化的核心和灵魂。人文的思想文化是属于特定民族的。文化的民族性决定了哲学的民族性。因此，西方环境哲学仅仅是属于西方民族的"西方环境哲学"，而不是普适于所有民族的"一般环境哲学"。西方学者所创造的环境哲学理论是在西方的文化背景下生成并按照西方哲学的思维逻辑构造起来的，因而这种环境哲学和环境伦理学存在着先天的理论缺陷和困境：无论是人类中心主义还是自然中心主义，都是对人与自然的统一关系的否定。自然中心主义与人类中心主义争论的理论实质，就是要在自然与人之间作出选择：到底应该用人去消解自然呢，还是用自然去消解人？由于二者都以消灭对方为基本的价值指向，因而我们从西方传统形而上学内部找不到使这两个中心论得到和解的任何可能的途径。西方的环境伦理学仍然在西方主客二分的架构下，按照西方传统伦理学的权利与义务的关系去解释人与自然之间的伦理问题，也必然陷入理论困境而不能自拔。在中国传统文化和传统哲学中不存在"人与自然"之间的二分法，而是采用"天、地、人"的三分法，通过"道"去解释"天、地、人"的关系。中国哲学坚持"德"与"道"的统一性，用"道"解释"德"："道"是"体"，而"德"就是按照"道"去行"人之事"。"德"，不是由外部强加给个人的伦理规范，而是一种通过对"道"的"体悟"而达到"觉"的一种"境界"（觉悟），这种"德"就是"道德"。西方环境哲学要想消除它所遇到的理论困境，就需要从不同于西方文化背景的中国的文化和哲学中去寻找新的理论资源。中国的传统文化和传统哲学是环境哲学的故乡，它对于当代西方的环境哲学来说，具有"始源的""本真的"意义。"环境哲学的本土化（中国化）"是以中国的传统文化和哲学为本，对西方环境哲学的自主选择和根本改造，是中国环境哲学在当代的新发展。

四、 世界政治环境哲学的发展概况

政治环境是源于人类公共生活安排而产生的政治领域及其活动、制度。世界政治环境正处于百年未有之变局之中。世界政治环境哲学则是基于全人类政治活动及其格局而产生的观念形态。现代科学技术的飞速发展给人们带来了生产力和社会的巨大进步，使人类的物质生活得到了极大的满足，但同时也给人类带来灾难和危机，尤其是人文价值上的危机。现代技术下的人们在功利主义的驱使之下，只顾盲目地追求高利润和高生产力，忽视了对人类自身的关注，导致自身与他人、自身与世界产生了疏离。20世纪著名的政治思想家汉娜·阿伦特敏锐地认识到了这个危机，并且对危机的表现和根源进行了精辟的分析，最后阿伦特给出了自己的解决办法。

阿伦特认为公共领域才是人类本真生存的政治世界，而现代技术下社会领域消融了公共领域，所以她希望通过恢复公共领域来解决现代价值危机，实现人的本真生存。总体上来说，阿伦特对现代技术下的人类困境的分析是非常精辟的，但是对危机的解决方式就显得有些薄弱。她希望将技术与政治区分开来以实现政治世界的本真，而当今时代，技术的危机恰恰正需要政治的手段来解决，技术与政治是相互依存的。实现人类的本真生存，我们要做的不是抛弃现代技术，而是如何实现技术与政治间的良性互动，使人类在丰富多彩的生活世界中实现本真生存。

随着生态危机的全球化趋势加剧，生态问题越来越受到世界各国的关注，生态环境问题逐渐被提升到政治问题的高度。作为世界上最大的发展中国家，如何把生态哲学理论融入到政治建设中，为社会主义生态文明建设做出自己

的贡献，这是生态政治面临的一项重大课题。生态政治是政治建设的应有之义，生态文明是政治建设的重要价值取向，这已是无可争辩的事实。政治建设的最大指向是科学执政，那么生态文明则是科学执政的重要指标和衡量准则。马克思主义认为，政治是经济的集中表现。生态政治是在生态危机和环境污染的背景下产生的，是经济发展受到生态环境影响和制约的一种表现，它所反映的仍然是经济问题。生态政治，是关于生态哲学理论与政治运动、政治建设的一种融汇，更多地体现在体制与政策导向。霍尔巴赫曾指出：政治是治理国家的艺术，或者说，是使人们增进社会安全和幸福感的艺术。生态问题的出现，直接损害着人们的经济利益和身体健康，也日益关系到人类生存和发展的生态安全和生活幸福感，正是基于这种状况，必然要求人们在政治上做出积极回应。生态问题的最终解决往往也依赖于政治干预。就是说，生态政治化的趋势已经明朗，并具有非常现实的存在意义。客观地讲，把生态哲学理念融入政治建设，并不是中国政府的首创，而是依赖于西方生态政治理论的借鉴和启示所形成的，生态政治理论则发端于生态政治运动。

人类面临的环境危机在不断发展变化，人们对此危机的认识远非达成一致，世纪之交的环境哲学也还处于发展之中。虽说环境哲学即使在西方也尚未完全取得被主流哲学认可的地位，但环境哲学家们提出的很多问题正越来越引起人们的关注。

在理论层次上，当前环境哲学中最重要且最具创造性之处是自然价值理论。确立自然界除对人有工具价值之外还有其内在价值是建立非人类中心论的重要环节。在这个问题上集中了不少环境伦理学界最重要的理论家，他们各自以不同的途径进行理论建构。罗尔斯顿与泰勒虽在一些具体问题上存在分歧，但总体上都是客观非人类中心内在价值论者；考利科特较为严格地遵循利奥波德的思想，是主观非人类中心内在价值论者；哈格洛夫一般被认为是弱化的人类中心内在价值论者；萨果夫虽很少谈论自然价值的问题，但在观点上与哈格洛夫相近；诺顿是弱化的人类中心论的创立者，但他也进行了价值理论的构建，试图用一种较实用的价值概念取代"内在价值"。薛富兴教授曾经说过，哲学的最基本问题，不是物质与意识，而是人与自然的关系，因为自然环境与对象始终是人类现实生存的基本条件，是对人类命运永恒的根本规定。这一问题依中国古代哲学的说法，叫"究天人之际"。

对中国而言，一些思想家很早就意识到了对自然的利用和改造。在终极意义上人与自然万物是不可分割的整体，离开自然环境，人类将无以生存，更谈不到发展。为此，老子提出了"知止"，庄子提出了"天和"的思想。这既是他们为人生设想的终极追求，也是他们为实现天人和谐提供的方法。老子以"止"德排遣干扰，虚静心境，从而与道冥合，与物同体，由"心和"达到"天和"。庄子的"天和"是人与自然关系最佳状态的中和美、平衡美。庄子不仅把与天地和谐视为人生最大最美的追求，还把它视为人生最大的欢乐。要实现"天和""天乐"就要下番"原天地之美""明天地之德"的工夫，修炼具有"知止"之德、"天和"之美的圣人之心。只有具备了朗照天地、洞察道体的圣人之心，才能做到"与物有宜而莫知其极"，从而平等、宽容、仁爱地善待天下万物，做到与自然万物和谐融洽，实现人生终极追求和最大欢乐。当然，儒道两家"天人合一"中所指的"天"和我们现在的自然环境并不完全等同，但他们对人与自然和谐相处的慧见卓识，形成了古代中国传统的环境哲学思想。虽然作为人类社会早期的思想，其立意基于农耕社会的状况，但在地球环境恶化、人与自然关系紧张、人类生存受到全球气候变化威胁的今天，深思他们"执古之道，以御今之有"的箴言哲理，以此反思人与自然割裂的教训，以期完善人与自然的关系，确立人与自然和谐共生相处的道德规范和信仰是很有意义的。

参考文献

陈永森."控制自然"还是"顺应自然"——评生态马克思主义对马克思自然观的理解[J].马克思主义与现实，2017(01)：14-21.

陈望衡.《礼记》的环境观[J].中州学刊，2017(07)：88-93.

杜秀娟.马克思恩格斯生态观及其影响探究[D].沈阳：东北大学，2008.

范星宏.马克思恩格斯生态思想在当代中国的运用和发展[D].合肥：安徽大学，2013.

何萍，骆中锋.国外生态学马克思主义的新发展[J].吉林大学社会科学学报，2015，55(06)：93-102+174.

李世雁，鲁佳音.中国生态哲学理论的发展历程[J].南京林业大学学报(人文社会科学版)，2016，16(01)：32-42.

刘鲁红.环境问题的哲学再反思[J].沈阳建筑工程学院学报(社会科学版)，2004(01)：50-51+60.

罗平.环境问题的哲学反思[J].重庆建筑大学学报，2002(06)：48-51.

孟嚣巍.环境问题的复杂性哲学思考[D].长春：吉林大学，2013.

迈克尔·洛威，马特.论生态社会主义伦理学[J].鄱阳湖学刊，2017(05)：105-109+128.

王玉梅.当代中国马克思主义生态哲学思想研究[D].武汉：武汉大学，2013.

邢焱.马克思恩格斯生态哲学思想研究[D].长春：吉林大学，2008.

薛富兴.环境哲学的基本理念[J].贵州社会科学，2009(02)：10-19.

杨通进.探寻重新理解自然的哲学框架——当代西方环境哲学研究概况[J].世界哲学，2010(04)：5-19.

喻包庆.马克思恩格斯生态异化批判及其当代启示[J].鄱阳湖学刊，2017(05)：65-75+127.

Baird C, Clare P. 2004. General Introduction for Environmental Philosophy：Critical Con-cepts in the Environment[M]. London：Routledge Press, 2004.

习　题

一、选择题

1. 环境哲学的奠基人是(　　　)，他在 1947 年出版的《沙乡年鉴》中提出的"大地伦理"思想，为整个 20 世纪环境哲学和环境伦理学提供了核心观念。

A. 克莱门茨　　　　　B. 利奥波德　　C. 保罗·泰勒　D. 克里考特

2. 在思考自然界的价值以及人类与自然界的关系等问题时，引发了当前环境伦理中最重要的(　　　)争论。

A. 深层生态学与浅层生态学

B. 人类中心主义与非人类中心主义

C. 生物中心论与动物解放论

D. 生态女性主义与生态男权主义

3. 构建生态社会是一项长期而又复杂的系统工程。我们不仅需要改变现代工业文明(　　　)运作方式，使之与自然界和解并使自身生态化。

A. 经济　　　　　B. 政治　　　　C. 文化　　　　D. 资本

二、判断题

在今天这样生态环境千疮百孔的时代，在建设生态文明和提倡绿色发展的时代，对于自然，我们还是多讲"尊重""顺应""保护"，而少提"控制""统治""支配"。(　　　)

三、简答题

阿伦特给出的对现代价值危机的解决办法是什么？

第四章 世界环境哲学发展之问题与挑战报告

一、 世界自然环境发展过程中所面临的问题

环境哲学源于自然生态环境。它对人类与非人动植物生命的关注，是环境哲学的生命之本。地球上的一切生命都不是孤立存在的，每种生命都与其他生命和环境相互联系、相互作用，离开了与环境及其他生命的联系，任何生命都将消亡。无论是阳光、水分、土壤等元素，人类和动植物都将难以维系。而生态环境涵盖了如此之多种类，不同种类所具有的利益各不同，在此主要探讨的是三类比较突出的生态环境问题，即水生态、土地生态和生物生态问题。

（一）水生态问题

人类逐水而居。水是所有生物体难以脱离的元素。而关于水生态的理解，主要有广义和狭义之分，广义上是指水因子对生物的影响和生物对各种水分条件的适应；而狭义上则是指水的形态，以及水与其他生态要素之间的关系。在此所谈及的水生态问题主要是狭义说。由此衍生出的水生态利益则是指保护水生态的存在及水与其他生态要素之间相互作用的利益。

从废水排放到河流污染，从湖泊水质恶化到海洋污染，水污染问题是生态环境破坏中最为常见的一种问题，这么多年来全球社会该方面的治理和管控不断加强，但是并未完全遏制该类事故的发生。

（二）土地生态问题

土地是人类的衣食之源。土地生态主要是指陆地表面上由地貌、土壤、岩石、水文等元素组成的综合系统或群落的存在形态，包括但不限于土地与人类以及其他环境要素之间的关系。这其中衍生出的土地生态法则易被理解为法律所保护的土地及与土地有关的元素之间的协调关系。土地生态破坏的问题涉及人为和自然因素所致的情况。在此，主要研究人为的因素所致的土地生态破坏。《2015中国环境状况公报》显示，2015年全国移送行政拘留、涉嫌环境污染犯罪案件近3800件。此外，2015年，全国继续开展农产品产地土壤重金属污染普查，涉及16.23亿亩耕地。这些数据都表明土地生态问题也是我们不容忽视的生态破坏问题之一。

（三）生物生态问题

生物生态主要限于人类以外的其他生物，即动、植物等类别。滥捕滥捞的泛滥，导致渔业资源进入快速衰退期，不仅有多种鱼在走向灭绝，数量和种类都在不断持续下降，水生物资源的恶化不容小觑，这是生物生态问题中典型的困境之一。根据2016年的相关数据统计，我国长江流域的水生物资源

多达 1100 多种，其中涉及鱼类、底栖生物以及百余种水生植物，是我国各大水系中生物资源最为丰富多样的。除此之外，长江水系还有诸多国家级保护动物，算得上是我国多样性物种资源库之一，但自 20 世纪八九十年代开始，生态资源锐减，造成了诸多珍贵生物物种濒临灭绝。

近几十年来全球环境变化已对人类生存、社会经济可持续发展构成严重威胁。据 IPCC 第五次评估报告预测，到 20 世纪末全球地表平均增温 0.3—4.8℃；全球大气 CO_2、CH_4 和 N_2O 等温室气体的浓度已上升到过去 80 万年来最高水平。全球变暖引起降水格局的变化和极端干旱天气将是全球气候变化的重要特征之一，未来多数地区将因降水量的减少和土壤蒸发量的增加而面临严重的和大面积的干旱。由于化石燃料的使用和农业施肥的增加，预计到 21 世纪末全球氮沉降速率会增加 2~3 倍。全球环境变化早在 20 世纪 80 年代就成为了国际学术界关注的热点问题。而生态系统与全球环境变化的研究亦已成为现代生态学发展的一个重要新兴研究领域。随着全球环境变化和人类活动对生态系统影响的日益加深，生态系统结构和功能发生强烈变化，生态系统提供各类资源和服务的能力在显著下降。

当前城市生态系统与全球环境变化研究侧重自然科学领域，尽管相关研究有助于进一步了解城市系统对全球环境变化的响应机制，但指导城市可持续发展还需更多学科的综合运用与交叉参与，特别是环境哲学潜力巨大。近年来，国内外学者对气候变化所导致的健康、贫困生计问题及脆弱性研究是探讨人类社会适应外部环境变化的新尝试，也是人文系统参与全球环境变化研究的新切入点。然而现有生态系统中的人文研究仍显不足，仍需深入剖析系统内不同社会等级群体及其不同资源依赖性所导致的全球环境变化响应差异。此外，由于全球环境变化的影响往往是跨越城市、跨区域边界，现有研究结果对宏观区域而言仍具有不确定性，因此在分析城市生态系统对全球环境变化响应应充分考虑宏观现实背景，加强环境哲学的跨边界比较研究，进一步了解城市系统治理理念与环境变化在局地、区域、国家和全球不同尺度上的反馈效用。

二、 世界社会环境发展过程中所面临的哲学问题概况

自人类文明诞生以来，环境问题就始终伴随。但只是随着资本主义和工业文明的扩展，全球规模的环境问题才凸显出来，呈现出井喷之势，真实地威胁到了人类的生存与发展。那么近代以来人类环境破坏愈演愈烈的原因是什么呢？从马克思主义的立场上来看，要真正理解环境破坏的根源，就必须从人与自然的关系和人与人的关系的双重视角入手，深入到自然所具有的社会–历史性质之中，深入资本主义特殊的物质生产方式的逻辑，即"资本的逻辑"之中。

（一）环境问题的历史境遇

马克思主义认为人不是抽象孤立地面对自然，人是社会性的存在，人与

自然的关系必定以人与人的关系为中介。当我们将环境问题看作人与自然之间产生的冲突和矛盾时，必须看到其背后人与人的关系作为主要制约性因素所起的作用。人与人的关系和人与自然的关系在不同的社会发展阶段呈现出不同的张力。作为资本主义社会主导结构的资本主义生产方式是特殊的人与自然的关系和特殊的人与人的关系双重作用的结果，由此产生的环境后果也必然带有特定的历史性质。按照这一思路，当我们考察前资本主义社会向资本主义社会过渡时，能够看到一种人与人的特定关系不断渗透进入与自然关系的趋向。在前资本主义社会，农业劳动占主导地位，农业生产不可避免地随季节的节奏而变化，生产者与自然之间进行着持续而细致的协调。一方面，生产在大多数情况下是与土地和地方共同体的"自然关系"相契合，即使是发达的手工业和商业部门也带有土地所有制的性质，土地给生产加上了限制，以免于无法修复的伤害；另一方面，阶级剥削关系并未直接渗入劳动的具体过程之中。换言之，人与人的关系（突出表现为阶级剥削关系）同人与自然的关系（农业生产关系）是相对独立的。与此对照，在资本主义社会，正如马克思全面的分析所揭示的，阶级支配主要是通过私人财产权所形成的经济权力得以实现的，榨取剩余价值成为生产过程的内在组成部分；劳动契约作为资本主义生产方式的根本轴心，是特定的人与人的关系即资本主义剥削关系和阶级关系渗入劳动过程核心的标志。与此同时，剩余价值的榨取主要以经济强制为基础，这种经济强制本身又是建立在资产阶级垄断自然的基础之上的，切断雇佣劳动者对于生产资料的控制必然把前者置于资本家的经济依赖地位。因此，资本主义社会具有前资本主义社会所没有的双重特征：人与自然的关系和人与人的关系在资本主义经济生活的商品化中密切关联。这是近代环境问题的特殊历史境遇。

（二）资本逻辑的环境后果

马克思强调在资本主义社会，人与自然、人与人的关系的纽结在于由资本所操纵的物质生产。资本主义是私有制的极端发展形式，它将人对财富无节制的占有的欲望通过制度的形式放大。由于资本以追求利润作为唯一动机，其本性就是不断掠夺自然，最终超出自然自我净化、调整和恢复的能力。一句话，环境问题是资本逻辑的结果。首先，"资本逻辑"意识表现是一种"经济理性"。安德烈·高兹指出，在前资本主义社会，人们在劳动中遵循的原则是"够了就行"。"足够"不是一个经济范畴，而是一个文化范畴。而在资本主义社会，由于生产的目的是交换，以客观的利润为尺度，原则是"越多越好"。量化的方法不需要任何权威、任何规范和任何价值观来确认，效率至上、越多越好、计算与核算成为原则。按照马克思的观点，一方面经济理性使人与人之间的关系变为金钱关系；另一方面使人与自然的关系变成工具关系。"自然不过是有用物"，仅仅满足人类对物质财富的欲望，其满足人们的精神、审美、艺术和生态等方面的需要则被遮蔽或纳入资本的轨道之中。一句话，使人失去人性，从而导致人与自然关系的紧张和一种广泛而深层的生态危机。其次，"资本逻辑"催生了大量生产—大量消费—大量废弃的模式。资本的动机在于赚取利润，为追求利润而进行无限扩张的商品生产，进而造成消费的恶性膨胀和废弃物的急剧增加。资本主义为了维持其合法性，不断向人们许诺提供越来越多、越来越新的产品；宣扬和鼓励消费主义的生活方式，制造与人的真实需要无关的虚假需求，引导人们在商品、符号和景观的堆积中，享受一种虚假的自由和幸福。人们也越来越依附于商品的异化消费，堕入马克思所批判的商品拜物教和资本拜物教之中。在这样一种消费模式中，人们不是将生活资料充分加以利用，而是为了追求方便将生活资料用完就扔掉，方便性被歪曲为商品的最高价值，"用完就扔""一次性"的产品大行其道。这种大量消费、大量废弃的生活方式反过来又刺激了大量的生产，从而陷入恶性循环。由大量生产所支持的大量消费自然要产生大量废弃物。废弃物是现代社会无法摆脱的问题，它扰乱了人与自然正常的物质循环，是造成环境问题的主要诱因。

再次，资本主义是以追求无限增长为经济发展的目标的自我扩张系统。然而，自然有其发展规律，无论是作为生产的资料还是作为生产的条件，其自我调节和自我净化是有限度的，并且需要很长时间。这样就形成了尖锐的矛盾。因此，正如生态学马克思主义的代表人物詹姆斯·奥康纳所揭示的，在资本主义社会中，有两种而不是一种类型的矛盾；同样，有两种而不是一种危机将引发社会结构的重新整合。资本主义的第一重矛盾是资本主义生产过程中生产力与生产关系的矛盾，它会产生资本生产过剩的危机并导致生产力和生产关系向传统社会主义形式的变革；资本主义的第二重矛盾是生产力和生产关系与其生产条件的矛盾，它会产生资本生产不足的危机并导致生产关系及社会关系向生态社会主义的变革。应该看到马克思主义对这两种危机都有研究，但主要还是集中于第一重矛盾。随着资本主义生产方式的变革，后一重矛盾逐步显露出来。在生产、市场关系、社会运动以及政治等多重维度上存在经济危机与生态危机的相互决定关系。资本在损害和破坏其自身的生产条件的时候便会走向自我否定。

最后，资本主义的全球扩张和全球体系是世界范围内环境恶化的重要原因。发达国家通过对广大发展中国家实施生态掠夺来转嫁矛盾，形成西方马克思主义学者高兹所说的"生态帝国主义"。发达国家不仅将高污染和高消耗的产业转移到发展中国家，还将废弃物（如大量电子垃圾）直接运送到发展中国家。这种极端不平衡的状态，使得发展中国家的环境恶化不仅是本国人与自然的关系问题，更是整个国际分工体系存在剥削和不公正的问题。同样重要的是，资本作为唯一真正不受空间局限的因素，它具有的流动性意味着权利与义务（对雇员、对弱势群体、对子孙后代以及环境保护的义务）真正的、史无前例的、无条件的分离。热钱可以涌入世界上任何地区（当然主要是发展中地区），不择手段地攫取利润而不必计算环境代价，然后随心所欲地离开；

而将伤口、环境成本和处理垃圾的任务留给别人——那些失去生产资料同时又受到地域限制的人。尽管这些国家的政府可以对资本施加某种限制，但是在经济全球化的今天，在很多情况下，它们也有意地或被迫地与资本合谋，使得国际剥削同国内剥削合为一体。生态环境问题已经成为全球范围内资本主义矛盾集中和爆发的一个焦点。

参考文献

安柯颖．生态刑法的基本问题[M]．北京：法律出版社，2014.

谢秋凌．云南东川"牛奶河"污染事件中环境侵权因果关系的认定[J]．云南大学学报（法学版），2013，26(06)：70-73.

徐翔．生态环境的刑法保护路径[J]．重庆社会科学，2018(02)：67-74.

杨玉盛．全球环境变化对典型生态系统的影响研究：现状、挑战与发展趋势[J]．生态学报，2017，37(01)：1-11.

习 题

一、选择题

1. 土地生态主要是指陆地表面上由(   )等元素组成的综合系统或群落的存在形态，包括但不限于土地与人类以及其他环境要素之间的关系。

　　A. 地貌　　　　　　B. 土壤　　　　　C. 岩石　　　　　D. 水文

2. 马克思强调在资本主义社会，(   )的关系的纽结在于由资本所操纵的物质生产。

　　A. 人与自然　　　　B. 人与人　　　　C. 人与环境　　　D. 人与社会

3. 由于全球环境变化的影响往往是跨越城市、跨区域边界，现有研究结果对宏观区域而言仍具有不确定性，因此在分析城市生态系统对全球环境变化响应充分考虑宏观现实背景，加强跨边界比较研究，进一步了解城市系统与环境变化在(   )不同尺度上的反馈效用。

　　A. 局地　　　　　　B. 区域　　　　　C. 国家　　　　　D. 全球

二、判断题

生物生态主要限于人类以外的其他生物，包括动物、植物等。(   )

三、简答题

试论资本逻辑的环境后果。

第五章 世界环境哲学学派派别报告

一、 自然主义的世界环境哲学观

自然主义环境伦理学认为人类应超越仅仅对自身利益与价值的考虑，认识到自然物、自然系统也有其利益与内在价值，值得人们的尊重。自然主义者承认人是唯一能进行道德思考的物种，因而是唯一的道德行为主体（moral agent），但同时认为非人类生命及物种、生态系具有独立于人的利益与内在价值，因而具有道德行为受体（moral patient）的地位。人类作为道德行为主体，其伦理思考的范围不应只限于人类，其道德行为也不能仅以自己的利益为依据；人类对非人类的道德行为受体也有一定的义务。

（一）自然主义环境伦理学的主要类型

自然主义者都认为人类伦理思考应超越人类利益与价值的范围，将非人类利益与价值也加以考虑。根据其将非人类利益与价值定位于什么事物，自然主义环境伦理学大致可以分为三种，即动物权利论、生物中心论与生态中心论。

1. 动物权利论

动物权利论将非人类利益与价值定位于感觉能力，据此只有中枢神经系统较发达的动物才应受到人类的道德关注。这种理论源自19世纪功利主义哲学家边沁（Jeremy Bentham）的一个观点：动物感受痛苦的能力使它们有权不受人类的任意侵害。在当代，这种基于人道思想的观点以辛格（Peter Singer）和雷根（Tom Regan）为代表，反对狩猎、食用动物和以动物做实验等会给动物造成痛苦的人类行为。

2. 生物中心论

生物中心论秉承法国哲学家施韦泽（Albert Schweitzer）的主张，提出我们应将一切有生命之物都视为有价值和值得尊重的。施韦泽曾说："一个有道德的人不会摘取树叶，不会采撷花朵，还会小心翼翼，尽量不踩死昆虫。"当代生物中心论的代表泰勒（Paul Taylor）强调：一事物只要有一种自己的利益，会因我们的行动而受损，就值得我们加以道德的关注。根据这个标准，不单神经系统不够发达的动物，植物等其他生物也在我们道德关注的范围之内。从生物中心论的角度看，在生命体的多种性质中选择感觉能力作为判定一事物是否值得加以道德关注的标准，仍带有浓厚的人类中心论色彩。环境伦理学不能只考虑心理学性质，而应该也考虑生物学性质。一株植物虽不能感受痛苦，但它是一个自发生长的生命体系，其生长、繁殖、修复创伤和抗拒死亡的各种生命机制的精妙往往令人叹服，值得人们的尊重。

3. 生态中心论

生态中心论源于环境伦理学先驱利奥波德倡导的"大地伦理",认为生物群落(community,也可译作"共同体")比个体生物更值得人类加以道德的关注。利奥波德曾长期任森林管理员,主张通过有选择的狩猎来控制动物种群的数量,以维持生态系的平衡。他曾说过:"凡趋于保持生物共同体的完整、稳定与美丽的,就是道德的;否则,就是不道德的。"这句话已成了生态中心环境伦理学所奉行的一句格言。生态中心论往往以物种或生态系这些非实体单位作为道德关怀的对象。著名的环境伦理学家罗尔斯顿基本属于生态中心论者,他曾于多处著文,论证物种作为传承生命遗传信息的基本单位和生态系统作为生命的生发系统,都具有重要的、高于生物个体的价值。

4. 三种自然主义环境伦理学的异同

虽说上述三种理论都主张将人类道德关怀的范围扩展到人类之外,但在一些具体的实践问题上,这三种理论往往会有分歧。例如,为了挽救一种濒危的植物,生态中心论可能会主张猎杀一些以这种植物为食的动物,而动物权利论则会认为不能以造成动物的痛苦为代价去保护无感觉的植物。又如,动物权利论与生物中心论都会主张对在自然条件下受伤的野生动物给予救助,生态中心论则认为应顺其自然,因为让一些个体动物受伤死去是自然生态系统保持平衡的机制之一,也是自然选择的一种方式,有利于该物种的进化。有学者提出"扩展的共同体"的理论,将环境伦理学作为传统伦理学的延伸,同时试图将上述三种自然主义环境伦理学纳入同一个理论框架。温兹(Peter Wenz)建立了"同心圆理论",西尔凡(Richard Sylvan,原名 Richard Routley)与普兰伍德(Val Plumwood,原名 Val Routley)则用大树的年轮来比喻这种模型。这种理论以作为道德主体的自我为中心,向外以一系列圆圈,依次代表对家人、邻居、社区、国家、人类、未来世代人的义务(传统伦理学),及对家养动物、野生动物(动物权利论)、植物(生物中心论)、濒危物种、生态系、地球生态圈的义务(生态中心论)。这种理论还提出历史上道德观念与伦理思想演进的一个模式:人们首先只对与自己切近的人群(如自己的家庭、氏族、自己所属的阶层)产生道德关怀,但随着社会向前发展,人们活动的范围日益扩大,人们之间的交流与沟通逐渐增多,原来被排斥在道德共同体之外的群体(如被征服的民族、奴隶等)也逐渐被纳入了道德共同体。到现代,人们已建立起一些对全人类的道德义务。随着道德共同体进一步扩展,人类就可以将非人类生命纳入道德共同体,从而在更广的范围内获得道德的觉悟和感受到价值的存在。

(二)环境哲学与其他思潮的交汇

环境哲学的迅速发展,引起了其他领域学者的关注,研究环境哲学的学者也努力寻求与其他领域的接合点,从而形成了环境哲学与当代西方其他一些思潮融汇与相互渗透的局面。其中,生态女性主义、后现代环境哲学与神学环境哲学较为引人注目。

1. 生态女性主义

生态女性主义由女性主义学者凯伦·J·沃伦(Karen J. Warren)首倡,其基本观点为:环境危机在一种很重要的意义上是由于现代西方文化以理性寻求控制和支配自然的倾向。社会对自然的控制与支配和对女性的控制与支配有深刻的联系,二者皆出于一种男性偏见。女性对待自然像她们对待他人一样,更多地表现出一种关爱。社会应该赋予女性以更多的权力,让她们来矫正男性的偏见。人们必须对男权制下的社会组织方式与相关的价值观念加以改造,这是从根本上解决环境问题的前提。

2. 后现代环境哲学

后现代环境哲学认为,启蒙世界观是造成现代社会对环境破坏的一个重要原因。启蒙运动留给现代社会的两大遗产,一是张扬理性,二是关于社会不断进步的理念。对理性的张扬强调人类的独特性,让人类高高凌驾于自然之上,将自然仅视作服务于人类利益的资源。强调社会不断进步的理念鼓励科学技术与工业生产的高速发展,还使人们相信,随着人类文明的进步,社会对自然的依赖和受自然的限制越来越少,现代工业社会的发展基本不受生态的制约,结果造成了对自然的掠夺式开发。因此,人们有必要对启蒙世界观作深刻的反思,对社会的价值观与工业生产组织都进行深层的改造。

3. 神学环境哲学

神学环境哲学试图矫正在基督教世界流传甚广的"征服自然"的观念,认为此观念是曲解了神所定的人与自然的关系。自然是神的创造物,人类只是代行对自然的管理。神学环境哲学强调:公义、爱、对创造物的关心是解决环境问题的关键所在。此外,神学环境哲学还从东方的哲学与宗教传统及一些土著民族的自然崇拜中去寻找启示,认为道家的无为和与自然合一的思想,佛教尊重生命的传统,以及印第安及其他土著民族强调人与其他生命形式和谐相处的观念,都可以为当代的环境哲学思想提供启发。

二、 生态中心主义的世界环境哲学观

生态中心主义是在现代生态学的启发和影响下而逐渐发展起来的环境伦理流派。"生态中心主义认为,一种恰当的环境伦理学必须从道德上关心无生命的生态系统、自然过程和其他自然存在物。环境伦理学必须是整体主义的,即它不仅要承认存在于自然客体之间的关系,而且要把物种和生态系统这类生态'整体'视为拥有直接的道德地位的道德顾客。"

生态中心主义的代表性学说有利奥波德的"大地伦理学"、奈斯的"深层生态学"和罗尔斯顿的"自然价值论"。大地伦理学的宗旨是扩大道德共同体的边界,"它包括土壤、水、植物和动物,或者将它们概括起来称为土地",大地伦理学就是"要把人类的角色从大地共同体的征服者改造成大地共同体的普通

成员与公民。它不仅暗含着对每一个成员的尊重，还暗含着对这个共同体本身的尊重"。深层生态学则以生态中心主义平等原则和自我实现原则为两大最高准则，并以上述两个原则为基础，形成了深层生态伦理学的主要观点：在自然观上，认为人是自然的一部分，人必须服从自然规律；在价值观上，认为所有生物种都有其内在价值，要避免社会的等级，精神生活比物质生活更重要。同时，深层生态学认为：生态危机的根源在于我们现有的社会机制、人的行为模式和价值观念，必须从整体上进行改造，才可能解决生态危机。为此，深层生态伦理学者还提出了八项行动纲领作为具体的行动规范。罗尔斯顿的"自然价值论"则把人类对大自然负有的道德义务建立在大自然所具有的客观价值上。罗尔斯顿指出："在生态系统内部，我们面对的不再是工具价值，尽管作为生命之源，生态系统具有工具价值的属性。我们面对的也不是内在价值，尽管生态系统为了它自身的缘故而护卫某些完整的生命形式。我们已接触到了某种需要用第三个术语——系统价值（systemic value）来描述的事物。"由于生态系统本身也具有一种超越了工具价值和内在价值的客观价值——系统价值，那么，人类既对个体和物种负有道德义务，也对生态系统本身有道德义务。

所谓生态人类中心主义，是"伴随着生态和环境问题而发展起来的人类中心主义的又一种新形态，也是人类中心主义的一个最根本的转向"。它以新的理论观、价值观和自然观来处理人与自然之间的关系，重新审视人类自身在宇宙中的位置和人与自然的关系，主张在人与自然的相互作用中，在将人类的共同的、长远的和整体的利益置于首要地位的同时，还应当考虑将人类利益作为人类处理同外部生态环境关系的根本的价值尺度。在生态人类中心主义看来，内在价值不单独归于人类，也不单独归于自然，而是归于人与自然和谐统一的整体。在这个和谐统一的整体中，人又占有其特殊的位置。这就超越了人类中心主义与非人类中心主义，为环境伦理提供了新的价值尺度。正如余谋昌所说："走出人类中心主义，但也不是以生态中心主义建构新的价值尺度，这里并不是二者必择其一的。如果硬要说以什么为中心的话，那就是以'人–自然'这一系统为中心。这一系统的健全和完整是目的。它超越人这个子系统，又超越自然这个子系统，是在它们的更高层次'人–自然'巨系统，以'人–自然'系统的整体性为目标，以此建构新的价值尺度就是'人与自然界的和谐。'"人与自然的和谐，既是生态人类中心主义超越传统环境伦理的出发点，也是生态人类中心主义所追求的目标。

可持续发展作为一种解决人与自然矛盾关系的新型发展战略，如果对其价值取向进行分析，不难发现，"生态人类中心主义"正是可持续发展的伦理观意蕴所在。首先，可持续发展是一种以人为中心的发展观。从其核心、目标及所体现的原则都可以看出以人为本的思想。可持续发展并不否定经济增长，以给人们创造生存和享受的生活资料和生产资料，但这种增长必须是良性的、健康的，其主题应是：为人类的可持续发展奠定良好的基础，既为人类创造一个可持续的生存和自然环境，又为人类创造一个公平的、人人都有权要求自身发展的社会秩序。同时，可持续发展的三个原则——公平性原则、持续性原则和共同性原则，无不体现着对人类自身发展的高度关照，无不是为了人的发展而所提出的要求。其次，可持续发展的目标是人类需要的满足。"满足人类需要和当代及后代对改善社会质量合法渴望，是可持续发展的实质所在。"因而，可持续发展既要求当代利用资源和环境的分配公平，又要求当世人要保持资源和生态，不对后代的生存和发展构成威胁。最后，可持续发展包括生态、经济、社会三个层面。其中，生态的可持续是前提与基础。

可见，可持续发展伦理正是生态人类中心主义的环境伦理：一方面，在可持续发展中，无论是它的何项具体战略与措施，都是围绕着人的利益展开的。另一方面，可持续发展吸收了非人类中心主义的合理主张，将道德关怀扩展到自然范畴，主张在人与自然的相互作用中，将人类的共同的、长远的和整体的利益置于首要地位，既坚持人与自然两个方面的和谐，又要求在二者和谐的基础上，把实现人的全面发展作为一切行动和措施的最终目标。

可持续发展作为当今世界普遍关注的重大问题，是在人类文明面临着重大生态破坏和环境危机的背景下产生的。作为一个明确的概念，"可持续发展"一词在1980年国际自然与资源保护联盟发布的文件《世界自然保护战略》中首先被提出，并在同年的联合国大会上首次使用。1987年，由挪威前首相布伦特兰夫人主持的世界环境与发展委员会，发表了《我们共同的未来》这一著名报告，对可持续发展作出了明确的定义：可持续发展是"既满足当代人的需要，又不对后代满足其自身需要的能力构成危害的发展"。这一定义在1992年联合国环境与发展大会上取得了广泛的共识，并由《里约环境与发展宣言》和《21世纪议程》加以进一步明确、强调和发展。

尽管可持续发展观念已被广泛接受，但对于可持续发展的概念仍存在着各种不同的观点和主张。据考查，"可持续发展"这一术语已被100多种不同的方法定义。相比较而言，可持续发展最权威的和流传较广的定义仍是《我们共同的未来》中的定义。

三、　人本主义的世界环境哲学观

（一）人类中心主义

人类中心主义环境伦理学认为只有从人类利益(包括未来世代人的利益)与价值出发建立的环境伦理学才是可以成立的。这种环境哲学将传统的伦理学应用到环境问题上，认为由于环境的质量与人类生活的质量密切相关，人与人之间的道德义务中常涉及环境中的自然事物，因此有必要对自然事物加以道德的关注。但这不是对自然事物本身的关注，而是把自然作为人与人之间义务的中介或工具纳入伦理思考的范围。"人类中心立场"是人类哲学思考的出发点，"人类中心"贯穿于整个哲学思想史。应时代要求而生的环境哲学无须否定这种传统基础，人类也无法脱离自身的本质规定去保护环境。保护生态环境还需要以人为中心进行思考和行动。以人为本是"人类中心立场"更为恰当的表述，为环境哲学建构提供方法论指导。以包括后代人在内的全体人类为本，以具有自然属性和社会属性相统一之本质的人为本，是环境哲学应有之义。

人类中心主义环境伦理观发展到现在，尽管出现了多种学说，但其基本观点是一脉相承的。具体而言，有以下几点：①在人与自然的关系上，人是主体，自然是客体。人由于具有理性，因而可以把其他非理性的存在物当作工具来使用；②人类的整体利益是人类保护自然环境的出发点和归宿，也是评价人与自然关系的根本尺度。人是唯一具有内在价值的存在物，其他自存在物的价值只有在它们能满足人的利益或丰富人的精神生活的意义上才能得到承认。在20世纪70年代前，人类中心主义是环境伦理学的主流。但随着环境危机的加剧，人们开始反思传统的环境伦理观，人类中心主义也遭到了全面的批判，其局限性也日益显现：传统的强式人中心主义把人看成是凌驾于自然之上的主宰者，这是近代理性主义的产物。随着科学技术的产生和发展以及人文主义思潮的兴起，人类高扬理性的旗帜，征服自然、主宰自然，摆脱自然对人的奴役的观念成为处理人与自然关系的准则。打破人们对自然理性迷信的，正是伴随人类工业化进程而产生的环境问题和环境危机。随着自然资源的日益枯竭和环境问题的日益严重，人们认识到，传统的无视生命的存在价值、一切均以人为中心、把人类的发展建立在对自然资源的掠夺性的开发利用基础上的"反自然"的人类中心主义价值观，已将人与自然的关系引入了绝境，必须予以摒弃。

而现代的、弱式的人类中心主义在非人类中心主义学说的攻击下，也显现出诸多漏洞：①人类中心主义把自然存在物仅仅当做对人有利的资源加以保护，会在实践中由于人的有限理性而遇到一些难以解决的问题；②人类中心主义往往把人所具有的某些特殊属性视为人类有权获得道德关怀的根据。但是，要在人身上找出某种所有人都具有、而任何其他生物都不具有的特征是不可能的，这就使得人类中心主义违背了规则的普遍性原理，陷入了"人类沙文主义"和"物种歧视主义"的困境中；③人类中心主义将人的利益作为环境伦理原则的唯一依据，同利己主义遵循的是同一逻辑。这一方面有循环论证之嫌，同时也否定了人类在道德上超越自我中心世界观的可能性。由此可见，无论是传统人类中心主义还是现代人类中心主义，都存在着难以克服的局限性，也就无法为环境和生态的保护提供足够的道德保障。人类中心主义，并非某种经过精心建构的系统学说，与其说是"主义"，不如视为"立场"更恰当些。"主义"暗示着一种显而易见的意识形态特征和一套完整的理论体系。

然而，被环境哲学讨论或批评的"人类中心主义"并不具有这样的特征，它呈现出的是一种"人类中心立场"。换句话说，"人类中心主义"是被"非人类中心主义"所建构起来的一个批判的对象。为此有必要将其还原为一种"立场"，将"人类中心"视为哲学思考的基础或出发点，这意味着更加客观的、开放包容的态度和倾向。人类中心立场表现在思想意识的多个层面。认识论意义上的人类中心，其实质是理性中心。人类理性是有限的，人无论如何超脱不了自身的限制，以动物本位的立场去认识世界，更不会以生态本位的"上帝视角"去认识宇宙。人凭借自身有限的理性认识世界，"为自然立法"，进而"统治"世界、改造世界。在此过程中，理性能力是人认识世界的核心。任何理论或观点的提出，只能由人提出，由人来解释。"非人类中心主义"不也是人类提出的吗？目的论意义上的人类中心立场将人视为宇宙万物的目的，同时也是人自己的目的。康德在《道德形而上学基础》中指出，"人类……都是作为自身即是——目的而存在着，而不是作为由这个或那个意志随意使用的一个手段而存在着。"人类作为一种生物，必然要以自身为目的，就像其他生物也将自身的生存作为目的一样。更何况人类自我意识的觉醒，意味着人类可以脱离生物性本能对自身存在之目的有自觉的意识和追求。价值论意义上的人类中心立场，受到了"非人类中心主义"最强烈的批判。究其原因，是因为人类工具理性的泛滥渗入到价值领域，使得自然环境在工具理性的视野内，被认为是只有工具价值，成为人类生存和发展的牺牲品。为对抗这种将自然工具化的"工具理性的泛滥"，"非人类中心主义"提出自然的"内在价值"，意在以此为基础反对价值论意义上的"人类中心立场"。严格地讲，将对"泛滥的工具理性"的反对扩展到推翻整个"人类中心立场"，试图以强调自然的"内在价值"否定人类的价值判断主体地位，是一种"过激行为"，超出了必要的范围和程度。

综上所述，不论是思想史上，还是哲学逻辑中，哲学思考始终是围绕着人而展开的，人毫无疑问占据着中心位置。于是，面对无法绕开的"人类中心立场"，环境哲学、环境伦理学的核心问题便应该是：我们需要建构怎样的人类中心立场。

（二）非人类中心主义

非人类中心主义环境伦理观，无论就著作、学说、派别的数量或争论的激烈程度而言，在当代西方人文学界都可算得上是一门显学。但"显学"的地位并不能掩盖其自身的理论缺陷，随着研究的深入，非人类中心主义环境伦理观的局限性也日益显现出来：自然中心主义伦理把自然规律（"是"）作为人类保护自然的道德行为（"应当"）的终极根据，而根据休谟和康德的论证，从"是"中是推导不出"应当"的。自然主义的生态伦理观要抛开对人类利益的关注，企图从生态规律之"是"中直接推导出生态道德之"应当"的做法是行不通的。另外，确认非人存在物的"内在价值"，认为这种价值是其本身自有的，这种观点显然是把价值论同存在论等同起来了。按照这种观点，世界上一切存在物都是有价值的，只有非存在（无）才是没有价值的。这显然是难以说得通的。非人类中心主义无法解决人类的生命与其他生物的生命之间的矛盾冲突。人类的生存必须以一定的动植物为基础，如果认为人类生命与其他生命是平等的，则人类就没有生存的机会；如果认为人类生命高于其他生物的生命，则必然要偏离非人类中心主义立场。可见，非人类中心主义环境伦理虽然为人与自然关系的思考提供了全新的视角并有诸多理论创新，但同样存在着不少理论上的缺陷，也难以提供足够的伦理支撑。

从 20 世纪 70 年代开始，环境伦理学的研究得到了快速的发展，各种理论、学说层出不穷，但与理论研究上的繁荣形成对比的是这门学科在实践中的尴尬境地：在发展中国家，生态中心主义者发现，"第三世界政府（除哥斯达黎加外）对深层生态学不感兴趣，虽然工业化国家图推动它们采取生态措施，实际上什么也干不成"，进而在发达国家，各种以非人类中心主义学说为代表的环境伦理学说，主要为一些激进环境组织所遵奉，难以对主流社会的环境决策产生实质性影响。原因在于：无论是人类中心主义还是非人类中心主义，都是在抽象地谈论人与自然的关系，而忽视了环境伦理的实践功能。可以说，缺乏对现实问题和细节的关注是两大环境伦理流派的共同缺陷所在。对社会现实关注的缺乏，可以说是当代环境伦理学说的共同缺陷，不论是人类中心主义还是非人类中心主义，概莫能外。

参考文献

陈海嵩. 环境伦理与环境法——也论环境法的伦理基础[J]. 环境资源法论丛，2006(00)：1-26.

李勇. 护生：生态中心主义与人类中心主义的统一[J]. 鄱阳湖学刊，2018(02)：65-71+127.

马鸿奎. 建构以人为本的环境哲学——对"人类中心立场"的辩护和修正[J]. 自然辩证法研究，2018，34(03)：114-118.

杨通进. 人类中心论与环境伦理学[J]. 中国人民大学学报，1998(06)：57-62+130.

习　题

一、选择题

1. 据其将非人类利益与价值定位于什么事物，自然主义环境伦理学大致可以分为三种，即(　　)。

　A. 动物权利论　　　B. 生态中心论　C. 人类中心论　D. 生物中心论

2. 观点：动物感受痛苦的能力使它们有权不受人类的任意侵害，出自哪位哲学家。(　　)

　A. 辛格　　　　　B. 雷根　　　　C. 边沁　　　　D. 密尔

3. 生态中心主义的代表性学说有哪些。(　　)

　A. 利奥波德的"大地伦理学"。

　B. 奈斯的"深层生态学"。

　C. 罗尔斯顿的"自然价值论"。

　D. 诺顿的"环境实用主义"。

二、判断题

生态中心主义是在现代生态学的启发和影响下而逐渐发展起来的环境伦理流派。(   )

三、简答题

谈谈生态女性主义的基本观点。

第六章　世界环境哲学的影响

对环境问题和资源问题进行反思，我们认识到，从工业文明向生态文明过渡，这是一个非常长期和复杂的历史过程。一个社会阶段产生和积累的社会基本矛盾和根本问题，无论是人与人的社会关系矛盾，还是人与自然的生态关系矛盾，必须超越这一阶段的发展模式才能得到根本解决。也就是说，生态危机问题，社会危机问题，这是工业文明社会带来和不断积累的根本问题，现在如果仍然按工业文明的思维方式，在工业文明模式范围内，用工业文明的办法，是不可能获得根本解决的。现在，工业文明已经开始走向衰落，工业文明的道路已经走不通了，生态文明正在成为上升中的新文明，建设生态文明将开创人类新时代，创造新世界。生态危机问题，社会危机问题，等等，只有在生态文明模式范围内，用生态文明的思维方式和方法，才能获得根本的解决。从生态文明思考，新的资源开发利用战略，主要是转变生产方式，在生态文明的社会物质生产中统一解决环境问题和资源问题。也就是说，形势已经表明，生态文明是应对生态危机而兴起的。它的主要任务首先是解决环境污染、生态破坏和资源短缺对人类生存威胁的挑战。但是，现在的问题是，40多年来，人们对解决环境污染、生态破坏和资源短缺的问题，虽然作出了巨大的努力，投入最先进的科学技术、人力和资金；但是，问题不仅没有解决，而且还在继续恶化。这里的问题是，不仅在人与自然的生态关系问题上，而且在人与人的社会关系问题上，当今世界，生态危机、经济危机、信贷危机和社会危机，各种各样的矛盾和纷争层出不穷，人民的生活并不安宁和舒适，世界并不太平，冲突甚至战争多有发生。虽然人们对问题有了认识，具有紧迫感，并作出了巨大的努力，但是问题还在恶化中。因而，变革是必然的和紧迫的。

一、　世界环境哲学与绿色发展

绿色发展理念内涵相当丰富，具有较为深厚的哲学基础。绿色发展理念坚持唯物主义世界观，强调要顺应自然、尊重规律、人与自然和谐相处，坚持唯物辩证法的根本方法，强调经济发展和生态保护的辩证统一，凸显普遍联系的整体思维，强调绿色发展是一项系统工程；坚持以人为本的价值取向，强调良好生态环境是最普惠的民生福祉；马克思主义哲学的世界观和方法论特别是唯物论、辩证法、唯物史观是我国绿色发展理念丰富的哲学底蕴。

我国目前生态文明建设的绿色发展理念内涵丰富，是对马克思主义自然观的继承和弘扬，是对中国优秀传统文化和人类优秀文明成果的吸收和借鉴，是对人类更高级别社会形态的构想和阐释。历史唯物主义揭示了人类的历史既是物质生产的历史，也是物质生产者的历史，人民群众作为历史的创造者。

正是由于人民群众的活动，充分体现历史发展的规律和发展的趋势，决定历史最终的方向和结局。马克思、恩格斯在《神圣家族》中提出，"历史活动是群众的活动""历史的活动和思想就是群众的思想和活动。"人民的创造性和积极性始终是党和国家的事业快速发展的重要因素，历史唯物主义的最基本道理，使共产党在任何时候都不会忘记。习近平总书记所倡导的五大发展理念中的绿色发展理念充分地彰显了坚持把人民主体地位放在最高位置的内在要求，这样才能确保人民富裕、国家富强、美丽中国这一绿色发展三位一体、不可分割的目标体系能够有效地得以实现。

（一）坚持把唯物主义世界观内化在人与自然的关系当中

辩证唯物主义认为，顺应自然、尊重规律、人与自然和谐发展三者内在统一。人是自然界的组成部分，人生存于自然界之中，顺应遵循自然演化的基本规律。人与自然是一个完整的有机体，马克思和恩格斯始终将人与自然的和谐发展作为社会发展的理想和目标。马克思主义理论十分肯定自然对于人类的先在性，曾经用自然界是"人的身体"来彰显人与自然之间不可分割的联系，指出大自然先存在，在此之后才进化出人与人类。但人又不仅仅是纯自然，而是有理智、意志和灵魂，人以其独有的主观能动性时时刻刻都在改造自然。自从中国的改革开放后，进入工业化快速发展道路，在经济总量跃居世界第二的同时，也面临着生态环境所带来的巨大压力。习近平总书记曾经说过要求人类要像保护眼睛一样保护生态环境，是站在时代发展高度、在为子孙后代负责的基础上，重申了人和自然和谐相处的生存之道，深刻反映了全人类对于重新调整人和自然关系的迫切要求，指引了人类超越资本主义的工业文明、迈向更高级生态文明的前进之路。

（二）坚持把唯物辩证法的作为绿色中国发展的根本方法

唯物辩证法揭示了物质世界普遍联系和永恒发展的内在规律，要求人们在认识和改造世界过程中，充分运用辩证的方法观察和处理事务问题，克服局限性和片面性，不断有效提升辩证思维能力。改革开放以来，我国经济虽然得到飞速发展，但生态环境问题也越来越突出。对此，习近平总书记坚持唯物辩证法的根本方法，把生态保护和经济发展有机的辩证统一起来，提出了"绿水青山就是金山银山"的科学论断，"两山论"生态文明观体现了矛盾的普遍性与特殊性相统一，这是唯物辩证法的精髓。矛盾的普遍性与特殊性、共性与个性是辩证法的基本范畴。"两山论"把生态文明视为中国特色社会主义的本质属性，也是建设中国特色社会主义重要论断。对此，习近平总书记强调，我们追求人与自然的和谐、经济与社会的和谐，通俗地讲就是要"两座山"，既要金山银山，又要绿水青山；宁要绿水青山，不要金山银山；绿水青山就是金山银山。

（三）坚持用普遍联系的整体性思维来思考绿色发展

强调绿色发展是一项系统工程，普遍联系是辩证法的基本范畴，也是唯物主义者认识世界、改造世界的根本原则。放眼整个浩渺宇宙，任何事物都不能孤立静止地存在。习近平总书记一再要求，要以系统工程的思路抓生态文明建设。可以从三个方面理解生态建设的整体性和系统性。其一，大自然是一个相互依存、相互渗透的系统。总书记曾指出："山水林田湖是一个生命共同体，人的命脉在田，田的命脉在水，水的命脉在山，山的命脉在土，土的命脉在树。"这一精妙论述清晰地展现了自然生态各部分间的有机联系，要开展保护生态和建设生态的工作就必须进行整体保护、系统修复、综合治理。党的十八大报告首次提出将生态文明建设与经济建设、政治建设、文化建设、社会建设纳入中国特色社会主义事业总体布局。

　　我国已经进入全面建设小康社会时代，这是用现实成果可以进行直观检验的基本事实。经过改革开放40多年的快速发展，生态环境问题已成为重要的民生问题。习近平总书记指出，人民对美好生活的向往，就是我们的奋斗目标。这朴实的话语阐述了党的宗旨，也是马克思主义唯物史观的体现。保护自然生态、建设生态文明是一项系统的综合工程，净化政治生态也必须实现全方位全覆盖。健康洁净的政治生态，必然会与天蓝地绿水净的生态文明建设相辅相成，为中国梦的早日实现而不断努力。

二、 世界环境哲学与环境立法

　　环境法不同于传统法律部门之处，就在于它将法律的视域从人与人之间的关系扩展到了人与自然的关系。因此，环境法规范的价值来源也就必然要突破传统的"人域伦理"。正是在这个意义上，"环境法应以生态伦理为定位"这一命题得以成为学界共识，同时也成为研究环境法与环境伦理（生态伦理）关系的逻辑起点。

　　当我们认可环境立法应以环境伦理为定位时，也就意味着环境伦理的要求应在法律上予以体现。以法理学的视角，这便是一个道德法律化的过程。

　　环境法作为一个新兴的部门法，短短几十年间已在世界范围内得到了快速的发展，在我国也不例外。迄今为止，我国有关环境资源的全国性法律法规已多达上百件，具备了相当的规模。但环境状况却是"局部地区得到控制，总体状况仍在恶化"。造成这种困境的原因，有学者指出，归根结底在于缺乏环境伦理的坚实支撑，而"环境法的困境在于缺乏环境伦理的内部支持"。这无疑是从根本上说明了造成环境法困境的原因，但这只是问题的一个方面。如果遵循道德法律化必要性论证和可行性论证的进路，来考查环境伦理进入环境法的可能性，就会不无尴尬地发现：当代的环境伦理学说并不能为环境法提供坚实的支持，因而环境法的困境，不仅是实践中的困境，也是伦理基础上的困境。

　　退一步说，即使当代环境伦理中的一种学说在理论上说服了学界，论证了其道德上的正当性，并成为一种社会共识，在道德法律化的第二步即可行性论证上，它同样无法通过。这是由当代环境伦理的共同缺陷所造成的。如前所述，缺乏对现实问题和细节的关注而抽象地谈论人与自然的关系是当代环境伦理学说的共同缺陷。以"可合理期待性"衡量，环境伦理对实践问题的忽视，使其在面对现实中复杂多变的环境保护问题时缺乏说服力，自然无法提供"合理期待性"和法律所需要的稳定预期，也就难以作为一种法律规范有效运作。

如前所述，无论是人类中心主义还是非人类中心主义，都不能成为环境法的伦理基础，而陷入伦理困境中的环境法急需重构其伦理基础。可持续发展已在世界范围内获得了广泛的认可，无论是在国家与国家之间，还是在一国内部，都已成为一种共识。可持续发展一经提出，就得到了世界范围的高度重视，特别是在 1992 年联合国环境与发展大会上，170 多个国家的国家元首和政府首脑签署了实施可持续发展战略的纲领性文件，充分表明了可持续发展在国际层面上已达成全球性的共识，并获得了最高级别的政治承诺。在国家层面上，各国更是对可持续发展和《21 世纪议程》作出积极回应。据联合国估计，到目前，全世界已约有 100 多个国家设立了专门的可持续发展委会，1600 多个地方政府制定了当地的《21 世纪议程》。这充分说明，可持续发展的价值取向和伦理蕴含已获得了人们的认同，可持续发展伦理是一种已普遍化的社会道德并以社会共识的形式表现出来。

可持续发展战略的实施，已使现行法律发生了划时代的转变。《21 世纪议程》就明确指出："为了有效地将环境与发展纳入每个国家的政策与实践中，必须发展和执行综合的、可实施的、有效的并且是建立在周全的社会、生态、经济和科学原理基础上的法律与法规。"在国际法层面上，很多国际环境条约已明示地或默示可持续发展原则。如 1992 年的《生物多样性公约》在序言中重申"各国有责任保护它自己的生物多样性并以可持久的方式使用它自己的生物资源"。1992 年《联合国气候变化框架公约》规定"各缔约方有权并且应当促进可持续的发展。"同时，可持续发展原则还在一些重要的国际组织决议和宣言等文件中得到反映。如 1972 年的《人类环境宣言》宣布"人类负有保护和改善这一代和将来的世世代代的环境的庄严责任""为了这一代和将来的世世代代的利益，地球上的自然资源必须通过周密计划或适当管理加以保护"。而 1992 年的《里约环境与发展宣言》宣布的 27 项原则中也有多项直接提到可持续发展。

在国内法层面上，不少国家纷纷将可持续发展作为制定国家环境法律的指导思想，已开始了可持续发展法律的立法实践。比如，纳米比亚通过一个宪法修正案，要求在所有经济活动中都应考虑可持续发展；爱沙尼亚也于 1995 年制定了《可持续发展法》；再如，欧盟于 1992 年 12 月制定了《欧洲共同体有关环境与可持续发展的政策和行动的规划》，又称《走向可持续性的行动规划》；此外，欧盟于 1997 年 6 月制定的新的欧盟基础条约，即《阿姆斯特丹条约》，已将可持续发展作为欧盟的中心目标，进一步加强了对可持续发展的关心。我国在《中华人民共和国固体废物污染环境防治法》《中华人民共和国大气污染防治法》《中华人民共和国海洋环境保护法》等多部环境法律中，也已将"促进经济与社会的可持续发展"作为立法目的。

在制度层面，环境权在法律上的确立，不仅是可持续发展立法思想的具体化，更是可持续发展伦理从道德权利转化为法定权利的表征。根据《人类环境宣言》的定义，环境权是指"人类有权在一种能够过尊严的和福利的生活环境中，享有自由、平等和充足的生活条件的基本权利，并且负有保证和改善这一代和世世代代的环境的庄严责任。"环境权理论提出后，迅速出现了相关立法和司法实践的响应：在国际上，《人类环境宣言》《内罗毕宣言》《里约环境与发展宣言》等一系列国际性宣言及有约束力的文件都认可了环境权并加以宣示，一些区域性文件也将有关环境权的主张概括进来；在国内法中，有的国家明确地将环境权作为了公民的一项基本权利，如《马里宪法》(1992年)第15条规定"每个人都有拥有一个健康的环境的权利。国家和全国人民有保护、保卫环境及提高生活质量的义务。"而越来越多的国家在制定综合性的环境基本法时，对环境权的内容加以规定。在立法的同时，一些国家通过环境权立法赋予国民获得环境诉讼的主体资格，建立了环境权诉讼程序，并开始了环境权司法审判实践。

可见，可持续发展伦理进入环境法不仅必要，而且可行。因此可以说，可持续发展伦理观即为环境法的伦理基础。从这个意义上说，实现人类之间以及人类与自然之间的和谐，不仅是可持续发展伦理观追求的目标，也是环境法价值的来源与支撑。

环境法作为一门晚近的、蓬勃发展的新兴部门法，向传统的法律制度和法律思想提出了诸多挑战，可谓是"革命的环境法"，也难怪国外一些学者会惊呼"环境法是最不讲道理的法律"。环境法的"革命性"特点固然带来了勃勃生机，但如果只是一味变革而不顾实际情况，有流于空想和虚妄的危险。因此，正如秩序与正义之间的张力支撑了西方法律传统的变革与发展一样，环境法也只有在变革和稳定、超越与保守的张力中才能得以健康发展。所以，尽管可持续发展理论并不完善，可持续发展伦理观在理论上不如生态中心主义伦理那样迷人和先进，生态人类中心主义也会被指责为是对人类中心主义的妥协，但对于环境法的伦理基础而言，它们是合适的、恰当的。历史已一再证明，理想的追求永远要受到现实的制约。从这个意义上讲，永远游走在超越与保守之间，既是环境法伦理基础的唯一可能，更是环境法的归宿所在。

环境法应以环境伦理为定位这一命题已经得到普遍认可，但环境伦理欲为环境法提供价值来源与支撑，还必须回答环境伦理进入环境法"是否可能"和"如何可能"的问题。无论是人类中心主义环境伦理还是非人类中心主义环境伦理，都因其理论和实践上的局限和缺陷而无法满足道德法律化的两个条件，也就不能成为环境法的伦理基础。可持续发展伦理的价值取向是生态人类中心主义，是超越人类中心主义与非人类中心主义的全新的环境伦理观，并能满足道德法律化的两个条件。环境法的伦理基础是可持续发展伦理观。

我国法律对环境问题的调整最早可以追溯到 4000 多年前的夏王朝，而真正通过刑法来进行调整的情况也在商代得以突显。当时法律规定，在大街上乱扔垃圾都会严重到被判砍手，可谓是调整环境问题的严刑峻法。周文王时期颁布的《伐崇令》被誉为"世界最早的环境保护法令"，规定"毋坏屋，毋填井，毋伐树木，毋动六畜，有不如令者，死无赦。"在唐、宋两代，随便烧荒者一旦被抓到，要被判处古代五刑中的笞刑——"笞五十"，即用鞭杖或竹抽打屁股（臀）或背部 50 下；"伐毁树木"的，则以偷盗罪论处。而到了近现代，我国 1997 年《中华人民共和国刑法》就特意增设了"破坏环境资源保护罪"；2011 年《中华人民共和国刑法修正案（八）》为了降低环境犯罪的入罪门槛，修订出"污染环境罪"；2013 年《关于办理环境污染刑事案件适用法律若干问题的解释》中明确具体了污染环境犯罪的相关标准，还对一些概念性问题予以进一步确定，为依法执法、依法审判提供了详细的法律依据；2017 年 1 月，环境保护部、公安部、最高人民检察院出台《环境保护行政执法与刑事司法衔接办法》，为进一步有效解决有案不立、有案难移、以罚代刑等生态环境保护领域的重大难题提供了法律依据。但如何加强立法与实务的对接，仍旧是刑事理论界与实务界探究的重点。

在国外，英国的刑事法律制度与欧洲大陆的制度差异很大，很少诉诸刑法来保护环境。霍金斯（Hawkins）将这一领域的刑事诉讼程序定义为"一种崇高的幽灵，一个潜伏在阴暗的实体中，经常被引用，但是谨慎且很少被揭露"，而且很少被援用。相比之下，莎莉·休斯（Sally Hughes）解释说，有关部门执法不力，使得诉讼水平低下。事实上，随着公司数量的增加，河流污染已经相对较少地被起诉。霍克（Hawke）认为："对环境犯罪的执行可以被认为是有选择性的，不公平的和不确定的，这种违法行为是迫切需要更好、更自由地执行自主权的监管犯罪。"而德国在这方面做了重要的调整。其在 1980 年前关于生态环境法法律规制主要分散在不同的法律之中，《刑法典》仅对特殊的水污染进行制裁，而 1980 年后，《刑法典》新增了"危害环境罪"，尽管与执行这些条款有许多相关的问题，但是德国刑法系统被认为是保护环境的最佳法律制度之一。除了保护环境的刑事规定外，德国也遵循理事会提出的几项旨在实施新政的环保建议。德国政府还组织专门的公诉机关处理环境问题。

法国的法律制度与德国法律制度相反，法国的法律体系缺乏统一的法律机构来处理环境破坏事件，或任何旨在阻止环境犯罪的刑规定。根据德维莫林（De Vilmorin）的分类，法国制度包含了大量法律规定，超过 60 种，他们的违规被认为是"违反"。只有当"法庭警察"对不投诉"违规"施加制裁时，才会被视为"妄想"（犯罪）。已经有一些试图向法国法律系统介绍"环境犯罪"的概念。例如，奇科里尼（Ciccolini）在 1978 年向法国参议院提出了一个有趣的建议。该提案的第 1 条规定："谁的疏忽大意，直接或间接地影响人、动植物，或改变自然环境的平衡状态，就符合该条规定的污染犯罪。"这个建议的目的就是把污染者放在和普通罪犯一样的水平上。然而，这些建议并没有得到接受，而且在大多数情况下，系统保持不变。

三、 世界环境哲学与公民权利

世界环境哲学是公民权利在环境领域落实及兑现的观念支撑。公民权利在第四代人权——环境权的层面，需要以环境哲学作为思想来源。而在更普遍的世界环境哲学的意义上，它更加强了公民权利面向自然界、立足地球的价值基础。当今社会环境权利已经成为人权的重要组成部分，作为平等的人需要享有干净的水和清洁的空气的权利。哲学需要面向现实问题，生态美德的研究方法应当回应现实的需要，这将是生态美德研究得以存在的基础。生态正义和生态美德来自人们天赋的权利，生态正义解决的是人和人在自然层面的深层次的关系，生态美德解决的是人和自然深层次的关系，这两种关系构成了人类社会发展的两个方面，人和自然以及人和人，而哲学所关注的正是这两种关系的发展与互动。正义与美德是西方道德哲学的核心观念，它们在西方哲学发展中具有各自独立的意义形式和逻辑面向，传统论上认为其是两种截然不同的、有时候竟相互抵牾的道德规范模式，但是二者却在生态哲学层面达到了一种统一，这种统一有着自身的逻辑结构和社会基础，是一种突破了西方传统哲学范式与重构新自然主义的哲学方法。

世界环境哲学是面向全球社会公民的环境理念来源。它加强了公民权利的环境认知，也提升了公民权利的生态信仰。在公民权利之自然价值视域的打开中，它指向自然生态系统与生态公民的全球目标，既指向同一个地球生物圈，也指向同一个环境系统的世界。或者说，同一个地球是面向生态的，而同一个世界是面向公民权利的。它呼唤着生态公民的生成，不仅认为没有一个国家能够在与其他国家相隔绝的状态下求得可持续发展，而且认为没有一个公民能够在与其他公民的生态环境相封闭的状态下而求得健全。毕竟只有把生态公民权利融入环境视域，才能让越来越多的公民认识到生态环境是属于全球公共领域的空间，它是共同生态系统的公共资源，更是属于不同国家共享的全球公共区域。

生态公民权利的提出，实质上是一种公民权利的深化，特别是在公民环境权上的拓展。它明确社会公民的生态政治方向，它表现为捍卫自然权利的生态公民社会运动。"绝大多数国家、非政府组织和媒体构成了民间社会的重要组成部分，独立于国家政权的自愿团体的网络常充作公众良心，并被普遍认为对于民主的维持至关重要，民间社会的其他部分包括经营单位、教堂和其他宗教团体，也包括体育文化团体、国际层面上相应的团体（从国际哲学联合会到 Medecins sans Frontieres）可以说组成了全球民间社会，其参与者（不仅仅是那些非政府组织或媒体）可以认为是全球性公民，他们非常关注信仰自由、不歧视、公民自由、政治自由和人权，也关注环境的可持续性。"

一个世界环境哲学的理论及生态世界的体系正在迅速成形，包括每一个生态公民的权利谱系及生活结构在强烈的互动中呈现出轮廓的全球化。生态公民是追求全球生态平衡的实践者，也是对全球生存空间留有具体期待的人群。作为全球生态环境保护改革者的生态公民权利，聚焦于积极参与全球环境治理与生态和谐社会建设的权利。这种权利能否落实，生态公民能否成为全球环境治理的参与者与管理者，关键在于广大公民能否借助世界环境哲学的整体性、平衡性、自然性和系统性对公民权利与全球环境治理的融通有所真正理解。

四、 世界环境哲学与生态保护

世界环境哲学是生态保护的理论支柱。从理论返归实践，生态保护是当今世界善待自然的环保主题。生态保护，从人类实践出发的行动考量，离不开世界环境的整体视角，也不可或缺世界环境之哲学思辩的观念指导。一个整体的自然生态系统是由各种植物、菌类以及动物所组成的，但是在过去相当长的时间之内，由于片面地追求经济上的效益，人们的活动变得日益不理智，进行一种"杀鸡取卵"以及"竭泽而渔"的损害性的开发利用活动，以至于许多植物和动物都濒临灭绝。

目前，对环境和后代的未来问题，社会上有两种极端的态度，一是乐观主义的态度，他们认为人类自然可以解决环境危机，甚至说环境危机是危言耸听；二是悲观主义的态度，他们认为生存意味着消耗、破坏甚至毁灭，人类终究难逃自造的环境厄运。这两种态度都只看到了环境问题的某些侧面，都不足信。尤其是悲观主义态度，它预言，人类最终会因为资源匮乏而导致自相残杀，或者不得不回到独裁、智力下降和道德恶化的状况。这种态度忽视了自我的动态和多元性内涵。其实，自我既有利己的一面，也包含有群体意识的一面。任何一个自我都有社会性，自我的表现与其在社会中担当的角色有关，美国学者马克·萨科夫（M. Sagoff）提出，每一个体都是多种角色的可能组合体，他或她既是消费者也是公民，既能追求个体目标，也能考虑公共利益和共同体的需要。由此看来，面对全人类共同的环境危机问题，人类完全有能力、且应该会做出正当的选择。当然，理论上个人可以承担起公共责任，实际上却未必然，二者的差距如何缩小？仅靠个人努力还是有限的，还需要政府和社会力量切实发挥作用。

世界环境哲学之于生态保护是一种正确价值理念与伦理范式之于人类生活生产活动的观念支撑。如果不断完善的世界环境哲学承认纳什在《大自然的权利》中指出的理念：生态学更彻底摧毁了人类的自负。那么，是伦理学拯救了人类自身的膨胀。以前述的生态公民范式，在生态保护的实践上拥有足够的生态德性以表达出对自然界所有物种的伦理关心，它一方面是自然选择的道德共同体的扩展，另一方面是代际伦理关怀的有效延续。在哲学伦理范式中，生态公民的生态保护以"减少伤害、宽容并存、信奉深层观——这三个原则提供了一个实用的与哲学的目标对于绿色的实践道路。"

21 世纪世界环境哲学界域中的生态保护是生态公民落实生态伦理之理念的行动实践，生态公民主张在人性与自然性相互平衡的伦理基础上建立与此三原则相匹配的生态保护。生态保护是一种自然之道予以人类行为告诫的落实，是人类头顶三尺的敬畏对自然界及其自然规律的遵循，也是生态公民对待自然界众生的理性尺度与有限行动界限之体现。

　　以世界环境哲学内涵为指导的生态公民之生态保护，在减少非人动植物生命伤害的原则上所确认的生态公民理智行动的第一准则在于努力以不伤害自然生态系统的态度修补人类自利行为的缺陷，积极保护生物圈整体性和物种多样性的自然生态环境。正如达尔文在其著名的自然选择理论中所分析的那样，物种总是不断消亡又不断产生。可是，自从工业革命开始以来，物种损失的速率已大为增加。一些物种消失的原因是栖息地丧失，如林地被清辟、草场被耕刨、湿地被排干或填平。一些物种则是因为受到污染的影响。地球是生命唯一而巨大的保护地，但是我们却一直都没有重视它的边界或保护其中的居住者。生态公民的生态伦理不会强加给生态系统什么，因为自然界运转的机制有其自身的规律。因此，世界环境哲学中的生态保护是生态公民寻求环境正义的行动，生态公民绝不是一个功利主义者，因为他们并没有获取个人利益的计划，也没有追逐自身利益最大化的冲动，更没有把自然界的整体福利与人类的舒适度做交易的打算。人类社会任何群体的生态保护都应努力与世界环境哲学在生态中心主义理论上做有效衔接，都应向生态公民的知行合一之精神学习，万万不能以自身所谓积极主动的作为去对生态系统施加不必要的影响，甚至是伤害。因为玷污地球，就是玷污家园；伤害自然，终究是伤害人类自身。只有持续保护好自然界整体生态系统，才能真正守护好人类的当下存在及可持续之未来。

参考文献

Antonio V. The Use of Criminal Law for the Protection of the Environment in Europe：Council of Europe Resolution[J]. Jilb，1990(3)：30-42.

Ciccolini. Proposal Before the French Senate[J]. Proposition de Loi，1978(4)：112-120.

陈海嵩. 环境伦理与环境法——也论环境法的伦理基础[J]. 环境资源法论丛，2006(00)：1-26.

刘磊. 五大发展理念之"绿色"发展理念的哲学探究[J]. 课程教育研究，2017(30)：223-224.

Rob W. Environmental Harm，Ecological Justice and Crime Prevention[D]. Tasmania：University of Tasmania，2007.

徐翔，吴凤. 我国生态刑法的困境与解决路径[N]. 人民法院报，2017-11-1(006).

叶有华. 以"两山理论"为指导，探索编制自然资源资产负债表[J]. 中国生态文明，2015(03)：35-39.

张岂之. 关于环境哲学的几点思考[J]. 西北大学学报(哲学社会科学版)，2007(05)：5-9.

习　题

一、选择题

1. 马克思主义哲学的世界观和方法论特别是(　　)是我国绿色发展理念丰富的哲学底蕴。

A. 唯物论　　　　　　　　　　B. 科学发展观

C. 辩证法　　　　　　　　　　D. 唯物史观

2. 辩证唯物主义认为，(　　)三者内在统一。

A. 征服自然　　　　B. 顺应自然　　　C. 尊重规律　　　D. 人与自然和谐发展

3. 矛盾的(　　)是辩证法的基本范畴。

A. 普遍性与特殊性　　　　　　B. 共性与个性

C. 一元性与多元性　　　　　　D. 主观性与客观性

二、判断题

习近平的五大发展理念中其中的绿色发展理念充分地彰显了坚持把人民主体地位的放在最高位置的内在要求。(　　)

三、简答题

谈谈什么是绿色发展。

第三篇　世界环境哲学发展遵循的原则

关于人类历史转变，马克思说："转变的顶点，是全面的危机。""危机"表示转折，全球性生态危机和社会危机，表示一次时代转折的到来。这是世界历史的一次根本性变革，人类从工业文明社会到生态文明社会的发展，将开启人类文明的新时代。新时代以 20 世纪中叶轰轰烈烈的世界环境保护运动，以及与此相关的新文化兴起为起点。全球性危机作为社会转折的开始，它表示工业文明已经开始走下坡路，并正在走向衰落；生态文明作为新文明正在兴起，将成为人类新文明。人类正在迎来新时代，认识和理解我们的时代是生态文明时代，这是我们一切工作的出发点。生态文化的精神层次的选择是，摒弃"反自然"的文化，超越人统治自然的思想，走出人类中心主义；建设"尊重自然"的文化，实现科学、哲学、道德、艺术和宗教等发展的"生态化"，确立人与自然和谐发展的价值观，实现人与自然的共同繁荣。生态文化的制度层次的选择是，通过社会关系和社会体制的变革，改革和完善社会制度和规范，改变现代社会不具有自觉的保护环境的机制，而具有自发地破坏环境的机制的性质，按照公正和平等的原则，建立新的人类社会共同体，以及人与生物和自然界伙伴共同体，从而使环境保护制度化，使社会获得自觉地保护环境的机制。生态文化的物质层次的选择是，摒弃掠夺和统治自然的生产方式和生活方式，学习自然界的智慧，创造新的技术形式和新的能源形式，采用生态技术和生态工艺，综合和合理地利用自然资源，既实现文化价值增殖为社会提供足够的产品，又保护自然价值，保证人与自然"双赢"。

一、　世界环境哲学必须是以保护环境为原则

就学科特点来说，世界环境哲学以环境作为其研究对象，以哲学的方法反思环境问题，以转变人类环境观念作为基本目标。因而，从学科内涵的角度之上，世界环境哲学形成了一个根本共识，即环境保护。环境保护是世界环境哲学的最大共识，是这一共识将不同的理论融合在一起。

环境保护是一个系统性概念，同时也是一个系统性的实践过程。这一共识或这一主题不只是世界环境哲学所独有的观念，但是从观念层面把握这一共识却是世界环境哲学的领域。众所周知，伴随着世界资本主义的发展，环境问题逐渐成为全球性问题和话题，人类一方面谋求实践层面的解决方案，另一方面也亟须观念上的必要转变。显然，从学科起源及其产生背景上看，世界环境哲学的根本共识已经融合在其根本问题之中。如何从观念层面上转变人类对环境的不当认识，促进人与自然关系的和谐发展是世界环境哲学的根本问题。此根本问题的产生与环境问题是因果关系：正是世界环境问题的日益严重，激发了人类对环境保护的直观反映，在直观反映的基础之上，哲学的反思进一步介入，世界环境哲学应时应势而生。大卫·梭罗是开启世界环境哲学帷幕的思想家。在《瓦尔登湖》一书中我们可以看到，他的自然主义环境思想除了来自他自己对自然环境的热爱之外，还在于对当时美国工业化所带来的种种环境问题所做出的思想反应。

需要强调的是，环境保护与保护环境是两个不同的概念。环境保护是观念层面的内容，而保护环境则具有强烈的实践倾向。所以，世界环境哲学的根本共识是环境保护。这并不是说世界环境哲学不强调实践性，但是与其他环境学科相比，它并不以具体环境问题的产生和解决作为自身的最终研究目标。世界环境哲学由于具有哲学特征，本质上是哲学的一个分支，所以，它最终要解决的问题仍然是观念问题。环境保护与保护环境相比具有典型的观念性特征，它是一个整体性的静态概念。环境保护概念的整体静态性并不否定在其影响下的实践活动。

环境保护作为整体静态性的概念似乎是一个经验性观念，经验性观念何以成为世界环境哲学的根本共识呢？第一，世界环境哲学作为哲学的分支，并不是纯形而上学，虽然它也关心不少形而上学问题，但是，最终它仍然属于实践哲学范畴。比如，环境伦理学作为环境哲学的核心组成部分，是应用伦理学的重要组成部分。第二，从经验性之中可以分析出深层次的哲学问题。

世界环境哲学从整体上看可以被大体划分为人类中心主义和非人类中心主义两大阵营。两大阵营作为两种不同立场是我们下面将要分析的重要内容，在环境保护的角度之上，两者则不存在分歧。因此，我们可以认为，将人类中心主义与非人类中心主义统一在一起的是"环境保护"这一根本性共识。世界环境哲学中的人类中心主义虽然以人类作为中心，但是直面人类所造成的环境问题，并在人类的立场之上持环境保护的观点。非人类中心主义注重自然的价值，反对以人类为中心，面对环境问题，显然认同环境保护的观点。环境保护这一共识是人类中心主义环境哲学和非人类中心主义环境哲学进行对话的基础。

环境保护同现代性密切相关。现代性是贯穿人类近现代文明发展的主题。现代性意味着工业化、现代化和资本主义的生产方式。在现代性所统摄的世界历史范围之内，人类的活动遍布世界各地，依靠工业大生产模式，人类将自然资源开发与生态环境发展对立起来。人类从生态环境中过度开发自然资源，又将工业废料排放到生态环境之中。生态环境遭遇了双重破坏。现代性所带来的环境问题是世界环境哲学产生的现实背景，但更为重要的一个背景则是人类观念层面的变化。在现代性思想普遍产生之前，东方哲学将自然与人类视为一个整体，尤其重视自然之"天道"，虽然各种思想的解释路径不同，但都承认自然超越人类的特性。西方哲学虽然不同程度地带有现代性的理性主义特征，但是，在现代性普遍产生之前，并没有将自然与人类相对立——基督教的世界观之中，自然与人类一样都由上帝所创，古希腊罗马哲学更是惊叹于自然的无穷力量，乃至发展出各类自然本体论。可是，现代性蓬勃发展以后，东西方哲学的传统被打破，人类在"新教伦理"背后充满无限的"进取心。"这个"进取心"特别推崇人类自身的主体性能力，将物理主义或唯物主义的基本立场引入人类观念之中。于是，环境或者自然成为科学研究的对象，成为人类征服和利用的对象。人类的主体性能力被推崇至前所未有的高度，东西方传统哲学所奠定的人与自然的关系在观念层面遭到破坏，环境成为人类主体性的靶子，仿佛只有战胜它，人类才能证明自己的伟大。但是，随着环境问题在现实之中让人类感受到自然力量的无穷，人类在反思现代性的时候才意识到"环境保护"的意义。在反思现代性的角度上，环境保护具有独特的认识论价值。它意味着一种全新的观念体系与价值体系的形成。虽然环境保护并不是近现代才有的概念，但类似于"周虽旧邦，其命维新"，它成为世界环境哲学得以存在的基石。这是观念范式的重大转变：前现代时期，人类的认识观念倾向于"我与环境共存"；现代性时期，人类的认识观念注重战胜环境；反思现代性时期，人类的认识观念是环境保护。没有环境保护观念的深化，世界环境哲学将难以真正面对近现代以来的现代性问题及其所带来的环境问题。所以，在这个层面上分析，我们应当看到，环境保护在其观念基础上具有典型的环境哲学特点。

二、 对自然环境心怀敬畏

人与自然的关系极其复杂，一方面由于人类实践能力的欠缺，人类对自然界充满神秘感，人对自然界产生畏惧的心理。另一方面由于自然界可以提供给人类直接消费的物质资料而对自然界产生崇拜之情。原始社会时期的人类同其他生物一样从事的是采集型生产，人类的一切生存必需品都是直接从自然界中获得，人类无须为必要生产资料的产生付出任何劳动，只是在最后获取生活资料的时候实现采集与消费活动的双重结合。这样的生产和消费的形式决定了人与自然之间关系的直接性，于是自然界成为古代社会人类安身立命的根本。人们把自然界看成是自己的天然牧场和采集地，对自然充满了感激与敬佩之情。但是，从另一方面来看，人类的生命又时刻受到自然界的威胁。由于生产力低下人类无法对自然界进行深入的理解，"顺应天命"成为古时人类主要的生存方式。这里的"天"指的就是自然。由于不了解自然，无法改造自然，所以人类只能被动地生存在自然界中，受自然界的摆布，成为自然界的奴隶。在农业、牧业等原始生产中，人类的衣食住行几乎是完全依赖与大自然，但是，这种生产（实践）过程是生物的自然本性和自然过程的实现与演，它本身仍然属于自然过程。人的主观目的是通过自然过程实现的，而不是通过对自然本性和自然秩序的破坏实现的。因此，在农牧业生产中，自然的本质得到了保存和展现。这一生产过程越是"自然"（符合农作物和牲畜生长的自然本性），我们得到的产品越丰厚。自然在农耕人的眼里几乎可以说是效仿的榜样，是阐述人生的模式。"农耕时期的这种对自然的看法，通过文学作品已经牢固地建立在人们的情感中，以至于碰到自然这个词就会引起我们联想到那充满浪漫主义的、美好和高尚的境界。"自然赋予人类生活美好，环境哲学的发展应遵循对自然怀有敬畏之心的原则。

三、 遵循新人道主义三大原则

协调人与自然界之间的关系，保证人类的健康生存和可持续发展是建立在新人道主义基础上的环境哲学的终极目标。在价值论的意义上，"人"既是环境哲学的目的，也是实现环境哲学的主体。但是，建立在新人道主义基础上的环境哲学所讲的"人"同以往传统伦理学所讲的个人和自然主义伦理学所讲的生物学意义上的"人"有很大的区别。建立在新人道主义基础上的环境哲学所讲的"人"是坚持全人类利益高于一切的"人"、是坚持人类生存利益高于一切的"人"、是坚持人类可持续发展高于一切的"人"，这些构成了环境哲学的人学基础。因此，建立在新人道主义基础上的环境哲学的伦理原则是新人道主义原则，其中包括类原则、生存论原则和可持续性原则。

（一）类原则

类原则是对人类自身契入自然界之定位明确认知的原则。当今全球化浪潮正席卷世界各地，对人类生存和发展产生了深远的影响。全球化不仅改变了人类社会的面貌、推动了社会发展的进程，而且也引发了诸如环境污染、生态恶化、人口膨胀、核扩散、霸权主义等事关人类生存困境和伦理道德的全球性难题。难题的解决不仅需要政治、法律等手段，更重要的是对意识形态进行重新限定和规范。在反思传统伦理学的伦理主体、伦理责任以及伦理道德的同时，建立一种新的伦理学即建立在新人道主义基础上的环境哲学，提倡一种新的伦理原则即类原则，要求全世界的人们必须共同遵守这一人类共同的伦理原则和道德准则。生活在"地球村"中，每个人都享有相关的权利和利益，每个人的行为也都会对其他人产生或多或少的影响。面对这种情况，要求地球上的每个人都能够以人类整体利益为中心，把人类整体利益当成是头等大事。在处理人与人、民族与民族、国家与国家的关系上，应本着平等互利的原则，互相尊重、互不侵害对方的合法权益。个体利益服从整体利益，个体的行为应以对全人类负责为标准，自觉地履行保护生态环境的义务和责任。类原则要求所有生活在地球上的人们要加强合作、公平地承担保护自然资源和生态环境良性循环的责任和义务、公正地分配物质财富、平等地利用自然资源，以达到人类社会的共同繁荣与进步。为了实现人类共同的利益，建立起真正的全球"伙伴关系"。

（二）生存论原则

人类生存与环境之间有着密不可分的关系。"任何生命都把保护自己的生存当作至高无上的目的，这是生命世界的原则。肉体的一切机能都是为了维持生命的目的而组成的；心灵的活动也是为了能够本能地逃脱生命的威胁，极端地说，保卫自己和追求自己的利益的这种利己主义，乃是身心先天地、本能地所具有的机能的原理。"人类是自然界中的一员，因此和其他物种一样都有为了维持本物种的生存需要而进行的活动。如果人类为了自然界或是其他物种的生存而放弃人类这一物种的基本生存权利，那不但对人类来说是不公平的，也是人类的自然本性所不允许的。在这个意义上讲，人类之所以要协调与自然界之间的关系，最主要的目的还是为了人类的生存。所以，人的生存论原则应该是建立在新人道主义基础上的环境哲学的基本伦理原则之一。

（三）可持续性原则

在生态环境恶化、人类生存受到威胁的今天，建立在新人道主义基础上的环境哲学应当在坚持可持续性原则的基础上正确处理人与自然、人与人之间的关系问题。可持续发展作为一种系统发展观，对发展的诠释可分为如下几个层次：一是既要当前发展，又要协调永续发展，这是发展阶段性和发展连续性的统一；二是既要经济发展，又要相应的社会、科技、文化的发展，这是各个发展要素之间相互联系与相互作用，是发展决定论和发展辩证法的统一；三是既要人和社会的发展，又要自然、环境的相应发展。也就是说，把宇宙、地球与人类，把社会经济与科技文化，把物质领域、精神领域与自然领域都置于一个动态的系统中，寻求达到整个系统的最佳选择和结果，从而实现社会整体的全面进步。这是发展系统论和发展协调观的统一。可持续性原则既是指人类的可持续发展，又是指自然的可持续发展。只有在人类与自然都得到可持续发展的前提下，才能真正解决当今社会面临的种种危机。在人类经济发展进程中，我们不能以牺牲环境来谋求人类发展，这样的片面发展观是不可取的，在促进人与社会协调发展的过程中，必须坚持可持续发展战略。我们在追求经济发展的过程中，需要不断对人类的所作所为进行思考。

四、 两种并存立场： 人类中心主义与非人类中心主义

世界环境哲学的发展在立场上可以被划分为两个大的阵营，即人类中心主义阵营和非人类中心主义阵营。两大阵营的基本立场成为世界环境哲学发展所遵循的基本原则。

人类中心主义顾名思义，就是以人类为中心，坚持人类自身的核心地位。"在人类中心主义者看来，我们之所以要保护环境，无非是为了人类的幸福和发展。他们往往不认为环境破坏对人类生存有什么根本性威胁，只认为环境破坏会降低人们的生活质量。他们只把自然当作经济发展的资源库，或当作休闲场所。"在人类中心主义的立场之下，世界环境哲学的理论建构就是以人为中心，将符合人类福祉与利益的行为视为符合道德的。随着经过几十年的发展，对生态进行全面保护也已经成为了人类的共识，人类中心主义也不断弱化，但是，立足于人类进行环境哲学的理论建构却始终不能摆脱人类的自我霸权，不能摆脱人类权利对于其他事物的优先。现实中的人类利己主义行为的大量存在依然表明，世界环境哲学仍然在不同程度上被人类中心主义所影响，甚至主导。

非人类中心主义不以人类为中心，将环境或生态的善定义为生态系统之

中人与其他生物的共存共生与可持续发展，对于破坏生态的行为不再以危害人类福祉作为判断标准，而是将危害其他生物存在与发展作为评价准则。非人类中心主义在非功利主义的动物保护方面体现得较为明显，但不仅仅局限于动物保护。非人类中心主义将主体性推广到各种生物和其他事物之上，并且强调主体与客体之间的相互转换。在本质上，非人类中心主义真正提倡的是一种环境内在价值，也就是说，环境本身就具有价值，这是其存在的理由。并非只有人类才有价值，其他生物或者事物的价值也不是人类赋予的，也不能以人类价值的尺度作为衡量其他生物或者事物价值的尺度。以非人类中心主义建构环境哲学中的道德，是人类自我放低身段的体现，其背后蕴含着对自然或者生态的敬畏之情。人类中心主义则是人类自我狂妄的体现。

人类中心主义与非人类中心主义作为两种相反的环境哲学立场，在环境哲学内部，非人类中心主义与环境哲学的根本旨趣更为一致。非人类中心主义因而也就成为世界环境哲学发展所遵循的相较于人类中心主义的更主流的立场。非人类中心主义大致可以分为三大类：一类注重动物保护，一类注重生物保护，一类注重生态保护，所以这三类可被称为动物解放论，生物中心主义与生态中心主义。三者是将非人类主体不断扩大：动物解放论将使动物纳入哲学的主体之中，生物中心主义将生物纳入哲学的主体之中，而生态中心主义则将生态纳入哲学的主体之中。非人类中心主义对哲学主体的拓展成为世界环境哲学发展的一大特色。众所周知，传统哲学在主体性问题上只关注人或者人的集体、人的集合，而非人类中心主义环境哲学则关注非人存在者。非人存在者是非人类中心主义之所以是非人类中心主义的前提，如果没有非人存在者，那么非人类中心主义与人类中心主义不会存在任何立场上的分歧。

人类中心主义与非人类中心主义在立场上的差别与对立，并不能掩盖两者之间的共识，即环境保护。这一内容在前面已经提到，在此不再赘述。在此需要特别指出的是，人类中心主义与非人类中心主义同时作为世界环境哲学所遵循的原则，并不表明世界环境哲学是一个分裂的矛盾体。下面对这一问题的分析也将适用于后文对世界环境哲学多元化的方法论基础的分析。世界环境哲学作为一个整体性范畴，其内部不同流派之间的分歧甚至对立，仍然统一于其根本共识之中。世界环境哲学内部的种种对立，在内容与形式上恰恰保证了其完整性，失去了其中的任何一方，世界环境哲学都不是完整的体系。特别就人类中心主义与非人类中心主义两种基本立场而言，它们之间在根本共识的基础上进行争论与渗透，直接推动了世界环境哲学的不断发展。

五、三层有机维度：自然、人、观念

世界环境哲学所遵循的原则必然与其研究对象有关。直接说来，世界环境哲学的研究对象是环境。环境这一概念在世界环境哲学的语境之中，并不仅仅指自然环境，而是自然环境与人类社会环境所构成的共同体。所以，世界环境哲学在其发展过程中必须具有自然与人两个基本维度，只有这样，它才是完整的。与此同时，自然和人两大维度主要是存在维度，与之相关的是，人类观念的维度。所以，自然、人和观念构成世界环境哲学发展的三大维度。

自然维度是世界环境哲学的最基本维度。自然为人类的生存与发展提供最基本的物质条件，在人类出现之前的环境就是自然环境。人类出现之后，自然不仅成为了人类栖息的物理空间，同时也成为人类必须面对的对象。自然对人类来说是一个现实的环境，之所以这样说，主要是因为，自然所提供的环境一直都是现实的物理空间。这些现实的物理空间最开始为人类呈现的总是一部分物理空间及其环境，而不是整体。随着人类认知能力与生产力水平的不断提升，整体性的物理空间及环境概念出现，如中国古人认为"天圆地方"。工业文明出现之后，人类对自然的认识又得到提高，自然在大多数情况下等于以地球为中心的物理空间及其环境。无论是具体的或部分性的物理空间及其环境，还是整体性的物理空间及其环境，都是现实的物理空间与环境。正是在现实的物理空间与环境之中，自然维度才深入人类观念的发展长河中。世界环境哲学的产生与发展显然必须具有自然的维度。这一维度对世界环境哲学来说尤为重要，如前所述，环境哲学的研究对象之一就是自然。自然维度对世界环境哲学的发展来说具有重要意义，自然主义伴随着世界环境哲学的发展。这里所说的自然主义是指尊重自然，认可自然之美，突出自然的存在性价值。

与自然不同，人的维度是世界环境哲学发展过程中的另一重要方面。一定意义上，人的维度就是社会维度。社会是人类的集合和整体，与自然相对应。社会维度是世界环境哲学中的主体维度，自然维度则是客体维度。社会维度主要涉及人类。人类可以分为个体与整体，按各种标准所划分的人的集合。世界环境哲学在其发展过程中必须充分考虑作为整体的人与作为个体的人的异同，和按各种标准所划分的人的集合是否与环境哲学问题有关。

世界环境哲学流派众多，其中任何一种观点都必须考虑人与自然之间的关系，并且不忽视人的观念维度。世界环境哲学本身就是人类的观念，所以，它必然具有人类的观念维度，但这并不是我们说的世界环境哲学的观念维度。我们所说的世界环境哲学的观念维度是指，世界环境哲学必须提出一种新的世界观以区别于非环境哲学，尤其区别于与新的世界观相对立的哲学观念。世界环境哲学发展的观念维度是其主体性维度。

世界环境哲学发展的三个维度之间相互渗透、相互影响，自然维度作为客体性维度并不被动，人的维度作为主体维度并不占据主导地位，观念维度作为主体性维度并不脱离存在的现实。

六、　多元化的方法论基础

世界环境哲学所遵循的方法当然属于哲学方法，但并不能简单以此概括其方法论。哲学的方法是世界环境哲学方法论的一般特征，但是当这种方法应用于世界环境问题并做进一步深化的时候，就形成了其自身特点。多元化的方法论是世界环境哲学发展的一大特点，也是其发展所遵循的基本原则。世界环境哲学在多元化的方法论之下发展成为一个包容的体系。

在哲学的方法论上，世界环境哲学主要存在着神秘主义和规范主义，整体主义和个体主义两对四种方法论。这四种方法论虽然并不能完全概括世界环境哲学的方法论特征，却能基本涵盖主要的理论流派。

神秘主义的方法，即通过诉诸万物有灵，或者以隐喻等修辞方式表明自身立场。神秘主义的方式往往或多或少同宗教有着渊源，所以，同传统理性的辩护方式存在一定差异。神秘主义在世界环境哲学发展之中有着悠久历史，从起源式人物大卫·梭罗那里就已经奠定了这种方式。这种环境哲学的方法在表面上并不使用严格的哲学论证方式，甚至在某些人看来缺少逻辑性。通过文学方式的表达，神秘主义像一团烟雾一样笼罩在世界环境哲学内部。它或明或暗，虽然不是通过严密的逻辑让人信服，却使用独特的语言表达营造一种氛围，这种氛围使得许多人产生共鸣，进而让他们接受其环境主义立场。神秘主义在方法论上的特点一定程度上是西方哲学当中宗教式辩护方式的再现。但是，对于当今时代的许多人来说，这种辩护方式缺乏一般意义上的科学性或者说明确性，不能让其反对者信服。这也成为一些反对环境哲学的人指责环境哲学的地方——缺乏基本的哲学方式。

不过，神秘主义的环境哲学论证方式却有一个明确的立场，那就是环境本体论或生态本体论，也就是将生态或环境视为环境哲学的根本。与神秘主义相反，世界环境哲学还持有规范主义的理性哲学辩护方式。所谓规范主义的理性哲学辩护方式是指，运用理性与逻辑严密的方式来论证环境哲学问题。比如，彼得·辛格通过功利主义的方法论证动物权利。以规范的方式进行环境哲学讨论与论证往往具有强大的辩护力度，因为这种论述以理性与逻辑为基础，循序渐进，清晰明了。规范化的环境哲学论证方式为环境哲学找到了同主流哲学衔接的桥梁，毕竟神秘主义式的论证方式不可能为主流哲学所接受。规范化的论证方式还有一大优势，那就是它同时也为环境哲学同自然科学的沟通找到了桥梁。如果说神秘主义的论证方式使得环境哲学同自然主义文学、艺术接近，那么，规范化的论证方式则使得环境哲学同自然科学在方法上保持了同一性。这种一致性使得世界环境哲学在学科范围、学科实践力度、学科影响力上得到了提升，使得环境视角下的哲学涵盖范围扩大。同时，由于在方法上的一致性，社会科学同世界环境哲学之间也逐渐相得益彰，社会学、政治学、经济学、传播学等学科同环境哲学之间开始相互影响。然而，同神秘主义的道德立场不同，规范化论证的方式虽然逻辑清晰明确，在本体论意义上却有着人类中心主义的倾向。因为逻辑与规范化的理性论证方式本身就是人类的主观能力，人类往往以自我为中心展开论述，比如，功利主义就以人的自身感受为基础，以之推广到动物身上。此外，在方法论上，规范化的环境哲学论证方式由于在方法上同自然科学的经典主客二元对立方法论基础不相一致，使得世界环境哲学又不得不面对形而上学上的诸多难题。这些难题很多都是传统哲学领域中的"禁区"。

　　神秘主义和规范化的论证造成了世界环境哲学在哲学方法上的困惑：一个立场符合环境哲学的基础，但是方法却得不到广泛认同；另一个虽然方法符合主流，但是却在立场之上同环境哲学的真正内涵存在差别。要想在立场与方法上都符合世界环境哲学的未来发展，必须综合神秘主义与规范化的论证方式。这是未来世界环境哲学应当处理好的关系，不过有很长的路要走。

　　在哲学方法之上，世界环境哲学还面临另外一个困惑，那就是整体主义与个体主义的方法论纷争。所谓整体主义就是将环境视为一个有机整体，并将整体的优先性置于最高位置，一切以整体的存在与发展作为最高标准。这种观点的方法论基础就是本体论层面上的整体主义，一定程度上也可以认为，整体主义在本体论与方法论上是一体两面的。整体主义哲学方法论将环境整体视为一个道德实体，并将整个环境有机体的存在与有序发展视为最高的善，一切破坏环境整体的行为都是非善的甚至是恶的。显然，这种方法具有很强的约束性，将人类行为置于一个更低层次之上，环境整体的优先性始终先于人类行为，人类行为必须受到环境整体性的约束。哲学方法论上的整体主义对于环境本身的理解立足于环境本体论或生态本体论，同神秘主义的论证方式一致，有些时候同神秘主义的论证方式纠缠在一起。这主要由于，整体主义的提出最早大多是由具有神秘主义论证方式的思想家完成的。但是随着生态学、生物学等学科的发展，整体主义逐渐变得规范化与理性化。可以说，整体主义的哲学方法越来越成为当今世界环境哲学的方法论共识。

　　可是，世界环境哲学的整体主义方法并没有在方法论上占据绝对优势，还存在方法论上的个体主义。方法论上的个体主义或者说个人主义立足于个体或者个人，具有人类中心主义倾向。这一方法论在经济学当中体现得较为明显，因为经济学的传统在于将个体进行原子化理解，将个体置于优先考虑的地位。方法论个体主义并不仅仅限于对个体的原子化理解，在更为广泛的维度之上，这实际上是一种较为普遍的规范化论证方式。当代自然科学、相当一部分哲学思想都持有这种论证方式，将研究对象进行抽象化理解，分割为特点一致的不同部分。所以，方法论个体主义同上面所提到的规范化论证方式之间有着不小的交集，这就造成在立场之上，方法论个体主义同规范化论证方式一样，同世界环境哲学的基础存在一定程度上的差异。

　　整体主义与个体主义的哲学方法差异并非难以综合，这是未来世界环境哲学应当努力发展的一个方向。整体主义同个体主义一样，都容易走向两个极端，要么过分推崇整体而忽视个体，要么过分推崇个体而忽视整体。

七、　环境哲学研究应与自然科学紧密结合

　　环境哲学在多元交叉的学科前沿积极地融汇贯通自然科学的成果，对促进在视域相融、境遇互换之跨学科视角的环境哲学之发展具有重要意义。跨学科研究有着触类旁通的价值，发展绿色化学，遵循绿色化学发展原则，对

环境哲学的启迪也是显而易见的。阿纳斯塔斯（Anastas）和沃纳（Warner）两人于 1998 年合著的《绿色化学：实践与理论》提出了"绿色化学的 12 条原则"，这些原则可作为开发和评估一条合成路线、一个生产过程、一个化合物是不是绿色的标准。这 12 条原则已为国际化学界所公认，它也为绿色化学技术研究的未来发展指明了方向。

这 12 条原则分别是：

（一）防止污染优于污染治理；

（二）最大限度地提高原子经济性；

（三）尽量不使用，不产生对人类健康和环境有毒有害的物质；

（四）尽可能设计高效且安全的化学品；

（五）尽量不使用辅助性物质，如需使用也应使用无毒无害物质；

（六）最大限度地提高能源经济性；

（七）利用可再生资源合成化学品；

（八）尽量避免衍生反应；

（九）尽量使用选择性高的催化剂；

（十）设计可降解化学品；

（十一）预防污染的现场实时分析；

（十二）放置生产事故的安全工艺。

化学的发展改变了客观世界和人类社会，它创造的物质财富，显著提高了人类的生活质量，但是近 50 年来地球出现了严重的环境污染问题。人类为环境污染所付出的代价是巨大的。因此遵循绿色化学的发展原则，也是世界环境哲学发展过程中应该与自然科学紧密结合的关键点。

八、　世界环境哲学的研究必须具有一定的文化视野

世界环境哲学有其一脉相承的文化内涵。由于人的环境生活和需要本质上是文化的，因此这就有必要将自然环境的价值与人类的文化价值联系起来，确立对于环境伦理的文化视野。这一文化视野主要要求，从人的全面的环境本性来理解自然环境的意义，用文化的眼光看待自然环境的价值。所谓敬畏自然、感受环境、肯定自然环境的独立存在和价值，实质上都体现的是一种人的社会文化行为，反映了人自身对环境和生命本性的需要和追求。也就是说，我们在对环境价值进行具体的分析时，必须超越功利的眼光和纯生态学视角，必须通过宗教、道德、艺术和审美等文化层面去把握。这里，肯定人对自然环境的道德需要和道德本性，虽然并不是要承认自然环境与人一样都具有同等主体的独立价值，但它确要体现对生命体的关爱，要为自然环境尽义务，从而有助于实现自然环境的价值及对自然环境的保护和需求。同样，以某种虔诚的心态培养人对自然环境的神圣情感，也绝不是要回到对自然的原始崇拜和万物有灵的状态去，而是要人们既在大自然中体悟到环境、生命的神圣魅力，又感受到大千世界的无比神奇，从而使人们不再妄自尊大。不仅如此，以审美的心态达到对

自然环境的高雅意境和愉悦享受，就是要当代人类必须学会与大自然合作，通过自身的努力使大自然变得清净、优雅而富有情调。

人们不仅应对自然环境的天然状态加以维护、保护和美化，更要借助各种文化手段把大自然的神奇和美妙凸现出来，真正营造一种文化意境，重新诠释和对待人类赖以生存的自然环境，从而使人类既生活在现实的和谐环境中，又能像海德格尔所向往的那样在审美境界中"诗意地栖居"。从文化的视野看待环境问题，不仅是现实实践的要求，而且是历史发展的必然。伦理思想史的发展逻辑早已表明，人类的道德对象一直是不断变化和扩展的。随着人类道德对象的扩展势必会引起伦理关系的扩展。而伦理关系的每一次扩展都会相应地引起伦理文化观念的更新。当伦理关系由人类个体扩大到人类社会整体时，就产生了人际伦理学；当伦理关系从当代人类扩展到后代人类时，就形成了代际伦理学；当伦理关系从人类扩展到非人类时，则会出现各种各样的生命伦理学和生态伦理学。

九、 环境哲学引导有利于绿色发展的环境保护

环境哲学以其健全的价值坐标和观念谱系，影响人们的意识和行为，并朝着有利于生态环境有效保护和社会经济绿色发展的方向协同进步。曾经在中国改革开放史上具有象征意义的苏南，如今又醒目地站在时代的十字路口，这一次，不是因为创造经济奇迹，而是遭遇环境危机。

在近 30 年的改革开放历程中，"苏南模式"一直是个寓意深长的历史符号，当年正是苏南企业的异军突起，才带来农村工业化和市场化的变革，对中国的经济发展和体制改革起到历史性的推动作用。作为奔小康的先行者，苏南作出了历史性的贡献。太湖流域富甲天下，是全球第十九大经济区域。人均 GDP 相当于中国平均水平的 5 倍，社会发展和人民生活水平都有了长足进步。但"久治仍污"的太湖与愈演愈烈的污染，却从另一个角度，暴露了苏南的"发展之痛"。

苏南模式，太湖之痛，肆虐于太湖上的小小蓝藻，是 GDP 至上的发展之痛。它折射出经济社会发展的曲折性，使人们进一步领悟了科学发展观的深刻内涵。没有科学发展，即使在经济上做到"巨无霸"，将来还要为环境、资源付出代价。人类总不至于非要等到蓝藻、酸雨、赤潮、沙漠等灾难都兵临城下，才悔不当初吧。

苏南模式提醒人们：直面并突破环保"瓶颈"，选择正确的发展模式，发展才能真正惠及于民。历史的经验已经无数次证明，要实现经济与社会的可持续发展，只有尊重经济发展规律，按照科学发展观的要求，选择有利于环境保护的经济增长方式，走入与自然和谐共处的可持续发展之路。否则，必将受到自然界无情的惩罚。清洁生产、循环经济、可持续发展已经成为历史发展的必然选择。世界环境哲学作为新兴的一个研究方向，必然避不开生态环境效益与经济效益之间的问题，要让世界环境哲学真正发展起来，与生态的可持续发展对策应相互包容。

在近代一段时间以来以及未来很长时间，自然的演化已经由过去相对独

立于人，不受或少受人类的影响，转变为受到人类很大影响了，自然的独立性受到削弱，在一种较强的意义上开始依赖于人类。不过，这不意味着人类可以独立于自然，不受自然的限制。奥林匹·奥多留斯（Olympi Odorus）说："自然不做任何多余的事或者不必要的工作。"人类的生存终归依赖于自然，人类要做的就是怎样保持自然，按其自身的演化趋势发展深刻理解人与自然的关联，在改造自然的同时保护环境，发展环境哲学，将环境保护上升到哲学层面，使自然与人类能够持续发展，共生共荣。

环境哲学的发展必须遵守系统的生态补偿规律。要全面建立生态补偿机制，首先必须建立并完善生态补偿的政策、法律、法规等保障机制。生态补偿的立法已成为当务之急，亟须以法律形式将补偿范围、对象、方式、补偿金额等制定和实施起来。英国的《野生动植物和农村法案》的第39节规定，农场主和国家公园主管机关按照自愿参与原则达成协议，目的是对促进并增强自然景观和野生动植物价值的农场主提供补偿。瑞典《森林法》也规定，如果某林地被宣布为自然保护区，那么该地所有者的经济损失由国家给予充分补偿。马克思实践的人化自然观是在批判近代自然观的基础上产生的，是历史唯物主义的基础与重要环节，为人们正确认识与理解人与自然界之间的关系提供了一个科学的分析框架。生态环境问题关系到人类及整个生物圈的共同命运。环境哲学建立在对生态环境问题的哲学反思之上，可视为哲学思考革命式的转变。非人类中心主义试图以否定人类中心为保护生态环境提供理论支撑。然而，人类中心立场具有稳固的哲学思想基础和存在的必要性。不管是在认识论还是价值论上，人类中心立场与环境哲学的根本理念并不矛盾，而恰恰是建构环境哲学的基础和出发点，可以通过强调代际伦理、全面理解"人的本质"建构"以人为本"的环境哲学。

参考文献

蔡卫权，程蓓，张光旭，等．绿色化学原则在发展[J]．化学进展，2009，21（10）：2001-2008．

刘湘溶，张斌．论环境正义原则[J]．思想战线，2009，35（03）：53-56．

卢风．应用伦理学概论[M]．北京：中国人民大学出版社，2015．

余谋昌，胡颖峰．时代转型与生态哲学研究——余谋昌教授访谈录[J]．鄱阳湖学刊，2018（02）：20-35+125．

张晓春．人类中心主义和非人类中心主义的生态学解析[D]．沈阳：沈阳工业大学，2010．

习　题

一、选择题

1.（　　）构成世界环境哲学发展的三大维度。

A. 自然　　　　　　B. 人　　　　　　C. 观念　　　　　　D. 环境

2. 建立在新人道主义基础上的环境哲学的伦理原则是新人道主义原则，

其中包括(　　　)。

　　A. 科学性原则　　　　B. 类原则　　　　C. 生存论原则　　D. 可持续性原则

　　3. 非人类中心主义根据关注对象范围不同大致可以分为如下三大类：

(　　　)。

　　A. 动物解放论　　　　　　　　　　B. 生物中心主义

　　C. 女性中心主义　　　　　　　　　D. 生态中心主义

二、判断题

　　环境保护是一个系统性概念，同时也是一个系统性的实践过程。(　　　)

三、简答题

　　谈谈生存论原则。

第四篇　世界环境哲学
未来发展方向

一、　直面核心问题：　非人存在物的主体性价值是否存在

世界环境哲学发展到今天，一个关键性问题仍然没有得到解决。这个问题就是，非人存在物的主体性价值是否存在。非人存在物的含义十分宽泛，无论是动物、植物等有生命体还是岩石、海水等非生命体，都属于其范围之内。主体性在哲学的意义上一般专指人类所具有的主观能动性，尤其是人类对自我、他者和整个世界的认知能力与实践能力。价值是一个较为复杂的概念，往往与需要相关，一个存在者如果能够满足其他存在者的需要，则可被视为是有价值的——无论这个价值是具体的价值还是仅仅作为存在者的存在性价值。主体性与价值结合在一起就是主体性价值。主体性价值是主体性所带来的满足他者需要的能力。这一价值十分重要，因为这涉及主体间的承认问题，比如人与人之间的主体性价值来自于人与人之间相互承认对方的主体性。于是，对非人存在物的主体性价值来说，非人存在物能否作为主体就成为问题的核心。事实上，世界环境哲学的分歧在一定意义上就是是否存在非人存在物的主体性，而这一问题本质上是一个伦理学范围内的形而上学问题。所以，世界环境哲学所面临的这一关键性问题在学科范围内属于环境伦理学或生态伦理学的范畴。

哲学或者环境哲学同其他学科一样，都有研究的对象，哲学的研究对象是整个世界，但这种表述过于抽象。虽然哲学是一门抽象的学科，但是，整个世界在哲学的角度之上仍然可以做一种划分，那就是主体与客体。所谓主体就是具有主观能动性、积极性的事物，在绝大多数情况下主要是指人类本身。因为人类具有主观意识，可以认识和改造自己之外的事物。而客体是同主体相对应的事物，这些事物是被动的，它们不具有主观能动性，比如，一块石头不能去认识和改造它自己之外的事物。这种主客体二元认识结构反映了人类在认识论上的特点，同时也体现了人类在本体论层面上的理性结构，那就是将世界分化为两个不同的方面。主体与客体在哲学上被视为不同的实体，所谓实体就是指那些不能再被划分的并且是作为一类事物本质性的东西。在西方哲学史上，世界被分为了精神实体与物质实体两种实体，两种实体之间不能通约，界限明确。人类就被视为精神实体与物质实体的统一体。

由上可以看到，精神实体与物质实体是本体论视角，对应于认识论层面上的主体与客体。可以说，精神实体就是主体，而物质实体就是客体。在西方哲学史上，古希腊哲学家们早就自觉认识到了这一点，苏格拉底之前，古希腊哲学家大都关注物质实体，这也催生了原始自然科学的发展。然而，从智者学派和苏格拉底开始，认识人类自己成为古希腊哲学的核心，并迎来了古希腊哲学的巅峰。从那个时候开始，西方伦理学就奠定了其传统范式，那就是研究主体行为，研究主体之间的关系，也就是研究人与人之间的关系。从西方哲学的源头之上，世界环境哲学就被打上了烙印，具有人类中心主义的影子。

所以，对于具有 2000 余年历史的西方伦理学来说，确立道德主体的地位十分关键。因为西方伦理学大都认为，只有具有主体性的事物才是值得研究的，神固然具有主体性，但是对人类而言确实无法把握的，因为神是无限的并且是全知全善全能的，研究人在伦理或者道德上的主体性关系实际上就是以有限的方式把握神的这种无限性。到了近代，笛卡尔与培根等人开创的认识论范式同样将世界划分为了主体与客体，与古希腊和中世纪不同，对于人的主体性的推崇到了无以复加的程度，以至于康德要以人的主体性为整个世界立法，并且形成了义务论——纯人类认识形式化的伦理学与功利主义这种注重人类自我感受的目的论伦理学。如前所言，虽然元伦理学试图解构西方传统伦理学，并试图通过诉诸道德语言的辩护而消除道德形而上学，但是语言本身就是人类主体性的反映，本质上，伦理学仍然以人类自我为中心。

当代生态伦理学的出现恰恰改变了这种模式，与以往任何一个流派的伦理学所不同的恰恰是，它试图突破伦理学历史上长久以来所形成的这种范式，不再以人类为中心。当然，当代西方伦理学同样有人类中心主义思想传统，但是，客观而言，任何关注生态或者自然的哲学都具有突破主客二元对立模式的可能，更何况现代人类中心主义是一种弱化了的人类中心主义。而另一个方面，人类中心主义只是当代西方生态伦理学的一个流派，其他流派都更加重视人之外的事物。

然而，问题来了，何以突破主客二元分立？或者说，生物、自然界是否是道德主体？如果我们认为生物甚至整个自然界都是道德主体的话，那么，显然我们可以将生物和自然界纳入伦理学的研究领域之中，这样，生态伦理学本身也就成为合法的伦理学。这是目前当代西方伦理学的一大困惑。

生物、自然界是否具有主体性是一个复杂的形而上学问题，对这个问题的回答关乎许多其他形而上学问题。在以往，人类之所以具有主体性，在于人类拥有主观能动性，人类具有精神。这是人类可以达成的共识，也是以往传统西方伦理学的共识。但是，并非所有西方哲学家都认为只有人类具有主体性。比如，斯宾诺莎是著名的泛神论者，他认为"所有的存在物或客体——狼、枫林、人、岩石、星星——都是由上帝创造的同一种物质存在的暂时表现。一个人死后，构成其躯体的物质就会变成另外的事物。例如，变成一株植物所需的土壤和养料，这株植物会为一只鹿提供食物；反过来，这只鹿又会为一只狼或另一个人提供食物。"斯宾诺莎的思想当中蕴含整体有机的生态思想，其基础就在于世界万物的同一性，即都有共同的基础。虽然斯宾诺莎认为万物统一于同一种物质，但其思想却有较为明显的"万物有灵"倾向。大卫·梭罗在《瓦尔登湖》当中所表达的意义也体现出了万物有灵的自然主义。

万物有灵是不是表明了主体性并非人类所独有？当然的。灵性虽然具有某种程度上的神秘主义倾向，但是，却同精神实体有关，所以，我们有"精灵"这个词语。这样，我们就应当回答如下两个问题：万物是否都具有精神实体？主体性是否可以划分层次？

西方生态伦理学自诞生以来都要回答以上第一个问题，但是，这也只能进行立场之上的回答，很难给出圆满的哲学论证或者科学论证。从梭罗到利奥波德，他们只能给出自己的立场性判断，即认为万物和人类一样，都具有主体性或说灵性，但却无法让反对者真正信服。而对第一个问题的回答直接关乎第二个问题。

在当代西方哲学中，心灵哲学、人工智能哲学异军突起，同计算机科学、脑神经科学、生命科学等一起刷新着人们对于精神或者心灵的认识。既然人们已经由此开始讨论人工智能是否具有主体性，为何不能以此为契机重新将西方生态伦理学当中固有的道德困惑纳入新的讨论之中呢？所以，对于当代西方生态伦理学而言，万物是否都具有精神实体和心灵哲学、人工智能哲学当中"人类是否可以创造心灵或者精神"的问题一道，引发了对最核心的一个形而上学问题的讨论：世界是统一于物质还是精神？笛卡尔式的物质精神二元论则必须回答一个难以回答的问题：如果世界有两个实体，物质或者精神，那么这两个实体该如何相互联系？如果像笛卡尔那样，认为有一个"松果腺"勾连着肉体与灵魂，那么，这个"松果腺"是物质的还是精神的呢？如果是物质的或者是精神的，则难以同另外的实体勾连，如果既不是物质的也不是精神的，则会出现第三实体。所以，我们一般不再追问，世界为何不是既统一于物质又统一于精神。

当今西方生态伦理学如果能够真正在主体性问题上取得进展，则能够推动生态伦理学取得重大突破。如果能够找到可以有效辩护的方式，使人们达成共识，认为世界万物具有不同层次的主体性，那么，我们可以将之纳入传统伦理学的讨论范围之内，并且将人类中心主义进一步消解。

二、 人类中心主义与非人类中心主义的融合

人类中心主义与非人类中心主义在立场上是相互对立的世界环境哲学理论。在世界环境哲学发展的历程之中，它们的相互对立成为一条主线。但是，正如前面一章所分析的那样，无论是人类中心主义还是非人类中心主义，都遵循环境保护的基本共识，这成为两者之间进行对话的基础。就目前世界环境哲学发展的趋势来看，人类中心主义与非人类中心主义的有机融合将成为未来世界环境哲学发展的方向。

人类中心主义与非人类中心主义相有机融合的关键在于两者之间摒弃分歧，最大限度地承认共识。在这一点上，人类中心主义正转变其原有观念。强的人类中心主义认定只有人类具有主体性，自然环境为人类的利益服务，人类不需要在乎自然环境是否遭到破坏。其核心观点可归纳如下："①在人与自然的价值关系中，只有拥有意识的人类才是主体，自然是客体。价值评价的尺度必须掌握和始终掌握在人类的手中，任何时候说到'价值'都是指'对于人的意义'。②在人与自然的伦理关系中，应当贯彻人是目的的思想。③人类的一切活动都是为了满足自己的生存和发展的需要，如果不能达到这一

目的的活动就是没有任何意义的，因此一切应当以人类的利益为出发点和归宿。"

强的人类中心主义在环境哲学之内并没有市场，所以，本质上而言，世界环境哲学内的人类中心主义实际上都是弱的人类中心主义。与强的人类中心主义不同，弱的人类中心主义认为："第一，人由于具有理性，因而自在地就是一种目的。人的理性给了他一种特权，使得他可以把其他非理性的存在物当作工具来使用。第二，非人类存在物的价值是人的内在情感的主观投射，人是所有价值的源泉；没有人，大自然就只是一片'价值空场'。第三，道德规范只是调节人与人之间关系的行为准则，它所关心的只是人的福利。"世界环境哲学的先驱，平肖和缪尔都主张保护自然资源，反对对自然资源的过度开发。他们的思想是典型的弱的人类中心主义。

由上可见，弱的人类中心主义相对于强的人类中心主义，在对待环境和自然的问题上已经前进了一大步。弱的人类中心主义虽然仍然重视人类的中心地位，却在实践指向上同非人类中心主义存在许多交集。无论对于弱的人类中心主义还是非人类中心主义，面对现实中的环境问题，它们都需要具有一致性的观念来保证实践层面上环境问题得到有效解决。

与此同时，弱的人类中心主义与非人类中心主义都存在理论上的一些问题。弱的人类中心主义在方法上仍然以理性主义或科学主义为基础，在分析范式上容易陷入个体主义独断论。虽然可以保证其论证过程与逻辑的融贯性，却无法做到对环境的整体性把握。非人类中心主义在方法上有时会依靠神秘主义方法，这种方法如前所述，缺少严谨的论证逻辑，实质上成为比弱的人类中心主义更彻底的独断论。面对各自的问题，弱的人类中心主义与非人类中心主义需要相互借鉴与相互补充：弱的人类中心主义需要非人类中心主义的整体主义世界观来校正其方法上的个体主义倾向，而非人类中心主义需要弱的人类中心主义的理性主义逻辑方法为自身理论辩护。

在具体内容上，弱的人类中心主义与非人类中心主义可以进一步悬置双方分歧，以解决环境问题为基本目的。解决环境问题不仅是世界环境哲学的基本目的，也是所有相关学科的基本目的。作为世界环境哲学的组成部分，弱的人类中心主义与非人类中心主义主要从观念层面转变人类认识，并在大的方向上引导具体的实践方案。弱的人类中心主义与非人类中心主义在内容上存在一个重要分歧，只有解决这一分歧，两者才能不断融合。这一分歧就是对人类利益的界定。弱的人类中心主义虽然主张环境保护，却依然将人类利益放在首位，人类利益成为环境保护的最终目的。弱的人类中心主义认为，如果人类不进行环境保护，则人的根本利益将受到损害，为了保证人类的生存与发展，必须合理利用自然资源，保护生态环境。而非人类中心主义认为，环境具有其存在性价值，我们进行环境保护不仅是为了人类利益，而且是为了维护环境固有的价值，环境保护是人类尊严对生态环境尊严的认可。弱的人类中心主义是功利主义在环境问题上的体现，其目的是最大多数人的最大利益，这显然难以让非人类中心主义认可。这一分歧表面上看似乎不可调和，因为利益问题使两者进入都不容退让的领域之中。但是，在世界环境哲学发展的动态过程中可以看到，弱的人类中心主义与非人类中心主义可以尝试进入对方的话语体系之中：弱的人类中心主义可以将利益的主体扩大化，将环境包括于利益主体之中；非人类中心主义也应当看到人类主体与环境主体之间的差别，不应仅仅将人类与环境在价值主体上等同。

弱的人类中心主义与非人类中心主义的有机融合将是世界环境哲学未来发展的趋势，但这个过程并非消解两种立场。未来的世界环境哲学可能会出现第三条道路或者说第三种立场，它作为弱的人类中心主义与非人类中心主义融合的产物将汲取两者的优点。当然，如果这第三种立场真的出现了，仍然会面对一些质疑，比如，届时一些理论家可能就将之视为发展了的弱人类中心主义或非人类中心主义。但是，无论怎样，这是一条可行性的哲学道路。

三、 关注生态学， 向生态哲学转变

近一个半世纪之前，海克尔提出了生态学这一概念。生态学以生命及其环境为自己的研究对象，一般被认为是科学的一个分支，所以，生态学可以被视为科学的方法与生态问题或环境问题的结合。生态学与环境哲学的关系十分密切，两者的研究对象存在重合。生态学与环境哲学之间的差别有很多，但是最根本的差别是方法上的差别，即科学的方法与哲学的方法之间的差别。

科学的方法可以被概括为实证和数理分析的结合，而哲学主要采用思辨的方法。科学的方法与思辨的方法之间并非不可兼顾。众多周知，实证科学需要大胆假设，而思辨的方法无疑是大胆假设所使用的重要方法。因而，仅仅从方法上来看，科学与哲学之间有交集，于是，生态学与环境哲学之间也存在交集。生态学与环境哲学之间的交集并非只是方法上的共识，更多的在于这种方法上的共识背后的观念共识。

生态学与环境哲学有一个共同的目的，那就是环境保护。所以，生态学与环境哲学之间在内容上从一开始就存在共识。这一内容上的共识与方法上的共识同样相互影响。内容上的共识是两者方法上共识的前提，而两者方法上的共识可以保证内容上共识的辩护力度。在这两种共识之下，生态学与环境哲学共同将对环境的认识提高到新的高度：要想真正提高人们对环境的重视程度并且改变人的观念，就必须以全新的角度看待环境。显然，生态学和环境哲学都不仅仅将环境视为一个简单的自然存在物集合，而是逐渐发现并认同环境背后的复杂性与有机性。所谓复杂性是指环境所遵循的规律并不是通过简单的物理规律或化学规律可以完全描述的，其背后有着复杂的生物与非生物规律。把握这些规律的方式需要人类付出更多心力，比如系统性科学与相关数学内容的发展。所谓有机性是指环境作为一个系统并不是由机械运动组合在一起，而是像生命一样在运行。之所以说是像生命一样在运行是因为环境之中包含生物因素，所以环境本身就有着生命因素；其次，作为一个

整体，环境中的生命因素与非生命因素之间的关系不是机械的。

　　生态学与环境哲学虽然都关注生态问题，并且两者之间存在诸多共识，但是它们的发展并不均衡。客观而言，生态学作为一门新兴学科，在科学领域中逐渐成为一门显学，其发展越来越得到人们的认可。生态学在人类认识和把握环境问题方面有着自身独特的优势，它使用科学的方法分析和解决环境问题，在实践层面获得了巨大成功，这是其得到人们认可的根本原因。生态学的学科发展是人类观念领域的巨大进步。我们不能说生态学在内容上仅仅关注形而下的环境问题，实际上，它具有很强的形而上学观念基础。我们前面所提到的系统性科学作为生态学所涉及的重要内容，具有一套严密的论证体系，其中就包括形而上学层面的哲学内容。与生态学的蓬勃发展相比，世界环境哲学虽然在哲学内部逐渐得到认可，尤其成为实践哲学的重要组成部分，如环境伦理学成为应用伦理学中的显学；但是，不得不承认的是，它自身的学科力量仍然较弱。这一方面是由于当今整个世界哲学学科的相对没落，另一方面也与环境哲学自身有关。如前所述，世界环境哲学在立场和方法上都是多元的，这其中，神秘主义传统和相关的方法成为环境哲学一些流派的特色。然而，神秘主义及其方法由于缺少严密的逻辑论证，在科学占主导地位的当代，显得与前现代思想传统更为接近。在此并非否定神秘主义与前现代主义传统，只是说明它们与科学本身不相兼容。在这种状况下，环境哲学受到诸多挑战。此外，环境哲学内部的不统一也是造成这一状况的重要原因。生态学虽然也并非铁板一块，但相比较于环境哲学，它在方法和内容上显然要更为一致。环境哲学内部观点众多、立场众多，难以给公众一个真正的共识性形象。

　　因而，世界环境哲学应当正视自身问题，需要在两个方面进行自我完善，这是未来世界哲学发展的两个重要方向。第一，关注生态学的发展，同生态学展开对话。生态学目前是人类观念领域研究环境问题与生态问题的主导性学科，不关注它的发展，不与它展开对话，世界环境哲学将难以良好发展。本质上而言，世界环境哲学关注生态学的发展并与其展开对话，是哲学关注科学发展并与之对话的具体体现。环境哲学关注生态学的发展并非否定自身，而是从其中汲取有益的内容并以哲学的方式进行反思。同时，生态学并非不可怀疑，环境哲学与生态学展开对话更为重要的方面在于批判生态学中的不合理观念。第二，世界环境哲学可适度转变为世界生态哲学。环境与生态是两个不同的概念，环境的范围显然要比生态要小，后者更加注重关系并且先天具有本体性内涵。生态是一种世界观，它将人类与其环境都囊括于内，并将之视为一个有机整体。环境哲学的应用性更强，以环境问题为导向，不具备生态哲学的全面性。世界环境哲学适度转向世界生态哲学是大势所趋，当前学界同时在使用两个概念，实际上大都描述了同一个学科。即便如此，我们更应将这种趋势推进，使世界环境哲学的内涵发生变化，让其拥有更为广阔的内容。毕竟在与生态学的关系上，生态哲学显然比环境哲学更有多元属性。

四、 成为时代精神的环境哲学

马克思和黑格尔都认为，哲学是时代的精神。虽然二者所处时代与当今时代不同，当时的哲学也同当代哲学存在许多差异，但是，哲学作为人类观念体系的重要组成部分，不应仅仅作为纯观念的思辨，而应当关注现实并且体现现实。

人类社会经历了原始文明和农业文明阶段之后，工业文明以前所未有的方式改变了人类社会及其历史进程。工业文明对世界环境与生态造成了根本性的影响，其所带来的环境问题或生态问题成为人们反思这种文明的重要事实。于是，在工业文明发展的新阶段，人类逐渐开始重视环境问题或生态问题，竭力避免环境问题或生态问题的产生并使用多种方式解决已经形成的问题。在生态学、环境哲学或生态哲学等学科的推动下，人类开始转变发展思路并且付诸实践。在这种情况下，生态文明这一概念被提出。人们对生态文明的定义是多种多样的，但是各种定义存在共识，即生态文明应当不同于传统工业文明，它是可持续的并且是环境或生态友好的文明发展模式。有些观点质疑生态文明这一概念，认为它不过是工业文明的新阶段，因为其文明模式在可预见的时期之内，仍然依托于工业化或现代化。抛开观点之争，人们对生态文明的共识表明，可持续性发展，环境或生态友好发展等成为人类文明发展的方向。因而，在渐进发展之中，人类文明发展的模式正在由量变向质变转化，一个可被称之为生态文明的新文明发展模式呼之欲出。

从目前人类文明发展的态势来看，生态文明似乎并非是人类文明发展的唯一道路，比如，有的观点认为，人类未来的文明是信息文明。放眼全球，信息科技不断发展，互联网经济、社交媒体、人工智能技术等突飞猛进，深刻影响着人类的生活，同时也塑造着人类文明的具体形态。因而，未来的文明是信息文明这一说法同样具有说服力。那么，生态文明与信息文明之间是否矛盾？两者并不矛盾。生态文明所描绘的文明针对工业文明的非可持续发展问题，而信息文明的愿景突出对工业文明物质流动模式的修正。两种文明模式都是对传统工业文明的超越，在发展理念上侧重不同，但可以兼容。生态文明需要信息技术，无论是生态经济还是生态文化，信息技术都将助力其发展；信息文明需要生态经济和生态文化的发展，因为生态经济和生态文化显然是人类全面发展的新需求。

诉诸需求分析是理解人类历史发展与文明形态演进的重要角度。原始文明、农业文明与工业文明分别对应了人类不同的需求。当今时代，生态需求成为人类需求极为重要的方面。以中国当前社会发展为例，众所周知，当前中国社会的主要矛盾是人民日益增长的美好生活需要和不平衡、不充分的发展之间的矛盾。人民的美好生活需要之中就包括生态需要。而以《巴黎协定》为代表的全球性生态问题解决方案表明，生态需求成为整个人类的共同需求。

人类的生态需求需要得到满足，微观层面的发展最终将带来宏观层面文明形态的转变。所以，在这个角度上我们可以认为，人类文明很可能走向生态文明的新阶段。在此历史阶段，即使生态文明没有真正来临，人类的生态需求已经深刻转化为人类生存与发展的内在价值诉求。这就为哲学的介入创造了条件。环境哲学或者说生态哲学应当成为时代精神。

环境哲学或生态哲学成为时代精神的时间范围包括当下与未来。我们并不能因为生态文明概念的观念纷争而忽视人类的客观价值诉求，人类的生态诉求只会越来越高，这决定了当下与未来都是人类生态诉求的时间段。所以，环境哲学或生态哲学作为时代精神的时间范围与此相同。

成为时代精神应当是世界环境哲学或生态哲学未来发展的方向。具体到内容之上，作为时代精神的世界环境哲学或生态哲学包括以下几个方面：第一，整体主义世界观与方法论。经典科学在观念领域将世界进行了分割，还原主义或机械物理主义成为其哲学方法论。世界在观念领域被割裂之后，各种存在物之间的关系被掩盖，这造成人们的世界观也是碎片化的世界观。人们所理解的世界是具体学科下的世界，物理学的世界与化学的世界存在差别，以此类推。环境哲学或生态哲学的世界观与方法论是整体主义的。它将世界视为一个有机整体，世界是一个全面性的存在整体，其中的生命体、非生命体之间存在着复杂关系，需要人们从整体上对之进行把握。第二，有机主义生态观。传统观念无所谓生态观，因为生态这一概念并不属于其范畴。环境哲学或生态哲学将生态视为一个有机体，在这个有机体之中，事物的联系不是单线条的，而是多样的。生态系统如同一个生命体。这种观点并不是神秘主义，而是基于人类文明形态的整体把握。工业文明并未将生态系统视为有机整体，这带来了诸多生态问题，这需要我们反过来坚持有机主义生态观。第三，整体主义真理观。黑格尔将真理视为大全，这一观点在哲学上在其身后受到了广泛的批判。黑格尔的真理大全与整体主义真理观不同，前者具有浓厚的德国古典哲学特征并且强调辩证法与绝对精神，但他的思路值得借鉴。在生态哲学之中，真理并不是一般性知识，而应当是生态知识的总和及其哲学内容。

五、　重视全球实践的发展方向

世界环境哲学或世界生态哲学虽然是人类观念，但并不能因此否认其实践倾向。它的实践倾向从其产生就具有，世界环境哲学的诸多流派大都关注环境问题本身并强调问题的解决。在这一共性之下，鉴于环境问题或生态问题的全球性，重视全球实践应当成为未来世界环境哲学或世界生态哲学发展的重要方向及其内在特征。

人类在近半个世纪之内相继召开了斯德哥尔摩人类环境会议、里约热内卢联合国环境与发展大会和约翰内斯堡可持续发展首脑会议，并相继发表了《人类环境宣言》《里约热内卢环境与发展宣言》和《约翰内斯堡可持续发展宣言》等重要宣言，环境保护和可持续发展等实践观念深入到人类观念之中并且成为世界环境哲学发展的重要理论来源。在人类环境保护和可持续发展的共识之下，世界环境哲学逐渐将全球实践融入其内在理论之中。不过，与生态学等学科相比，世界环境哲学对全球实践的关注与认识仍然不够深刻。

世界环境哲学中的全球实践倾向与环境伦理学中的全球正义有关。众所周知，代际正义十分重要，环境伦理学在正义领域中的论证，更加倾向于代际正义这一方面。然而，代际正义对应于时间维度，与之相对的空间维度，虽然也得到了环境伦理学的注意，但并没有得到如同代际正义般的辩护力度。所以，全球环境正义成为环境伦理学所应当重视的方面。正义问题一旦与环境问题或生态问题相结合，那么，其实践性就凸现出来，因为正义的关键不在于分析正义，而在于正义的实践。环境伦理学的未来应当重视对全球环境正义或生态正义的分析，及其有效的实践反思。在这个问题上，环境伦理学或生态伦理学可以代表未来世界环境哲学或世界生态哲学的发展方向，因为伦理学是实践理性的代名词。

由上分析可知，世界环境哲学或世界生态哲学重视全球实践的论证方式，可以借鉴传统正义理论。以罗尔斯为代表的义务论正义理论、以功利主义为代表的后果论正义理论和美德伦理学的相关理论，都具有鲜明的实践倾向，并且都可以同全球实践相结合。因而，未来世界环境哲学或世界生态哲学可以从以下方向和思路进行理论创新。

（1）需要特别指出的是，世界环境哲学或世界生态哲学未来重视全球实践，不应当忽视另外一个重要维度，即环境教育或生态教育维度。观念的现实化与实践性的直接体现就是以教育的方式传播和发展这种观念。所以，在人类生态共识的基础之上，展开全球性的环境哲学或生态哲学教育就成为未来世界环境哲学或世界生态哲学发展的重要方向。在教育的过程中，生态共识、生态知识与生态文化应当成为教育的内容，全面改变和塑造人类生态观念和促进人类的可持续发展应当成为教育的目的，培养生态公民应该成为教育的重要目标。进行生态教育的关键不在于知识的传授，而在于生态智慧的深入人心，这需要全球生态教育突出共识的同时兼顾不同的文化传统。只有那些真正植根于自身文化传统与具体国情的生态教育实践才是可行的生态教育实践。

（2）判断未来世界环境哲学的发展方向，需要对环境哲学发展现状的妥当判断与合理认识，以期有效避免传统哲学在自然理念上的盲区，并创造现代哲学在生态观念上的新生。环境哲学重在一种秉持生态良心的自然主义分析，是对人类所置身之自然环境与社会环境的深入审视，它是对人类社会生态危机这种时代之疾的关注与挽救。环境哲学在质疑传统伦理学的人类中心主义的前提下不仅拥有对多样式概念与理论的阐释，也是在进一步发现环境科学的逻辑的基础上概括总结环境哲学之体系。环境哲学从学科范围与问题域上必然包含着环境伦理学，环境伦理学是为当代的环境危机诸如空气与水污染、生态系统的退化、物种的灭绝、土壤的侵蚀等所推动的一种伦理学。环境伦理学力图把这些存在物和自然作为一个整体来确立人对它的责任。无论何种环境哲学方法，它都力图建立在整体主义与系统论的基础上来建立人对自然环境的责任。

针对未来世界环境哲学的发展方向，北京林业大学的周国文教授总结归纳出了几点特点。第一，针对世界生态危机与中国生态现代化的趋势，探讨生态文明与新科技。第二，参照中西环境哲学历史上重要学者的经典理论及其基本观点，根据发展中的中国生态和谐社会发展的现实语境，提议中国环境哲学界应深入思考与创建中国人自己的生态伦理学。第三，集中梳理与探讨环境哲学的发展历程及其在全球化范式下所可能采取的多元化理论表述，分析自然、生态公民、环境德性与生态文明等学科重要概念，揭示环境哲学研究的最新动态，阐述对当下环境伦理问题的再思考。第四，以生态马克思主义为研究路径，探讨马克思、恩格斯关于人与自然界的生态思想，研究生态社会主义的趋向及发展脉络。第五，依托中国传统文化博大精深的思想资源，积极提炼与阐释中国传统哲学中儒释道三家的环境哲学观念，探索环境哲学的中国传统文化底蕴与中国哲学理论积淀。第六，以人文社会科学与自然科学等多学科交叉及跨学科融合的方法，研究在市场经济的现实情境下生态文明的生产基础、技术支撑与企业环境道德，探讨包容性增长视角下我国生态文明的价值诉求、管理对策与制度建构。

（3）世界环境哲学实践有其历史与现实背景。从史前文明的刀耕火种开始，人类便按照自己的意愿和能力塑造着自然环境。在从自然环境向人为环境转化的过程中，人为环境的扩张损害了原有的自然环境。环境污染、资源过度消耗以及其他生物物种的灭绝等诸多生态环境问题始终伴随着人类的发展。自20世纪70年代国际法将环境保护纳入其体系以来，国际环境法在协调各国政府行动，明确各国权利与义务，提高各国对环境问题的认识等方面发挥着巨大的作用。但不能否认的是，当前国际环境法的发展面临外部变量与内部障碍双重因素的考验，因而，只有加强立法层面和执法层面的改进，促进国际合作，才能推动国际法不断发展进化，从而更好地造福人类。世界生态环境治理是一项举步维艰的系统性工程。面对全球生态环境治理的"集中化"需求与现行国际法体系的"分散性"问题构成的治理困境，应正视国际法发展的现实，杜绝出现条约制定超出当代人类意愿与能力，过于理想化以及缺乏实际操作性等情况，有条理地推进国际环境法的进化发展。只有做到原则性与灵活性相结合，国际环境法与国家主权相协调，生态环境治理与现实收益共存，才能真正动员起世界各国、各地区、各领域的力量参与到这一工程当中，才能真正发挥国家环境法的巨大作用，切实维护人类可持续发展。世界环境哲学的发展是为了更好地协调人与自然之间的关系，将世界环境哲学融入环境法规建设，将是环境哲学发展的另一大突破。

（4）世界环境哲学实践离不开和谐观念。马克思在关于人类社会的思想中论述，在一个和谐的社会中，每个人的自由发展是一切人的自由发展的条件。有趣的是我们能在久远的中国思想那里找到相似的表达，比如，孔子的学说。这使得传统中国哲学和马克思的社会主义的融合变得合理。更加具体地说，在这个气候变化的时代中，诸如"与自然和谐共存""尊重自然的界限""感激充裕的价值"等中国哲学的思想（和其相近的西方思想一起），在改变我们的生存方式上非常行之有效。这些思想同时帮助我们重新思考科学技术在人类生活中所应该处在的最佳位置，也能够让我们发现，哪些技术对提升我们"生命力"来说是真正有用的，而哪些技术是无用的，我们离开它们反而会变得更好。中国和西方拥有很多相通的思想，游刃于两者之间的"思想旅行"能够帮助西方国家在同中国对话时收获丰富的跨文化成果。由此，把这种对话方式运用到印度、俄罗斯、日本以及其他国家之中也将会变得更加有效，将中西方有益的传统思想加入环境哲学的发展可作为未来环境哲学的发展方向。

（5）以环境哲学为研究视域的文化自觉。这一概念，在其特指的学科立场是环境哲学研究者的文化自觉，它首先是定位于环境哲学范畴中的文化自觉，它是立足以环境哲学的语境与方式思考文化自觉的可能与必然，用环境哲学的方法逻辑阐释文化自觉的内涵与趋向。在建构环境哲学的知识模型的过程中，生态公民以文化自觉为切入点，重塑面向人类社会的世界性生态运动的环境哲学。生态公民有必要重新理解环境哲学中关于环境的定义，如果整体自然界被理解为第一自然的话，那么因人而生的环境可以被看作自然。在范围相对较小的一个层面，环境是面对人的生活与人类社会的生产劳动之围绕而产生的。环境内生于广义的包括人类社会的自然界，自然界涵盖了与人类密切相关的环境。自然可以没有人的视野，环境必须有人的观睛。只要清晰梳理自然与环境的界限，把环境科学地融入自然，掌握价值的维度与行动的边界，生态公民相信人类的环境可为、地球的环境能为、我们的环境有为。毕竟"为"不仅是一种适当与节制的行动，更是一种精神创造性的物质转化。生态公民建立对自然尊重与欣赏的人类社会环境，将有赖于持续思辨环境哲学不同界面的文化自觉。而在此，生态公民不仅要重新认识环境的定义，而且要在与自然哲学概念比较中反思环境哲学的概念。如果说自然哲学是对万物根源与世界本质的形而上学思辨的话，环境哲学则是基于人类生活之环境与作为母体之自然的思考。自然哲学是伴随着西方哲学史的产生而出现的，以泰勒斯、赫拉克利特、德谟克利特为代表的第一批史上有名的哲学家，最早思考的哲学问题就是关于"物质是什么、世界是什么"的自然哲学之问。它在古希腊哲学的前苏格拉底时期被称为第一哲学。但关于自然这个概念却是有争议的，自然主义者认为的自然与生态主义者认为的自然肯定是两个概念。"自然这个概念在哲学中是一个变化的概念。休谟与密尔已经把它看成是'模糊的'与'不明确的'，化学家与自然哲学家罗伯特·波义耳甚至建议把它从哲学词汇中取缔。它对位于在对立概念的逻辑空间模棱两可的词汇是有帮助的，它是自然概念一直以来拥有它自身外形确立的方法。"而跨越了 2300 多年之后，环境哲学则姗姗来迟，它以对自然内在价值的承认作为前提，在人类生存的事实性境况中为生态观念范式的模本创造思维进路，更呈现出其独特的地球家园关怀。

以环境哲学为研究视域的文化自觉站在明确的生态整体主义的立场，树立人类、环境与自然多维度的逻辑关联。这一有效连接须真正理解文化自觉的概念，才能够把文化自觉这个新的命题放在环境哲学的整体视域中进行有效思考。审视文化自觉的概念，它是一种身份观念的自省与精神价值的体认，它重在挖掘内在理性沉淀甚至感性迷失的文化身份认同。较宽广视域的文化自觉是以人性为基础的跨越民族国家界限的面向世界舞台的全球文化的追随，它肯定地球人的共同价值判断、美感形态与文化普遍性。而较狭小视域的文化自觉是立足于民族性为条件的来自本地域文化与历史传统的心灵自觉，它离不开自身国度的语言记忆，它是忠实于共同的生产与生活、共同的学习与教育基础上的文化符号、行为模式、宗教信仰与风俗习惯。无论在广义与狭义的层面，文化自觉都是一种在时空历程中抹不去的文化烙印，它所沉淀的全球文化特性与民族文化基因，在复苏文化身份的进程中提炼着缘于器物、精神与制度的感悟。它对不同境遇中所属文化界域的内涵与外延的清醒认知，是需要以文化认受性作为前提，在反复辨别与咀嚼省悟中能够让我们走出失去灵魂家园与遗忘精神故乡的文化迷失。生态公民以批判性重建为自身使命的文化自觉在环境哲学的研究视域中并不是空穴来风，一种观点认为它站在怀疑论的立场反思传统哲学的人类中心主义观念。"这种怀疑论产生于一种主宰西方哲学思想趋势的固有的人类中心主义或者致命的人类中心的信仰，因此它有害于环境关系。对于这些作者来说，恰当的环境哲学的目的就是发展一种介于人类与自然世界之间关系的新的非人类中心主义论述，它是充满希望的，并将提供一个对于非人类环境的伦理关注的形而上学的基础。"这种新的非人类主义，在强弱互见之间体现出人性与自然性的双面黏合，在人类要生存与自然界要保护的现实情况下，以弱的非人类中心主义观念开启对破碎染尘之人心的修复。再次意识思辨与行为矫正的过程中，让人类有效地从社会走向自然、又从自然走向社会，把物欲控制在满足人类生活的限度内，在发自内心的环境认同中真正融入自然，持续重塑人类与自然界的良性循环关系。

(6) 世界环境哲学的未来必须寻找新思维、新出路。它会在依旧以人类为中心的人道主义中产生，还是要萌发出一个超越人类中心主义的崭新的伦理范围？这些都是未来环境哲学思考和发展的方向。重构环境哲学的未来图景，需要环境哲学进行恰当判断与合理认识，以期有效避免流行哲学在自然理念上的盲区，并创造现代哲学在生态观念上的新生。

环境教育可以是环境哲学发展的一条新出路，哈格洛夫认为，人类在社会中的角色可分为作为"消费者"的人和作为"社会公民"的人。作为普通消费者的人类，在面对选择时往往会带有比较强烈的"个人倾向"，衡量更多的是个人情感与个人得失，忽视选择的结果会对他人或环境带来的后果；而作为社会公民的人类，面对选择会考虑更多个人偏爱以外的公共因素，个人的好恶常常会被淡化，社会责任感占据上风，呈现出一种"公民倾向"。在目前经济变成重要衡量事物的标准的情况下，对自然的认识也变得经济化，甚至出现"经济"与"非经济"一刀切的划分。原本对于自然界中动植物的欣赏变成了该物体工具价值的衡量；对于自然美的欣赏，变成旅游观光消费的价格比较。环境教育的目的，就是要培养更多的"社会公民"或是"环境公民"，让环境意识深入到人们日常生活中。让 19 世纪就形成的欣赏、崇拜自然美的传统重新成为共识。从小学就开始的环境伦理教育，能够使得接受这种教育的人，在未来面对决策或立法时，用一种准确的环境思维去思考。

（7）世界环境哲学的发展须有效解构资本逻辑。近代以来，环境破坏的根源在于资本主义生产方式的性质。因此，破除"资本逻辑"，消灭资本对人和对自然的双重剥削是解决环境问题的根本途径。这要求以生态理性取代经济理性，将人和自然从异化状态中解放出来；以人与自然的正常关系为价值标准对生产和消费进行重组，尽量少地运用劳动、资本和资源，努力生产耐用的、具有高度使用价值的产品，以满足人们适可而止的需求。建立在这种合乎人性和自然要求的生产基础上的未来社会同马克思所设想的社会主义社会是相通的。生态马克思主义学者将其命名为"生态社会主义社会"。这个社会是一个满足人类全面发展需要、符合生态可持续性原则并处于更为民主控制之下的社会，也就是一个绿色社会。这个社会的设想是：其一，生态社会主义是一个人类自由实现和人与自然相统一的社会，也就是马克思的自然的人道主义与人的自然主义相统一的理想；其二，生态社会主义是一个绿色经济发展模式的社会，经济发展符合大多数人的长远利益，特别是生态利益；其三，生态社会主义是一个基层民主和参与民主充分发展但仍然保留国家或类似社会管理组织的社会。不过，根本上变革资本主义的生产方式并不是一蹴而就的。还需要环境哲学家们未来继续求索，以中国为代表的社会主义国家生态环境治理机制改革受到极大的重视，全球气候变暖，社会主义体制下集中力量办大事采取的措施效果令人期待。世界环境哲学可以朝着多方协同的环境治理方向发展。1962 年，美国生物学家蕾切尔·卡逊出版了《寂静的春天》一书，描述了化学农药对环境的污染和毁灭生物的恶果，揭露了美国农业、商业为追求利润而滥用农药的事实，对滥用杀虫剂而造成生物及人体受害的情况进行抨击，引起了人们对环境污染的注意。书中指出：人类一方面在创造高度文明，一方面又在毁灭自己的文明。环境问题如不解决，人类将"生活在幸福的坟墓之中"。全世界各界人士一致公认此书在唤起广大群众重视环境问题方面起到了重大的作用。1992 年，《寂静的春天》被推选为近 50 年来最具有影响的书。还有人认为，"《寂静的春天》的出版应该恰当地被看成是现代环境运动的肇始。"由此观之，世界环境哲学在未来发展过程中可以影响文学作品或科普作品的创作，因为文学作品或科普作品的社会影响力不可小觑。

(8)将世界环境哲学的发展方向与国际社会的立法结合在一起。纵观全球，人类的生产活动和社会活动给世界各地环境带来了相应的影响，这种影响超越了人们的认知，贺拉斯曾警告说，自然"还会回来"。在世界范围内，几乎各个国家都出台了相关的法律法规，环境哲学想要发展壮大，与环境立法、世界环境会议相融汇贯通也是一条必经的道路。

1972 年 6 月 5 日至 6 月 16 日，联合国在瑞典首都斯德哥尔摩举行了地球上首次"联合国人类环境会议"，113 个国家和一些国际机构的代表参加了会议。这次会议第一次把环境问题提到全球议事日程上，开启了关于环境问题的国际性对话、讨论和合作。会议提出了有关环境问题的《只有一个地球》的著名报告，通过了《联合国人类环境宣言》(Deelaration of the United Nations Conference on the Human Enviromment)，确定每年 6 月 5 日为世界环境日，并决定成立联合国环境规划署(UNEP)。

《联合国人类环境宣言》提出：人类既是他的环境的创造物，又是他的环境的塑造者，环境给予人以维持生存的东西，并给他提供了在智力、道德、社会和精神等方面获得发展的机会。《联合国人类环境宣言》指出了环境和生态破坏的严重性：在世界上的许多地区，我们可以看到不同区域有越来越多的人为损害的迹象；在水、空气和土壤以及生物中污染达到危险的程度；生物界的生态平衡受到严重和不适当的扰乱，一些无法取代的资源受到破坏或陷于枯竭；在人为的环境，特别是生活和工作环境里存在着有害于身体、精神和社会健康的严重缺陷。《联合国人类环境宣言》特别提出，现在已到历史上这样一个关键时刻：我们决定在世界各地行动的时候，必须审慎地考虑它们对环境产生的严重后果。

这次会议产生了许多积极的成果，开始把经济发展与环境保护联系起来，把摆脱贫穷与环境保护联系起来，强调通过发展来解决环境问题和贫穷问题。这次会议开始建立起保护地球环境的全球性战略，对推动世界各国保护和改善人类环境起了重要作用。

1985 年 3 月，20 多个国家在维也纳签订第一个国际环境协定，订立保护臭氧层公约。1986 年，世界科联(CSU)、世界气象组织(WMO)、国际海洋委员会(IOC)、联合国环境规划署、联合国教科文组织(UNESCO)、气候变化与海洋联合委员会(CCCO)等国际组织在瑞士伯尔尼举行会议，制定了国际地圈与生物圈计划(IGBP)，又称《全球变化研究计划》(Global Enirioment Change Research Program)。大规模地开展研究人类活动对全球生态系统的影响，以及定量评估在天、地、生、物、化循环中整个地球系统的变化。

1987 年 12 月，联合国 42 届大会上通过了 2000 年及其以后的环境展望决议，作为谋求与环境协调发展的国家行动和国际合作指导的基本框架，同时还通过了《国际减轻自然灾害十年国际行动纲领》(International Decade for Natural Disaster Reduction)。

1992 年 6 月 3 日至 14 日，世界上有史以来规格最高、规模最大的"环境与发展会议"在巴西里约热内卢国际会议中心隆重召开。183 个国家和地区派代表团出席了会议，包括中国总理李鹏、英国首相梅杰、美国总统布什、法国总统密特朗、德国总理科尔、加拿大总统马尔罗尼在内的 103 位国家元首或政府首脑都亲自与会并讲话。参加会议的还有联合国及其下属机构等 70 多个国际组织的代表。会议讨论并通过了《里约环境与发展宣言》，又称《地球宪章》(*Earth Charter*)，规定国际环境与发展的 27 项基本原则；《21 世纪议程》(确定 21 世纪 39 项战略计划) 和《关于森林问题的原则声明》；并签署了《联合国气候变化框架公约》(United Nations Framework Convention on Climate Change，防治地球变暖) 和《生物多样性公约》(Convention on Biological Diversity，制止动植物濒危和灭绝) 两个公约。会议以环境与发展为主题，审查全球环境的新形势，研究新问题，在环境与发展的问题上寻求共同点，形成可持续发展的新的共识，促使这种发展的举措实施。在这次会议上通过的《21 世纪议程》中正式确立了当代人类发展的主题就是可持续发展：要努力寻求一条人口、经济、环境和资源相互协调，既能满足当代人需要而又不对满足后代人需求的能力构成危害的可持续发展的道路。

联合国环境与发展大会提出了人类"可持续发展"的新战略和新观念：人类应与自然和谐一致，可持续地发展并为后代提供良好的生存发展空间。人类应珍惜共有的资源环境，有偿地向大自然索取。人类为此应变革现有的生活和消费方式，与自然重修旧好，建立新的"全球伙伴关系"——人与自然和谐统一，人类之间和平共处。这次会议，是世界各国在环境和发展领域谋求加强合作共同发展的一个重要开端，对全球环境保护和可持续发展具有巨大的意义。它的召开及其成果是人类实现可持续发展历程中一个重要的里程碑。

2002 年 8 月 26 日至 9 月 4 日，世界可持续发展首脑会议峰会 (又称第二届地球首脑会议) 在南非约翰内斯堡举行，来自 191 个国家的政府代表以及政府间和非政府组织、私营企业、民间社团和学术研究群体的代表共 21340 人出席了此次盛会，共有 82 位国家元首或政府首脑，30 个国家的副总统和副首相以及 74 位部长代表各自的国家作大会发言。会议就全球可持续发展战略、问题与解决办法进行了广泛的讨论。会议发表了《实施计划》和《约翰内斯堡可持续发展宣言》(The Johammesburg Declaration on Sustainable Development)，促进世界各国在环境与发展上采取实际行动。

(9) 世界环境哲学的发展，也离不开各国政府的支持与协作。世界环境保护只靠公民群体与社会组织工作不行，那么世界环境哲学的发展方向也可在政府的制度作用之下发展起来。在世界环境哲学中，可以将不断制定并完善的法律上升到哲学的高度去考察，审视其合理性；发挥环境哲学独有的理论与实践作用，促进世界环境保护过程中，产业布局和及规模结构的调整，发挥产业的经济效应和规模效益；利用环境哲学积极地营造各国生产产业发展的外部环境，结合政府政策，创新发展，加强环境哲学的可实践性。实现人与自然关系的和解，"社会化的人，联合起来的生产者，将合理地调节他们和自然之间的物质交换，把它置于他们的共同控制之下，而不让它作为盲目的力量来统治自己"。这已经成为时代发展的召唤。马克思主义设想的自然主义—人道主义—共产主义的三位一体的人与自然和解的未来图景仍然是当代环境哲学和可持续发展不可逾越的理论境界。

参考文献

洪艺蓉．尤金·哈格洛夫环境哲学思想研究［D］．苏州：苏州科技大学，2017.

卢风．应用伦理学概论［M］．北京：中国人民大学出版社，2015.

吴迪．马克思主义哲学视野下的人工智能探析［J］．新西部，2019(29)：2-3.

王旭烽．生态文化辞典［M］．南昌：江西人民出版社，2012.

余谋昌，王耀先．环境伦理学［M］．北京：高等教育出版社，2004.

杨娟．人类文明发展视域下人与自然关系的历史演进［J］．实事求是，2019(03)：32-37.

于兴安．当代国际环境法发展面临的内外问题与对策分析［J］．鄱阳湖学刊，2017(01)：75-82.

周国文．以环境哲学为研究视域的文化自觉之前提与趋向［J］．南京林业大学学报(人文社会科学版)，2015，15(03)：11-19.

习　题

一、选择题

1. 当前世界环境哲学需要直面的核心问题仍然是(　　　)。

A. 生态问题的全球化

B. 国家间的环保合作

C. 人类中心主义与非人类中心主义之争

D. 非人存在物是否有主体性价值

2. 弱的人类中心主义认为(　　　)。

A. 人由于具有理性，因而自在地就是一种目的。人的理性给了他一种特权，使得他可以把其他非理性的存在物当作工具来使用。

B. 非人类存在物的价值是人的内在情感的主观投射，人是所有价值的源泉；没有人，大自然就只是一片"价值空场"。

C. 道德规范只是调节人与人之间关系的行为准则，它所关心的只是人的福利。

D. 在人与自然的伦理关系中，应当贯彻人是目的的思想。

3. 马克思设计的(　　　)三位一体的人与自然和解的未来图景仍然是当代环境哲学和现代性发展不可逾越的理论境域。

A. 社会主义　　　　B. 自然主义　　C. 人道主义　　D. 共产主义

二、判断题

生态学与环境哲学之间的差别有很多，但最根本的差别是价值论上的差别。（　　）

三、简答题

试列举世界环境哲学的未来发展方向。

空气污染、 健康和伦理

罗宾·艾特菲尔德 (卡迪夫大学，英国威尔士)

译校：周国文　贾桂君

最近关于英国二氧化氮污染和全世界微粒污染的调查结果提出了保护人类(和动物)健康的伦理问题。英国许多城市地区被发现含有非法高浓度的二氧化氮。但事实证明，世界各地都存在微粒问题，特别是在第三世界国家的大城镇和城市，以及欧洲和北美的大部分地区。在许多情况下，柴油发动机是罪魁祸首，应该尽快淘汰这些发动机。在其他情况下，污染源是在不受约束的工业扩张中发现的，或是在最近沙漠扩张形成的沙尘暴中发现的。因此，补救措施包括重新建造森林、保护或恢复湿地、从碳基发电转向可再生能源发电、从内燃机转向电动汽车(艾特菲尔德 Attfield，2014)。而将人们从二氧化氮和颗粒物污染中拯救出来的伦理案例与减少温室气体的伦理案例则有所交叉。

克里斯·麦克马洪(Chris McMahon)在 2017 年 12 月 14 日向我指出，解决问题的关键是放弃内燃机。目前，放弃柴油发动机会改善健康水平，但如果改用汽油发动机，平均寿命只差几周。此外，大多数卡车和船舶都是由柴油驱动的，这些也需要考虑。(港口和大型机场的周边环境对居住在那里的人非常危险；德里和墨西哥城等大城市也是如此)如果电池充满碳发电，引进电动汽车几乎没有什么好处。我们需要用可再生能源发电，但要达到足够规模，就需要将15%的不可再生能源投入到可再生发电技术的生产中。核聚变将解决这些问题，但在可预见的未来不太可能实现。每种形式的燃料都需要从摇篮到坟墓被考虑到。

最近关于英国二氧化氮污染和全球颗粒物污染的研究结果提出了保护人类(和动物)健康的伦理问题①。英国许多城市地区被发现含有非法高浓度的二氧化氮。但事实证明，世界各地都存在微粒问题，特别是在第三世界国家的大城镇和城市，以及欧洲和北美的大部分地区。在许多情况下，柴油机是罪魁祸首。这是否意味着这些应该尽快被淘汰？我们中的许多人

---

① 约翰·维达尔："世界卫生组织数据显示，污染在过去五年中上升了 8%"，英国《卫报》，2016 年 5 月 12 日报道。

会回答"是"。但在开始之前，我们应该先从更广的角度来思考，本研究的目的是开始这项工作，提出相关的伦理原则，并得出结论，这些结论并非总是我们在反思之前就可以采纳的。

首先，我们能逐步淘汰柴油发动机吗？对于汽车来说，这当然是有可能的，政府可以引入报废计划，鼓励人们用柴油动力汽车，并用汽油动力汽车代替。但是，正如我们将看到的，即使是这样，也不是无懈可击的。此外，大多数载重汽车和卡车都是柴油驱动的，大多数船舶和飞机也是柴油驱动的，更换发动机更为困难。把这些东西留在原处意味着靠近主要机场和主要港口的地区是潜在的死亡陷阱。但是，在试图用非柴油发动机取代这种形式的发动机时，存在着一个很大的技术问题。然而，一些潜艇是核动力的，因此必须有可能对船舶进行改装，以便使用核能。还有应改进电池的可行性，使卡车至少能用电。因此，广泛更换柴油发动机并非完全不可能。

然而，尽管柴油机排放的危险气体大部分来自柴油车，但值得反思的是，是否应该全部更换这些汽车。更具体地说，我们能否继续让我们城市的道路受到氧化亚氮(包括二氧化氮和氧化亚氮)的污染，同时也受到微粒的污染，微粒严重地损害许多人的呼吸系统。我个人避免沿着一条相当舒适的城市道路走，而是选择一条平行的后巷，因为它被一排建筑物挡住了道路的排放物。不可否认，它的边界是一条铁路，火车由柴油驱动，但火车并不是一直在运行，不像公路上的汽车。

然而，替代柴油汽车的计划往往涉及用汽油驱动的汽车来替代柴油汽车，这些汽车在全球变暖的形式下对气候变化的影响比柴油发动机更大。如果我们比较这两种驱动道路车辆的系统，我们会发现，虽然柴油车会使现在(平均)几天或几周的人的平均预期寿命下降，但汽油驱动的汽车不仅会对附近的人造成伤害，而且会对远方的人(而且通常是那些对交通状况贡献不大的人)造成伤害。毫无疑问，无论是当前一代，还是未来一代，我们子孙后代将不得不忍受反常的天气事件，如洪水、飓风和不断增加强度和频率的火灾，以及非人类的生物，既有当代的，也有后代的，如果他们能活那么久的话。

应该承认，拥有现代柴油发动机的汽车比旧柴油发动机的汽车质量差得多，同样，一些拥有现代汽油发动机的汽车比去年那些耗油量大的汽车有更好的汽油消耗率。因此，用现代汽油动力取代旧柴油车可能会降低整体危害程度。然而，这对实现2015年12月《巴黎协定》的目标几乎没有帮助，该协定将平均气温上升限制在不超过1.5℃(UNFCCC 2015)。(许多人继续将目标设定为2℃上限，但事实上，大会同意尽可能将目标设定为1.5℃上限。)

因此，如果在柴油驱动的汽车系统和汽油驱动的汽车系统之间做出选择，那么在这两者之间可能没有什么可供选择的。柴油车对我们的许多同龄人来说意味着疾病，对一些人来说意味着更早的死亡，乍一看这在许多国家的政治上都显得难以忍受。但汽油驱动的汽车所带来的危害至少对遥远的人们、未来的人们和非人类物种同样有害；从伦理上来说，这无疑是不可容忍的，即使在某些地方，从政治上来说，这是可以容忍的。

那么，也许我们应该提倡用电动汽车代替柴油汽车，同时也应该用这些汽车代替汽油驱动的汽车。但在我们选择这个解决方案之前，我们需要考虑一下这个提案涉及的系统类型。例如，如果电动汽车是由煤炭、石油或天然气发电设施产生的电力驱动的，那么这个问题就没有解决，而它们对全球的影响只是从城市中心和主干道转移到发电站。事实上，这一变化与英国曾经发生的变化相当，当时在家庭和工业用火中燃烧的燃料被改为无烟燃料，除了那些工厂所在的地区，为了避免各种烟雾，普通煤被改为无烟燃料，继而向工人以及他们的家人排放。(其中许多都位于威尔士山谷，离我住的地方不远)

因此，只有当电动汽车所用的电力由可再生能源(无论是太阳能、水力发电、潮汐发电、风力发电还是波浪发电)产生时，这种变化才可能是有益的。否则，远离使用柴油只意味着用更广泛的伤害来取代对当前人类的伤害，无论是对更多的空间或时间上遥远的人类，还是对多种非人类生物，都会有影响。当然，可以通过更多选择步行或骑车的方式来取代汽车的使用；但是，尽管这些值得称赞的交通方式适用于短途出行的健康人，理想情况下是在好天气下，但对于其他人来说，这些交通方式并不适用，也不适用于超过几英里①的出行。

然而，从碳基电力转变为可再生能源发电并非没有成本。因为可再生能源本身必须被制造出来，无论是太阳能电池板、潮汐驱动的涡轮机、驱动发电机的风车或类似的装置。在这一转变发生之前，生产过程中消耗的能源必须来自不可再生能源。在可再生能源只占发电量的一小部分的日子里，这种不可再生能源的消耗似乎小到可以忽略的程度，但是如果我们要从可再生能源中发电，那么制造必要设备所需的能源量就成了巨大的支撑。根据一项统计，这将需要目前产生的不可再生能源总量的百分之十五②。

当然，生产可再生能源发电所需设备的操作有一个有益的方面，这包括这一过程将涉及或将涉及的提升就业率的问题。除了使更多家庭有收入来源的事实之外，这些工作和大多数工作一样，可以通过这样一种方式进行管理，即构成有价值的工作，让工人运用技能和判断力，并分享与工作

---

① 1英里≈1.61千米。以下同。
② 克里斯·麦克马汉(工程专家)，2017年12月14日谈话。

相关的决定。此外，采矿或造船等核心活动已经消失的整个社区都可以获得新的生活机会，因此也有相当大的社会优势。然而，要么转向可再生能源制造的能源必须从其他方面转移，要么就必须从非可再生能源中实际增加发电量，这将是相当可观的，尽管可能是暂时的。

这些反映足以表明，无论是柴油驱动的、汽油驱动的，还是那些专注于可再生能源的，所有可供家庭、工厂、汽车和其他形式的交通工具使用的系统都存在一个缺点。面对这一问题，我们倾向于采取伦理的方法，即我们应该采用或保留危害最小的系统；在某些情况下，这可能意味着保留柴油动力车辆，在某些情况下，一些相关设备可以得到证明，使用汽油驱动的车辆，无论效率如何，在其他情况下，采用可再生技术，无论制造商的碳排放强度如何。保留柴油动力和汽油动力运输的危害在不同的方面可以预见，对人类和非人类健康不利；但同样(令人惊讶)的是，它向可再生能源大规模过渡。

这种选择伤害最小的选项的方法将吸引许多人。例如，那些认为我们的首要任务必须是防止任何对人权的减损或侵犯的人可能认为，由碳驱动的气候变化所造成的伤害是不可接受的，即使可以在程度上减少，他们仍然是不可容忍的。大量本身没有产生任何大量碳排放的无辜缔约方受到不利影响，无论是通过海平面上升，还是通过火灾、洪水、风暴和飓风等极端天气事件的强度和频率不断增加，这种对他们人权的侵犯是如此不可接受的。可以接受的是，我们最终必须转向可再生能源，同时忍受柴油机的不利影响，对全球变暖的影响较小。另一方面，柴油使用的影响也侵犯了人权，因此使用不可再生能源的可再生发电设备的制造也可能增加。

虽然我同意我们必须转向可再生能源(除非核聚变意外地证明可行)，但我不同意这些理由，我也不同意我们应在必要时继续使用柴油发动机。但我想对这样一个原则提出质疑，即我们应该始终采用危害最小的政策选择，不管这是否与侵犯人权有关。虽然伤害和侵犯人权在道义上很重要，但它们并不是道义上唯一相关的因素。

只要说，我们可以防止人们受到伤害，但代价是让人类灭绝，那么从人类继续生活的代价几乎可以肯定，至少会有一小部分人的生活要么不值得生活，要么实际上不值得生活。面对这一选择，坚持我们应该采取危害最小的政策选择的原则的人必须说人类应该被允许灭绝；或者他们必须这样做，除非他们能以某种方式争辩说不存在是一种危害，这一说法听起来极不可信。但这一选择比种族灭绝更糟糕，并会扼杀整个人类的前景；未来的人们，连同他们所有的艺术、文学、音乐和其他形式的自我表达的潜力，都将被排除在发展他们潜力的任何机会之外。大多数人经深思熟虑后会拒绝这个选择。但要拒绝这一选择，就要拒绝它所依据的原则，也就是说，在道义上必须采取伤害最小或造成伤害最小的政策。

这个论点是基于加拿大哲学家约翰·莱斯利的思想实验的一个修改版本，我在《全球环境伦理》一书中提出了这一观点。我将在这里引用相关的段落：

在众多的可居住行星中，每一个都有能力支撑一个庞大的人口，它们的成员可能会过上积极品质的生活，也会有一个人的生活将是可预见的，并且不可避免地是消极品质的。为了思想实验的目的，这些庞大的人类群体可以通过挥动魔法棒而得以存在。应该这样做吗？对于那些相信内在价值与非内在价值之间的平衡优化的结果论者（如果你不习惯这些术语，用"好与坏的平衡"来代替它们），并且在计算每一个实际的和可能的生命是否具有道德地位时，答案是肯定的，即使每个行星的最终人口包括消极的生活质量。但是，那些优先考虑预防痛苦的理论家们必须认为，答案完全取决于每个星球上负质量的生命是否能够被阻止；如果不能，那么这些生命都不应该产生①。

由于目前为止的思想实验对非人类生活的质量没有任何意义，下面（在我的文章中）有一段关于非人类生物生活质量的文章。但为了目前的目的，我将不考虑这种复杂性。

结果是，无论我们是否是后果论者，大多数人都同意我们应该促进和培养有价值的生活，即使这样做涉及同时会产生少数悲惨生活的风险。在约翰·莱斯利的思想实验中，我自己的思想实验有所变化，每个人的悲惨生活都是在没有窗户的住所里度过的，不能得到改善，也不能以任何其他方式受到同时代人的影响②。因此，他们没有受到这些人的伤害，但可以说，他们受到了将他们组成一个不幸的小少数民族的整个人口纳入社会的决定的伤害。然而，莱斯利得出结论说，让这些庞大的种群存在是正确的（给予足够的可居住行星）。我们很可能希望增加一个规定，即这些可居住行星的人类种群既不伤害也不使其非人类种群灭绝；为了维持莱斯利的思想实验，让我们代表他接受这一规定。

这种思想实验本身不能用来证明后果论的正确性③。但我建议，它确实确立了道德选择应该考虑到行动的好影响和坏影响，而且一个行动有一些坏影响的事实本身并不能使竞争对手的选择更优越。如果是这样的话，我们不应该仅仅以减少伤害或邪恶为基础来决定能源政策。（就目前而言，尽管我已经在其他地方详细阐述了这一区别，但还是让我们把伤害和邪恶之间的区别放在一边）因此，我们应该考虑到一项或另一项政策能够带来

---

① 罗宾·艾特菲尔德. 全球环境伦理（第二版）. 爱丁堡：爱丁堡大学出版社，2015：72.
② 约翰·莱斯利. 世界末日：人类灭绝的科学与伦理. 伦敦和纽约：劳特利奇出版社，1996.
③ 罗宾·艾特菲尔德提出了更全面的案例，参见：价值、义务和元伦理. 莱顿：布里尔出版社，[1995]2018；以及罗宾·阿特菲尔德. 全球伦理的形态. 哲学和社会批评，2006，32（1）：5-19.

的好处或积极价值，而不仅仅是它可能带来的成本、伤害或邪恶。

　　然而，建议我们采取危害最小的政策的真正原因可能是，我们应该在政策审议中包括可预见的危害，以及可预见的危害。有了这个修改，我强烈地倾向于接受修改后的建议。因此，可再生能源的成本应纳入我们对可再生能源的思考，而使用柴油机的好处也不应被忽视。我们也不应忽视保留柴油发动机政策可能产生的危害与最终用汽油驱动的车辆替代柴油发动机可能产生的更大危害之间的比较。

　　但是，这就意味着，仅仅我们可以设想一个比柴油机更糟糕的运输系统，并不能真正支持保留柴油机系统。应该承认，这两种制度都通过扩大人们的经验、促进会议、释放人类的创造力、进行可能的贸易以及将事故中的伤亡人员运送到诊所和医院，从而（经常）给予他们生命，来促进大量的善行。我的一位朋友在她丈夫手术成功后说："回来吧。"如果这些是唯一可能的系统，那么坚持使用污染最小的柴油机，从而将痛苦减至最低，并促进出行和运输所允许的所有好处，这一点毕竟是正确的。

　　然而，其他系统是可能的，尽管它们的成本（例如，在生产可再生能源的设备上消耗15%的不可再生能源），它们仍有能力促进现有系统支持的许多商品，而且从长远来看，可以延长可能早逝的人的生命。死亡的原因可能是受到柴油废气或全球变暖和气候变化的多重影响所致。

　　此外，引入全面的可再生能源系统所涉及的不可再生能源消耗是一个暂时性的问题。因为一旦建立了一个全面的可再生能源系统，就可以通过使用可再生能源来制造为其提供备件和根据新技术发展对其进行改造所需的设备。只要河流流动，潮汐涨落，太阳辐射继续到达我们的星球，可再生能源就可以被使用。因此，引入一个综合性的可再生能源发电系统的不利方面并不能最终算作不引入该系统。

　　因此，这就是我如何能够主张用更好的系统更换柴油动力汽车的原因。的确，倡导用汽油动力代替柴油动力受到短期主义的局限，因为这将意味着延长现代城市居民的平均寿命，而这将以牺牲他们的生命和早逝为代价。在时间上或空间上都远离（或两者都在）的许多人，加上许多非人类物种可避免的灭绝。我们的重点应该是用电动汽车替代柴油和汽油驱动的汽车，用可再生能源替代碳基发电。

　　诚然，有些人会提倡用核发电代替碳基发电，并考虑到核裂变。但这种主张也受到短期主义的影响。因为没有已知的安全方式来处理核废料，也没有退役的核电站，因此，在未来数千年内，决定在后代身上安装这样一个系统，会给这些源头带来核污染的风险。也许它可以限制核动力船舶的风险，例如将退役核动力船舶埋在深海海沟中，但核电站运行固有的风险是如此重大和持久，以致于在引入核能发电系统时，不得不考虑到这一风险。另外还有核爆炸的风险，比如，发生在三里岛和福岛的核爆炸。

因此，出于道德和实际原因，优先选择以碳为基础的发电系统必须是以可再生能源为基础的发电系统。只有这样的系统才能克服引进电动汽车的潜在成本。这可能会向一些人暗示，在发电方式的转变完成之前，我们不应该转向电动汽车或远离柴油汽车。但这是为了解决忽视人们习惯使用电动汽车所需要的过渡期的问题，这一过渡期可能需要几十年。它也忽略了电动汽车的引入可能会鼓励公众舆论向政府施压，要求政府用可再生能源发电取代传统能源发电。

可再生能源价格不断下跌，使得引进可再生能源设施更加可行。与此同时，人类的碳预算正在萎缩，这意味着用可再生能源替代碳发电已成为当务之急。如果不尽快采取行动，将无法阻止平均气温上升到巴黎商定的1.5℃以下，甚至低于巴黎2℃的回落位置。这就要求，必须同时远离汽油驱动的内燃机和柴油驱动的汽车，尽管柴油驱动的汽车对全球变暖、疾病传播和早期死亡的影响较小，但却带来交通便利等诸多好处。

事实上，大型能源公司已经开始涉足电动汽车的生产。这是理所当然的，坚持保留柴油车是反常的，因为改为汽油车会使情况更糟。只要可行，我们就应该对电动汽车进行改造，并敦促政府对可再生能源发电进行改造。保留柴油车将有助于减少这种压力，而进行改变将增强这种压力。这条道路是生活在人类碳预算内的道路，从而拯救沿海定居点和岛屿免受洪水侵袭，并且防止野火、风暴、洪水和飓风等愈演愈烈的极端天气。

参考文献

[美]罗宾·艾特菲尔德．全球伦理的塑造[J]．哲学与社会批评，2006，32(1)：5-19.

[美]罗宾·艾特菲尔德．环境伦理学：二十一世纪概览[M]．2版．剑桥：政治出版社，2014.

[美]罗宾·艾特菲尔德．全球环境伦理[M]．2版．爱丁堡：爱丁堡大学出版社，2015.

[美]罗宾·艾特菲尔德．价值、义务和元伦理[M]．莱顿：布里尔出版社，2018.

[加]约翰·莱斯利．世界末日：人类灭绝的科学与伦理[M]．伦敦和纽约：劳特利奇出版社，1996.

克里斯·麦克马汉(工程专家)．2017.12月14日在布里斯托尔舒马赫学院的谈话．https://unfccc.int/process-and-meetings/the-paris-agreement/what-is-the-paris-agreement(访问日期：2019年2月20日)

[美]约翰·维达尔．世界卫生组织数据显示，污染在过去五年中上升了8%[N]．英国《卫报》，2016-5-12.

后 记

世界的环境哲学之蕴含

周国文

环境始终在人类的方寸世界之内，而蕴育生命的无穷世界也离不开哲学的辩证思虑。从19世纪下半叶开始对西方社会的人类中心主义思潮进行反省，到21世纪以来对全球生态问题进行辩证权衡，环境哲学早已不是一种新哲学。本文应用环境哲学的眼光及方法，思考世界、环境、哲学与人类的关系。一方面，立足于把世界放在环境哲学的角度做系统性的立体思考；另一方面，基于世界环境作为一个越来越成熟的整全式概念加以辩证审视。当然，在此之中，世界环境及其哲学的蕴涵也在接受新时代环境的凝视，其自身观念质素的锤炼也反映了从物质到精神的二重性。

一、 世界：想象与人类

对世界的哲学解读，需要立足于对世界的哲学定义。世界是什么，这是一个有趣而又重要的问题。世是时间概念，界是空间概念。一世一界，一界一世，无论是从时间进入空间，还是从空间进入时间，每个世人都可能对此做出不同的回答。世界是概念的俱在，它甚至在空间之维超越了时间这个概念的此在。因为世界就在那里，你我他所立足的地方就是世界。世界作为一种物质的时空存在，是人类所处的实体场域。它是多元复杂的，既在感官触及的层面是具象的，也在意识思维的角度是抽象的。如同法国哲学家德勒兹所说，时间是永恒的动态影像。而站在时空的交叉界面，世界并非是当下的永恒，它以时空变幻穿透感的存在，进一步留下不同场景的影像，深刻诠释了时空延伸的尺度。

从塑造世界的意义来看，与其说世界是一种记忆，不如说世界是一种想象。记忆只是回顾时间的过去，想象则是构思时空的未来。在空间的想像界面上，方向是世界的维度，是展望未来的窗口。但世界不是只有西方，世界是东西南北方的汇聚，它更不可能停留于原地的想象。源于对不同位置的思考，世界之本固然不能被遗忘，但更重要地在于对未来世界之像的思虑及观察。观世界是想像世界的一种方式，如若我们自觉了悟世界存在的本体论结构，总有一种人置身于世界的主体性，不能被忘却。只有深刻地观世界，才能真正形塑世界观。观世界，既是对人之世界的持久观察与耐心审视，也是对世界之人的和谐融入与妥当照顾。观世界，为世界观的凸显创造了前提条件。而世界观，则表现了观世界的良性结果。

观世界在实践层面推动了人类自身对世界的理解。观是一次又一次地看，是人类进入世界的方式，是肯定世界存在的表达。你在凝视世界，世界也正在凝视你。没有多元的观，人类与世界永远是阻隔的；只有立体的观，人类与世界才能达到融合。这种观是从凝视进入想象，若我们理解世界是流动的，是把一系列关于世界的解读看作是由颜色、气味、声音、感觉以及味道的组合。这不仅是由印象而来，是通过沉淀记忆而来的想象来达到对世界的认知，其中更关键的是出于对世界物质之存在的诠释。毕竟世界是一个多面体，每个人都有其生活的时空和相对固定的活动区域，往往区域决定场景、场景决定境遇、境遇决定印象。可见，每个人生活的时空往往决定了个体观察世界的角度。

想象世界若能成为认识世界的第一步，它并不是乌托邦的玄思，必须对世界之含义有坚实的理解。世界在中国人的语境中是"天下"的概念，"天盖之、地载之、人育之"，如同古人饮茶所用的茶盖、茶船、茶碗，一副小小的茶具就是一个打开的世界，它象征了一个小天地、寄寓了一个小宇宙。人居中托起世界，世界是上天所遮盖下的人类、陆地与海洋。而山川河流与大地湖泊的存在，只是揭示了世界落在地球层面的一个角落。世界唯其大，才能体现其包容万物的特点。从存在到认识，它可以让人类了解什么、知道什么、实践什么、期望什么？这一系列问题链其本质上也正是让人类明确自身与世界的关系、了解人类在世界之中本然应该怎么做？毕竟世界在其样态上是如此立体，我们以一种本质的直观只是呈现窥探万千世界的一角。世界的内涵足够丰富，其思维边界远比物理边界绵长，何止只是时间段落中人的一生一世。世界在其想象的维度无穷之大，乃是精神世界以其观念的跨界穿越物质世界。

在辩证权衡慎思观念的跨界，世界是否拥有其本然的主体？一方面，若无人，自然还是自然，地球还是地球，但世界何来世界；另一方面，人类形塑了世界，反过来世界又塑造了人，并规约了人。世界从来未曾失去我们，倒是我们可能在不同的时间节点失去世界。它表现为人之世界意识的蒙蔽与世界观念的匮乏。其本源还在于不同区域的人们在不同的时间历程对世界认识的根本性缺失。追根究底，是人类不成其为世界的人类，世界不成其为人类的世界。"在一个不断变化的时代状况中，我们自身对家园的认知与期待是处于持续的进程中。而一种焦灼的精神焦虑，来自人与世界相对照的无力。我们努力改变世界，但单个的人在世界面前深深的渺小感，让人常常意识到一个真实的世界与我们所感知的世界之间所存在的区别。"若要完善这种主体认知，不仅需要固化世界与人类的连接，而且需要完善人之于世界的存在价值及世界之于人类的场景意义。探究人类与世界的关系，也正是哲学本体论内涵的一次深化，也是其观念范畴的一次转化。从定义人与世界的概念那天起，哲学世界的认识论舞台就已经从人心深处被无言地搭建起来。

人生于自然之中，人融于世界之中。人走向世界的每一步进程，既是人迈出从家庭到社会的一步，也是人类从民族国家走向国际舞台的一步。当然人类仅仅停留在理念的世界还是不足够的，而是要广泛深入到物质的世界。世界是在的，世界不是空的。一方面，我们从认识论的角度注意到世界从物质形态上升到精神形态，这正体现出复杂样态的世界其所反映的多面性。另一方面，我们也从本体论的层面感受到人类世界仅从其思维的角度切入，还是不足够的。终究以物质形态存在的世界是其真实的本源及基础。世界是可见的世界，也是可知的世界。世界需要被人类理解，对它理解得越多，对它想象得就越深，世界的本质就能更清晰地显现出来。理解世界，不仅在于人之视觉的看与声音的听，也在于味道的闻与思考的想。当然从每个人与他者及其世界互动的角度，更离不开表达的说。这一系列动作所组成的感官活动，需要我们正视物质与精神的联系。特别是把人类置于世界其中，从思维进入存在，从认识论的世界进入知识论的世界，其后又回归本体论的世界来加以把握。

二、 世界环境： 尚未的存在

认识论的世界，从印象到想象加强了理念世界的存在；它以人类观念的打开、积累在理性和经验层面知识论的丰富，逐步凸显了一个越来越清晰的世界范式在人类本体论层面的到来。如果明确了世界是在人类时空的意义上被认识，环境也正需要这种物质时空的知识塑造。环境是围绕着人类生产生活的物质时空之所在，环境显现着人类行为的足迹，它是地球生态系统中与人类生命活动紧密相关的部分。环境在一般的意义聚焦在点上，世界则往往体现在面上。由点到面，环境并非一成不变，它的变迁折射了世界的流动状态。环境以一种足够人性化的填满，消除了内心当中对自然飘忽不定的意识匮乏。但时至如今，世界环境还是一个有待明确的界定，其含义仍然需要被反思权衡。如同德国哲学家恩斯特·布洛赫在《希望的原理》一书中所提出的"尚未"概念，世界环境也是一个尚未整合生成的存在。从物质之无的玄思到世界之尚未的寻思，再到环境之全有的反思。它正处于一个不断生成、努力超越和正在形塑的存在。如同"尚未"不是一个给定的存在，世界环境也正朝向未来的多样性及可能性开放。它正着眼关于人类存在的本体论哲学而思考。

从实践达成的认知旨趣来看，毕竟世界环境不是一个空洞的乌托邦，它奠定基础的存在表现出物质界域的实体化方式。在此，我们表达了对尚未意识到之观念的把握。那里，在人类精神内在之本质的层面，它深刻表达了向善向好向美之希望赋能于现实世界的格局。希望，作为尚未的可能性，深藏着对于更美好事物的憧憬，它激发了人类对于世界环境之哲学想象与观念形塑。诚如布洛赫所言："希望乃是旨在超越并超出的一种强烈的愿望。"世界因希望而更加具有前瞻性，并且善于改进环境的内容及其结构，使之符合世界环境的价值感。

从内在联系的认知旨趣来看，如果说环境这个定义的出现是于人类生活及物质生产而言的，那么世界这个概念则更具有几分天然的内涵。人类诞生在地球的那一天，世界这个概念就如影随形地出现。虽然环境的存在与人类的关系更为紧密，但正如没有自然何来人类，没有人类又何来世界，没有世界又何来环境。环境是人类依托自然通往世界的桥。

从观念反思的认知旨趣来看，世界是需要被重新理解的。或许，我们可以由此提出一系列问题：世界是依靠理性或逻各斯所确立的存在结构吗？依赖技术理性所支撑的世界是人类所真正希图的世界吗？技术理性是人本真所持续需要的正确之理性吗？人类能够通过真正依靠把握自身与物质及环境的关系来理解世界吗？是否只有人类以一种持存的价值理性深入地理解世界，才能有效地进入世界？

从人类解放的认知旨趣来看，在世界环境新的哲学理解范式中，人的自然化与自然的人化是相辅相成的，它不仅构成了对环境存在的预先推定，而且也表达了对世界尺度新的构想。它在人类与自然之间构成双重解放，而不仅仅只是一种自然属性的回归。人与世界的关系既是有趣的，也是有意义的。人以事件的方式，通过环境与世界发生联系。这种联系意味着不可预测性，用法国哲学家巴迪欧在《存在与事件》中的观点，事件就是让不可能来到我们面前。

从以上四种不同认知旨趣的角度切入对世界环境的诠释，世界与环境的相连并不是那么轻而易举。它需要明确的不仅是两种不同指称的物质实体，而且在于这两种存在所指背后的意识能指。世界环境其概念背后所指示的环境之世界始终笼罩在人类的头顶，它覆盖了人类的活动之于大地山川、湖泊海洋及宇宙行星的无限思考。它无分东西南北，落到关键的所在都是同一个世界。能否以哲学关切的名义关注东西南北之世界，如同我们辨析世界环境是不唯独属于西方的哲学观念，也是面向东方与世界的精神结晶。世界环境不简单的是世界加环境的产物，更是人类思维之于存在的一抹深沉隽永之底色，它是人类思维的超越性之于国别环境之有限性的反映。在与不在，不仅是物理和心理的问题，也是本土化与全球化的悖论。由于世界环境目前还更多地只是在概念中存在，其内在各个因素的流动及其连接，哲学能否以一种深厚的解读逻辑加以诠释，能否有效开辟人类与世界环境的真正连接？因此关于世界环境尚未存在与否，这仍然是一个需要持续探析的追问。

三、 哲学之关切： 凝望世界环境

世界的历史变化总是充满内在的辩证融通力量。它不只是简单的环境观瞻，而是在对世界环境学术内涵的哲学揭示中体现出其有所批判、有所借鉴的关系。如同阿格尔在《西方马克思主义》一书中所言："今天，危机的趋势已转移到消费领域，即生态危机取代了经济危机。资本主义由于不能为了向人们提供缓解其异化所需要的无穷无尽的商品而维持其现存工业增长速度，因而将触发这一危机。"西方社会的生态危机及其所蕴涵的哲学认识论本质，表达出一种深刻反技术理性的环境哲学关切。而以建构的姿态所表现出的环境更新在整体的意义上包容了西方工业文明社会内在的红色革命与绿色革命。毕竟西方资本主义社会固有的经济危机和生态危机在区域的层面呈现出环境变迁及恶化的一种样态式存在。以批判的眼光契合环境哲学之生态关切，并非全然是对当下之环境的解构。如同我们所立足的东方，是我们所固有的儒家传统文化之环境面向。以哲学的视野走近东西方社会，是爱智慧的知识召唤，也是哲学超越地域的特质所决定的自然主义理论之融入。

哲学之关切，在凝望世界环境的意义上表达的不仅是人类以一脉相承的哲学精神走向荒野，而且以人与自然界非人动植物和谐共生的姿态在大地行走。这种以敬畏自然、尊重自然的态度把握生态思想的哲学关切，让人类学会以善待自然的方式在生态环境世界中生成。它是超越一己私欲的外在整体环境的关切，其实也体现了世界环境即使在资本与利益的角逐中遭遇破碎化的危险，关切环境的哲学却始终在提炼其精神核心。如同美国哲学家弗罗姆所言之的爱的四种因素：关怀、尊重、责任与理解。哲学之关切在此也本然地体现为环境关怀、尊重生态、自然责任与理解地球这四种面向。它让人类以节制的姿态去确认一种有质地的哲学，关切今天现实世界境遇中人类一种有所针对的哲学。在此，哲学的关切不再以形而上学的形态出现，也并非远远地遥望世界的轮廓，而是近距离地盯盯我们所置身的环境流变。

当世界以环境这个窗口从模糊走向清晰，日益明显的哲学关切也将从以往第一哲学那里摆脱晦涩而变得平实。而谈到与此紧密相关的哲学，应该作为何样的形态，存在于未来的世界？这又是一个非常值得关切的问题。毕竟哲学之于世界，是一种抽象的精神形态进入泛化的物质时空。世界环境是浩瀚之物质和人类活动的集合。用哲学思维，关切思考世界环境的存在，这既是哲学的应然使命，也是作为世界观的哲学之映现。因此以哲学的关切来看待世界哲学与环境哲学的关系，它们二者之间是一种超越地域的普遍哲学与一种专业性哲学的逻辑。环境哲学是向自然致敬的思想

产物，也是人类智慧的理论精华。它一方面是突破人类中心主义之自身局限的思维拓展，另一方面也是延续自然世界多样存在的观念重塑。如同地球是人类的母体，地方是族群的来源。在自然界的意义上，我们只有一个地球，只有一个世界；在环境的层面，我们却有许许多多的地方，拥有多元化的文化和伦理。环境哲学力图从文化多样性与伦理多样性的角度，将地方环境融合为地球生态，其使命也正在于诠释这种融合的可能及路径。

把世界概念实质地融入环境哲学，是源于本体论理念探源的身心旅行，也是始自认识论思维的时空穿越。它史无前例地关注当下的事实，并且善于调节与使用各种哲学观念及资源来进行权衡，不仅从宇宙论到自然哲学，从逻辑论到道德哲学，从美学到历史哲学，从形而上学到实践哲学，从现象学到存在主义，从分析哲学到后现代哲学，总之不同哲学样态的关切，呈现出环境哲学有可能被塑造的诸种可能。这种可能当中的最大现实来自环境哲学其起源正是离人类与自然界之关系较近的一种哲学。哲学关切环境，环境反哺哲学，其内含着一苇可航的风范、百川归流的韵味与万马奔腾的气势。它虽然不等于就萌生了世界环境哲学，但却足以在立足自然界的角度提供一扇凝望世界环境的哲学窗口。

所以，在一般的普遍意义上，我们认为源自世界环境的哲学关切既是一种环境关怀的世界观，也是一种认知世界的方法论。或者说，环境哲学本然是一种有所承担且有所接纳的世界观。毕竟环境哲学如若脱离了世界，其哲学意味也将变得不完整了。世界环境哲学的生成，其自然意义的哲学关切就包含了对于未来世界的憧憬与当下环境的瞻望。

四、　世界环境哲学：　一种非静止的理论

以哲学之关切回归世界环境观念的重塑，在后形而上学的意义上把世界环境和哲学紧密联系在一起。作为世界哲学的新型存在样态，世界环境哲学是在人与自然界之关系界域中来自世界物质场景之启示的全局式精神贯穿，是对人类群体在具体时空面对自然界存在的思想投映。它所呼唤的世界环境哲学在哲学的整全性上不是一种静止的理论。"一种理论是要寻找时代的真谛，而不是把自己当作一种不变的东西，与历史进程对立起来"，世界在其存在的根本特性上是物质的根本运动和普遍联系。物质的运动和联系观念往往影响着世界的存在类型。世界不再只是几个相关地理区域在人与物层面的连接，而是一种并非一成不变的全球化。世界在其理论构设的部分，如同园艺之于环境是一种对人类生活的有效设计，世界环境之于生态则是一种向自然吸取灵感的存在。环境哲学是一种人类行动及观念的园艺，在其形式层面成为体现非人动植物力量的载体，它需要把握人类意识之于自然生态环境的适度行动及有效理解。土地之上的园艺，它丰厚了大自然的内涵，成全了世间饱含自然意味的环境营造之价值，正如

利奥波德在《沙乡年鉴》中所说："曾几何时，教育趋向土地，而不是背离土地。"

世界环境哲学并不因为"世界"两字而迷恋于宏大叙事。我们虚心学习土地给予人类的环境哲学启示，也深知人类因为边界封闭、文化隔阂和族群冲突，未尝能够在行动上给予土地以一个完整的世界环境。"土地产生文化收获是很早即为人们所熟知的一个事实，可惜后来通常被人们所遗忘。"在物质环境层面，大地是人类生产生活之母；在精神环境层面，大地博大精深的内涵同样也是如此。"土地即群落是社会生态学的一个基本概念，热爱土地和尊敬土地却是道德规范的延伸。"以土地为本源的大地哲学作为环境哲学的一种强有力范式进入了人类的精神，形成一种世界环境哲学的典型形态。土是世界的质素，大地支撑了世界，世界的哲学本质言说着土地的精髓。人类若能以世界环境哲学的观念对土地的理解进入一个更高的层面，土地在人类立足于世界的意义上以大地伦理的形式诠释了其存在的价值，也表征了其具象化观念的可能性。因为世界环境不独被人类所瞩望，也被人类之外的一切自然物所共享。毕竟世界环境哲学不仅是一个组合式的哲学概念，而且是有效应对全球气候变化的正确理论来源。

一种非静止的理论，若能具象化地表达大地与世界的观念，离不开流动的哲学语言与固态的哲思文字。流动的哲学语言与固态的哲思文字是世界环境的重要组成部分。语言之于世界环境，在于它的说与听。文字之于世界环境，在于它的写与读。哲学语言之流动如果是一个纷繁的广场，世界环境之包容则像是一座古老的城市。世界环境哲学容纳哲学语言，不同样态的语言表达世界环境哲学的存在。世界环境哲学这个大概念不仅加深了环境的世界属性，而且深化了世界、环境与人类之间的持久联系。人类的环境哲学能否成为世界环境力量的捍卫者？这个问题需要在世界环境层面融入人与自然界的多维度之关系来加以深入思考。非静态的世界环境不能缺乏对不同语言样态的关注，并且须强烈地表现出对不同文化传统之哲学语言使用的包容倾向。"世界并不是要哲学家去做心理实验，而是从社会语境里去解释语言游戏。"缘于我们对自然界语言的匮乏与无知，我们往往失却对世界环境之自然向度的理解。这一真空的存在，让我们更加明白世界环境哲学的目的绝不只是给苍蝇指出捕蝇瓶的出口，它需要更强化对一种有质感的动态生活的整体理解。

因为呈现流动性的世界环境哲学作为一种智慧的存在，它不是凭空自生的观念大厦，不是无源之水，更不是无木之本。世界环境在精神层面之所以生成，也正体现出环境哲学持之以恒凝练的人类和自然界相融合的力量。它跨越了传统地域之界限，在生物多样性、族群多样性与文化多样性中寻求世界环境的基因。我们需要更远地看到人类未来、更清晰地目睹世界环境当下。世界就是一面镜子，环境则是一个舞台。毕竟世界环境是由不同场域的环境所组成，它应该体现何种样式，出现在未来的人类社会？在环境哲学的认识论角度，世界环境不是静态，也并非变动不羁的。以上述观念为支撑，世界环境哲学有其固有的线索，人类的精神有其穿越地球的轨迹，世界有其存在的物理界域，环境恰如其分地正在其中。世界环境哲学，让我们更清晰地看到人类立足的现在、曾经的处境与未来的生活。

因此呼唤一种妥当而又有效的世界环境哲学，也正是在新时代更好更有效地认识一个变化世界的方式。那么问题接踵而至：世界环境哲学的学科定位与其观念趋向在哪里？如何妥当地寻求其界限及外延？它何以在环境融入哲学的进程中更全面地思辨世界环境？以世界之域的宏大叙事是否可以成为打开环境哲学之门的钥匙？若自然界是环境哲学的天然母体，世界何以是环境哲学的最佳背景？以物质世界为幕布，环境是否能够成为世界哲学的一部分？

在世界环境和哲学相互影响、彼此作用的观念体系中，作为一种非静止理论的世界环境哲学若要回应上述问题，其理应拥有自身正确的价值立场，也应把握其多样化的语言形态。它不仅是在使用英语在解读哲学环境的世界境遇，也是在应用汉语在诠释环境哲学的中国道路。包容互鉴，才能照应倾听。我们往往忽略了世界环境哲学的问题必须被当成语言表达的问题去理解，分析世界环境哲学的状况与走向并非唯一地只受自然环境的决定，我们所使用的语言总是能在相当程度上影响我们体验世界的方式。且不说维特根斯坦"语言是现实世界的模仿"这一观点是否正确，其实细究语言的内涵也正构成了世界环境的重要组成部分。如果我们确认对周遭环境的模仿带来语言观念的巨大变革，语言所表达的世界环境哲学就早已超越一个相对狭小的固定的区域。终究世界环境哲学在不同区域语言的使用中被理解，并且创造其自身独特且具有包容性的观念结构形态。

参考文献

[法]阿兰·巴迪欧.存在与事件[M].蓝江,译.南京：南京大学出版社,2018.

[加]本·阿格尔.西方马克思主义[M].慎之,等译.北京：中国人民大学出版社,1991.

[德]恩斯特·布洛赫.希望的原理(第1卷)[M].梦海,译.上海：上海译文出版社,2012.

[德]马克斯·霍克海默,[德]西奥多·阿多诺.启蒙辩证法[M].渠敬东,曹卫东,译.上海：上海人民出版社,2006.

[美]利奥波德.沙乡年鉴[M].彭俊,译.成都：四川文艺出版社,2015.

[德]理查德·大卫·普列斯特.我是谁？如果有我,有几个我？[M].钱俊宇,译.北京：社会科学文献出版社,2016.

周国文. 自然权与人权的融合[M]. 北京：中央编译出版社，2011.

周国文. 公民伦理观的历史源流与演化[M]. 北京：中央编译出版社，2008.

周国文. 公民观的复苏[M]. 上海：三联书店，2016.

习 题

一、选择题

1. 德国哲学家(　　)在《希望的原理》一书中所提出了"尚未"概念。

A. 巴迪欧　　　　　　　　　　B. 恩斯特·布洛赫

C. 阿格尔　　　　　　　　　　D. 利奥波德

2. 以下属于美国哲学家弗罗姆所言之爱的因素的有(　　)。

A. 关怀　　　　B. 尊重　　　　C. 责任　　　　D. 理解

3. 世界环境在精神层面之所以生成，也正体现出环境哲学持之以恒凝炼的人类和自然界相融合的力量。它跨越了传统地域之界限，在(　　)中寻求世界环境的基因。

A. 生物多样性　　　B. 族群多样性　　C. 文化多样性　　D. 自然多样性

二、判断题

环境始终在人类的方寸世界之内，而蕴育生命的无穷世界也离不开哲学的辩证思虑。(　　)

三、简答题

谈谈你对"观世界在实践层面推动了人类自身对世界的理解"的理解。

结　语

　　本书自 2017 年春启动，至 2020 年春交稿，历时已有 3 年之久。抚今追昔，当下正是抗击新冠肺炎疫情的关键时刻，也即将迎来春光重现的温暖季节。从编写《世界环境哲学》一书的过往历程走来，资料的收集整理、文献的抽丝剥茧、结构的审视设定、纲要的条分缕析、内容的陈述介绍、观点的阐释说明、理论的系统论证，艰辛的研究伴随着以世界环境哲学为题的视域融通，也跟进着不简单地停留于宏大叙事而又知微见著的努力。毕竟每次不期而至的文献资料收获，不仅展开的是世界环境的蓝图，而且深化的是环境哲学的思考。世界的环境哲学之蕴含意图回到哲学思维的原点，它不简单的是世界、环境与哲学三个概念的随意式的连接组合。其在更根本的思想核心上是面对一个百年未有之变局之世界的环境哲学之诠释，也是立足作为整体的世界环境的哲学审视，更是以环境为界面的世界哲学之展示。

　　感谢北京林业大学研究生院的出版资助，感谢北京林业大学马克思主义学院的支持，感谢中国林业出版社的合作，让此书能够圆满出版。研究团队成员，将环境哲学作为一种初心，将世界环境哲学研究作为一种使命，也立足于我们大多数成员所在的中国自然辩证法研究会环境哲学专业委员会的氛围支撑，众人携手，齐心协力，集腋成裘，集篇成著。

　　反观当下新冠肺炎疫情在 2020 年岁末年初的降临，是中国社会奋勇前行中的一次挫折，也是人类命运共同体的一次考验。但挫折之于坚强，只能是愈挫愈勇。世界暂时之无奈遭遇哲学之优雅，不曾丢弃信心的达观。以《世界环境哲学》一书作为一段时间环境哲学思考之结晶。在疫情之苦难面前，我们不是沉默地等待，而是安静地抗击；我们不是无序地逃避，而是坚定地前行。作为对疫情苦难中之不幸的反思，《世界环境哲学》也站在新时代的视域中检视人类与自然界相交往的足迹，敢问一声人类何为，盼望众人携力之周而复始的坚强，相信在科学研究认知的前提下坚强再坚强。作为哲学的世界环境，它又重新开辟了一个充满意涵的空间、场景和界面。世界环境需要一次又一次地被以哲学的名义审视，特别是在环境围绕人类生活的世界层面更需要辩证思考。在其本源上，它归属于自然界的万物共生，人类从自然界而来，环境因人而在，并在自然界的基础上建设并生成世界。人类对外界环境的感官知觉有时也并非最可靠的，特别是对世界环境的哲学意识，它既需要一种尊重自然之理性的充分注入，更需要在理念上警惕不同类型或强势或极端的人类中心主义。毕竟世界环境面对苦难，也从不放弃救赎。世界何在，哲思不改。细心观察环境之中不曾放弃的优雅，在理性求索的世界环境条件中延展优雅更优雅。优雅托举有韧劲的环境之坚强，坚强塑造有力的哲学之优雅。

当今世界在新冠肺炎疫情突如其来的变迁中凸显了百年未有之变局，也生成了一场史无前例的深度剧变。变局中的疫情及其世界因病毒而来，也因病毒传染肆虐而起，它构成了人类生命的集体疾患与健康隐忧。它导致一种经济生产和人际交往的全球性停顿，其表现是逆全球化的锁国与令人担忧的对抗式封闭。人类活动集体式的暂停，它是否将导致人类文明的倒退甚至毁灭？这是一个值得广大世人深思的严重现实问题，也是一个聚焦观念反思的普遍哲学问题。毕竟从交往、联系与开放的常态中瞬间陷入孤立、割绝与封闭的非正常状态，世界如同换了一个世界，而人类还是原来的人类。

以环境哲学的眼光审视当下世界状况，病毒是这场剧变的惨痛源头，但病毒又是自然界生态系统变迁之于人类的永恒现象。病毒永远存在于自然界。毕竟病毒的此起彼伏是对于人类的生命和健康而言的隐患。而对于自然界的非人动植物来说，从物种基因的谱系性与独特性的角度而言，人类的病毒可能并不是自然界其他生命的病毒。因此人类一方面要尽力割绝病毒，另一方面也要做好万全的现实准备、善于安全地与病毒共处于自然界。而与此同时，更有一种内生的精神病毒，需要我们同样认真地防范并及时警醒。这就是在人类群体中划地为牢、霸凌对抗、人为敌视、强权攻击的精神病毒。这种可怕的精神病毒与生理病毒在 2020 年的肆虐，确实深度搅乱了原本相对稳定完整的人类世界。我们期待用一种世界环境哲学的有效思维方式，逐步缓解人类群体的病毒意识及恶化观念，也随之有效减少影响人类平安健康地栖居于地球的生理病毒，还是有现实的可能。

2020 年新冠肺炎疫情所导致的外在环境的强烈变迁，无论从背景、场域和境遇上都构成了人类面对世界剧变的激烈挑战。思辩的哲学对此不能无动于衷，从问题意识出发的环境哲学更不能退避三舍。作为具有强烈现实关怀的哲学分支学科，环境哲学在其境遇重思、主体重组、对象重建、路径重构与视域重设上更应该在世界公共卫生危机与全球气候变化中迎难而上、勇于面对、砥砺前行、奋发有为。

个人的生命是脆弱的，但人类的精神意志却是坚强的。尽管病毒的衍生性与传播力是巨大的。一种病毒被根绝，可能另有一种病毒斜刺杀出。但正本清源，人类在病毒面前也不是束手无策，以一种优质卫生清洁的环境斩断病毒在地球圈中的传播链，把病毒媒介控制一个相对狭小的生态圈中，去除其传染源并隔绝其传染途径，以利于人类在其人化和自然化相互融合的环境中健康生存。这不仅是防范生理病毒的有效之策，也正是应对精神病毒的正确之举。终究，人类还原自然之道的觉悟，正是我们在世界环境哲学界域之中合理而又节制的行动。敬畏自然，我们必须真正遵从自然界规律及人类所应匹配的良知，否则我们无以拯救自身与地球。

　　《世界环境哲学》一书问世，希望其内在具有的哲学品质呈现出坚强与优雅。若能以环境之硬和哲学之软的彼此融合、相互作用表现人与人、人与环境、人与世界之间合宜有度的相处之道，则容纳了这两种环境美德的世界本身就是让人礼赞的生态和谐社会家园。毕竟两种环境德行的融汇贯通，让我们地球村之中每个人在瞻望世界明天的前行中更有奋斗的哲学力量，让我们人类在目送哲学过往的足迹中更有可资纪念的环境记忆。

2020.3.3

周国文于北京晴雪园